普通高等教育"十三五"教材

# 土木工程材料实验指导

主　编　陈忠购　付传清
副主编　张燕飞　李　蓓　陈　羚

中国水利水电出版社
www.waterpub.com.cn
·北京·

## 内 容 提 要

本教材主要介绍常用土木工程材料的实验方法和技术要求。全书分为12章，内容包括土木工程实验数据的处理、钢筋实验、水泥实验、砂实验、石实验、建筑砂浆实验、混凝土拌合物实验、混凝土力学性能实验、混凝土耐久性能实验、砌体材料实验、沥青实验和沥青混合料实验等。

本教材可作为高等院校土木工程、水利水电工程和工程管理各专业的教学用书，也可作为土木、建筑类相关专业的教学用书，不同专业可根据其专业特点和培养目标要求适当取舍实验项目，但重点应该是实验方法的掌握和实验过程的强化。本书还可供从事土木工程科研、设计、施工、管理和监理人员参考。

图书在版编目（CIP）数据

土木工程材料实验指导 / 陈忠购，付传清主编. --
北京 : 中国水利水电出版社，2020.7
普通高等教育“十三五”教材
ISBN 978-7-5170-7822-7

Ⅰ. ①土… Ⅱ. ①陈… ②付… Ⅲ. ①土木工程－建筑材料－实验－高等学校－教学参考资料 Ⅳ. ①TU502

中国版本图书馆CIP数据核字(2019)第139970号

| | |
|---|---|
| 书 名 | 普通高等教育“十三五”教材<br>**土木工程材料实验指导**<br>TUMU GONGCHENG CAILIAO SHIYAN ZHIDAO |
| 作 者 | 主 编 陈忠购 付传清<br>副主编 张燕飞 李 蓓 陈 羚 |
| 出版发行 | 中国水利水电出版社<br>(北京市海淀区玉渊潭南路1号D座 100038)<br>网址：www.waterpub.com.cn<br>E-mail：sales@waterpub.com.cn<br>电话：(010) 68367658 (营销中心) |
| 经 售 | 北京科水图书销售中心（零售）<br>电话：(010) 88383994、63202643、68545874<br>全国各地新华书店和相关出版物销售网点 |
| 排 版 | 中国水利水电出版社微机排版中心 |
| 印 刷 | 清淞永业（天津）印刷有限公司 |
| 规 格 | 184mm×260mm 16开本 12.25印张 289千字 |
| 版 次 | 2020年7月第1版 2020年7月第1次印刷 |
| 印 数 | 0001—2000册 |
| 定 价 | **36.00**元 |

# QIANYAN 前言

土木工程材料实验是高校土建类专业重要的实践性教学环节，同时材料实验也是分析研究土木工程材料学的基本方法。近年来，土木工程材料相关标准规范有较多更新，为适应新的标准和规范要求，满足理论与实践紧密结合的专业教学要求，我们依据高等学校土木工程学科专业指导委员会制定的土木工程材料课程教学大纲，按照国家和行业最新标准规范，并结合多年的材料实验教学和研究工作经验编写了这本教材。

本教材共12章，根据土木工程材料的种类编排章节。由于土木工程材料实验是以验证性实验为主的，而实验往往都需要进行数据处理，因此第1章首先对实验数据处理的操作和方法作了必要介绍。第2～12章分别就钢筋实验、水泥实验、砂实验、石实验、建筑砂浆实验、混凝土拌合物实验、混凝土力学性能实验、混凝土耐久性能实验、砌体材料实验、沥青实验和沥青混合料实验等方面的内容进行介绍。为使每个学生对实验教学过程中出现和发现的问题进行深入思考，指导教师能够客观、全面地评价学生的实验成绩，部分章节附有实验报告样表。

作为高校教材，本书尽可能遵照最新的国家和行业标准、规范和规程。实际上，土木工程材料的种类和实验项目很多，本书从大土木的角度出发，兼顾土木工程、道路桥梁工程、水利水电工程、铁道工程、地下建筑工程、工程管理及建筑学等专业的要求编写，具有较宽的专业适用面。同时，不同专业可根据其专业特点和培养目标要求适当取舍实验项目，但重点应该是实验方法的掌握和实验过程的强化。

本教材由陈忠购、付传清担任主编，张燕飞、李蓓、陈羚担任副主编，参加编写的还有李思瑶、周科文、黄家辉、杨国君、万学康、丁吴萍、董晨宵等。限于编者水平，书中难免有疏漏和不妥之处，谨请广大读者不吝指正。

**编者**

2019年7月

MULU

# 目录

# 第1章

# 实验数据的处理

## 1.1 实验任务与实验过程

材料是土木建筑工程的物质基础，并在一定程度上决定着建筑与结构的形式以及工程施工方法。新型土木工程材料的研发与应用，将促使工程结构设计方法和施工技术不断变化与革新，同时新颖的建筑与结构形式又对工程材料提出更高的性能要求。建筑师总是把精美的建筑艺术与工程材料的科学合理选用融合在一起；结构工程师也只有在很好地了解工程材料技术性能的基础上，才能根据工程力学原理准确计算并确定建筑构件的尺寸，从而创造先进的结构形式。

土木工程材料实验是土木工程材料学的重要组成部分，同时也是学习和研究土木工程材料的重要方法。土木工程材料基本理论的建立及其技术性能的开发与应用，都是在科学实验的基础上逐步发展和完善起来的，并且土木工程材料的科学实验还将进一步推动土木工程学科的发展。

### 1.1.1 实验目的

（1）巩固、拓展专业理论知识，丰富、提高专业素质。

（2）掌握常用仪器设备的工作原理和操作技能，培养掌握工程技术和科学研究的基本能力。

（3）了解土木工程材料及其相关实验规范，掌握常用土木工程材料的实验方法。

（4）培养严谨求实的科学态度，提高分析与解决实际问题的能力。

### 1.1.2 实验任务

（1）分析、鉴定土木工程原材料的质量。

（2）检验、检查材料成品及半成品的质量。

（3）验证、探究土木工程材料的技术性质。

（4）统计分析实验资料，独立完成实验报告。

### 1.1.3 实验过程

实验过程是实验者进行实验时的工作程序，土木工程材料的每个实验都应包括以下过程。

**1. 实验准备**

认真、充分的实验准备工作是保证实验顺利进行并取得满意实验结果的前提和条件，实验准备工作的内容包括以下两个方面。

（1）理论知识的准备。每个实验都是在相关理论知识指导下进行的，实验前，只有充分了解本实验的理论依据和实验条件，才能有目的、有步骤地进行实验；否则，将会陷入盲目。

（2）仪器设备的准备。实验前应了解所用仪器设备的工作原理、工作条件和操作规程等内容，以便使整个实验过程能够按照预先设计的实验方案顺利、快捷、安全地进行。

**2. 取样与试件制备**

实验要有实验对象，对实验对象的选取称为取样。实验时不可能把全部材料都拿来进行测试，实际上也没有必要，往往是选取其中的一部分。因此，取样要有代表性，使其能够反映整批材料的质量性能，起到“以点代面”的作用。实验取样完成后，对有些实验对象的测试项目可以直接进行实验操作，并进行结果评定。在大多数情况下，还必须对实验对象进行实验前处理，制作成符合一定标准的试件，以获得具有可比性的实验结果。

**3. 实验操作**

实验操作必须在充分做好准备工作以后才能进行，实验过程的每一步操作都应采用标准的实验方法，以使得到的实验结果具有可比性，因为不同的实验方法往往会得出不同的实验结果。实验操作是整个实验过程的中心环节，应规范操作、仔细观察、详细记录。

**4. 结果分析与评定**

实验数据的分析与整理是产生实验成果的最后一个环节，应根据统计分析理论，实事求是地对所得数据与结果进行科学归纳整理，同时结合相关标准规范，以实验报告的形式给出实验结论，并作出必要的理论解释和原因分析。

## 1.2　实验数据统计分析方法

实验中所测得的原始数据并不是最终结果，只有将其统计归纳、分析整理，找出规律性的问题及其内在的本质联系，才是实验的目的所在。本节主要介绍实验数据统计分析的基本方法。

### 1.2.1　测量与误差

测量是从客观事物中获取有关信息的认识过程，其目的是在一定条件下获得被测量的真值。尽管被测量的真值客观存在，但实验时所进行的测量工作都是依据一定的理论与方法，使用一定的仪器与工具，并在一定条件下由一定的人进行的，由于实验理论的近似性、仪器设备灵敏度与分辨能力的局限性以及实验环境的不稳定性等因素的影响，使得被测量的真值很难求得，测量结果和被测量真值之间总会存在或多或少的偏差，由此而产生误差也就必然存在，这种偏差叫作测量值的误差。设测量值为 $x$，真值为 $A$，则绝对误差 $\varepsilon$ 为

$$\varepsilon = x - A \tag{1.1}$$

测量所得到的数据都含有一定量的误差，没有误差的测量结果是不存在的。既然误差一定存在，那么测量的任务即是想方设法将测量值中的误差减至最小，或在特定的条件下求出被测量的最近真值，并估计最近真值的可靠度。

按照对测量值影响性质的不同，误差可分为系统误差、偶然误差和粗大误差，此3类误差在实验测得的数据中常混杂在一起出现。

**1. 系统误差**

在指定测量条件下，多次测量同一量时，若测量误差的绝对值和符号总是保持恒定，测量结果始终朝一个方向偏离或者按某一确定的规律变化，这种测量误差称为系统误差或恒定误差。例如，在使用天平称量某一物体的质量时，由于砝码的标准质量不准及空气浮力影响引起的误差，在多次反复测量时恒定不变，这些误差就属于系统误差。系统误差的产生与下列因素有关。

（1）仪器设备系统本身的问题，如温度计、滴定管的精确度有限，天平砝码不准等。

（2）仪器使用时的环境因素，如温度、湿度、气压的逐时变化等。

（3）测量方法的影响与限制，如实验时对测量方法选择不当，相关作用因素在测量结果表达式中没有得到反映，或者所用公式不够严密以及公式中系数的近似性等，从而产生方法误差。

（4）测量者的个人习惯性误差，如有的人在测量读数时眼睛位置总是偏高或偏低、记录某一信号的时间总是滞后等。

系统误差属于恒差，增加测量次数不能消除系统误差。通常可采用多种不同的实验技术或不同的实验方法，以判定有无系统误差存在。在确定系统误差的性质之后，应设法消除或使之减少，从而提高测量的准确度。

**2. 偶然误差**

偶然误差也叫随机误差。在同一条件下多次测量同一量时，测得值总是有稍许差异且变化不定，并在消除系统误差之后依然如此，这种绝对值和符号经常变化的误差称为偶然误差。偶然误差产生的原因较为复杂，影响的因素很多，而且难以确定某个因素产生具体影响的程度，因此偶然误差难以找出确切原因并加以排除。实验表明，大量次数测量所得到的一系列数据的偶然误差都服从一定的统计规律。

（1）绝对值相等的正、负误差出现机会相同，绝对值小的误差比绝对值大的误差出现的机会多。

（2）误差不会超出一定的范围，偶然误差的算术平均值，随着测量次数的无限增加而趋向于0。

实验还表明，在确定的测量条件下，对同一量进行多次测量，用算术平均值作为该量的测量结果，能够比较好地减少偶然误差。

设某量的 $n$ 次测量值为 $x_1, x_2, \cdots, x_n$，其误差依次为 $\varepsilon_1, \varepsilon_2, \varepsilon_3, \cdots, \varepsilon_n$，真值为 $A$，则

$$(x_1 - A) + (x_2 - A) + (x_3 - A) + \cdots + (x_n - A) = \varepsilon_1 + \varepsilon_2 + \varepsilon_3 + \cdots + \varepsilon_n \tag{1.2}$$

将式（1.2）展开并整理得

$$\frac{1}{n}[(x_1 + x_2 + x_3 + \cdots + x_n) - nA] = \frac{1}{n}(\varepsilon_1 + \varepsilon_2 + \varepsilon_3 + \cdots + \varepsilon_n) \tag{1.3}$$

式（1.3）表示平均值的误差等于各测量值误差的平均。由于测量值的误差有正有负，相加后可抵消一部分，而且 $n$ 越大抵消的机会越多。因此，在确定的测量条件下，减小测量偶然误差的办法是增加测量次数。在消除系统误差之后，算术平均值的误差随测量次数的增加而减少，平均值即趋于真值。因此，可取算术平均值作为直接测量的最近真值。

测量次数的增加对提高平均值的可靠性是有利的，但并不是测量次数越多越好。因为增加次数必定延长测量时间，这将给保持稳定的测量条件增加困难，同时延长测量时间也会给观测者带来疲劳，这又可能引起较大的观测误差。增加测量次数只能对降低偶然误差有所帮助，而对减小系统误差无作用，因此，实际测量次数不必过多，一般取4～10次即可。

**3. 粗大误差**

凡是在测量时用客观条件不能解释为合理现象的那些突出的误差称为粗大误差，也叫过失误差。粗大误差是观测者在观测、记录和整理数据过程中，由于缺乏经验、粗心大意、时久疲劳等原因引起的。初次进行实验的学生，在实验过程中常常会产生粗大误差，学生应在教师的指导下不断总结经验，提高实验素质，努力避免粗大误差的出现。

误差的产生原因不同且种类各异，其评定标准也有所区别。为了评判测量结果的好坏，引入测量的精密度、准确度和精确度等概念。精密度、准确度和精确度都是评价测量结果好坏的指标，但各词含义不同，使用时应加以区别。测量的精密度高，是指测量数据比较集中，偶然误差较小，但系统误差的大小不明确。测量的准确度高，是指测量数据的平均值偏离真值较小，测量结果的系统误差较小，但数据分散的情况即偶然误差的大小不明确。测量的精确度高，是指测量数据比较集中在真值附近，即测量的系统误差和偶然误差都比较小；精确度是对测量的偶然误差与系统误差的综合评价。

### 1.2.2　数据统计特征值

**1. 算术平均值**

算术平均值表征法是最基本的数据统计分析方法，在数据分析中经常用到，用来说明实验时测得一批数据的平均水平和度量这些数据的中间位置。算术平均值用式（1.4）表示，即

$$\overline{X}=\frac{x_1+x_2+x_3+\cdots+x_n}{n}=\frac{\sum_{i=1}^{n}x_i}{n} \tag{1.4}$$

式中　$\overline{X}$——算术平均值；

$x_1,x_2,\cdots,x_n$——各实验数据值；

$n$——实验数据个数。

**2. 加权平均值**

加权平均值表征法也是比较常用的一种数据统计分析方法，它是考虑了测量值与其所占权重因素的评价方法，加权平均值可用式（1.5）表示，即

$$m=\frac{x_1g_1+x_2g_2+\cdots+x_ng_n}{g_1+g_2+\cdots+g_n}=\frac{\sum_{i=1}^{n}x_ig_i}{\sum_{i=1}^{n}g_i} \tag{1.5}$$

式中 $m$——加权平均值；

$x_1,x_2,\cdots,x_n$——各实验数据值；

$g_1,g_2,\cdots,g_n$——各实验数据值的对应权数；

$n$——实验数据个数。

### 1.2.3 误差计算与数据处理

**1. 范围误差（极差）**

在实际测量中，正常的合乎道理的误差不是漫无边际的，而是具有一定的范围。实验数值中的最大值与最小值之差称为范围误差或极差，它表示数据离散的范围，可用来度量数据的离散性，即

$$\omega=x_{\max}-x_{\min} \tag{1.6}$$

式中 $\omega$——范围误差；

$x_{\max}$——实验数据最大值；

$x_{\min}$——实验数据最小值。

**【例 1.1】** 3块砂浆试件抗压强度测量值分别为5.21MPa、5.63MPa、5.72MPa，求该测量结果的范围误差。

**【解】** 因为该测量值中的最大值和最小值分别为5.72MPa、5.21MPa，所以测量结果的范围误差为

$$\omega=x_{\max}-x_{\min}=5.72-5.21=0.51\ (\text{MPa})$$

**2. 算术平均误差**

算术平均误差可反映多次测量产生误差的整体平均状况，计算公式为

$$\begin{aligned}\delta&=\frac{|\varepsilon_1|+|\varepsilon_2|+\cdots+|\varepsilon_n|}{n}\\&=\frac{|x_1-A|+|x_2-A|+\cdots+|x_n-A|}{n}\\&=\frac{|x_1-\overline{X}|+|x_2-\overline{X}|+\cdots+|x_n-\overline{X}|}{n}\\&=\frac{\sum_{i=1}^{n}|x_i-\overline{X}|}{n}\end{aligned} \tag{1.7}$$

式中 $\delta$——算术平均误差；

$x_1,x_2,\cdots,x_n$——各实验数据值；

$\varepsilon_1,\varepsilon_2,\cdots,\varepsilon_n$——各实验数据值测量误差；

$A$——被测量最近真值；

$\overline{X}$——实验数据值的算术平均值；

$n$——实验数据个数。

**【例 1.2】** 3 块砂浆试块的抗压强度分别为 5.21MPa、5.63MPa、5.72MPa，求算术平均误差。

**【解】** 先求出这组试件的平均抗压强度 $\overline{X}=\dfrac{x_1+x_2+x_3}{3}=5.52(\text{MPa})$

因此其算术平均误差为

$$\delta=\frac{|x_1-\overline{X}|+|x_2-\overline{X}|+\cdots+|x_n-\overline{X}|}{n}$$
$$=\frac{|5.21-5.52|+|5.63-5.52|+|5.72-5.52|}{3}$$
$$=0.21(\text{MPa})$$

**3. 标准差（均方根差）**

在测量结果的评定中，只知道产生误差的平均水平是不够的，还必须了解数据的波动情况及其带来的危险性。标准差（均方根差）则是衡量数据波动性（离散性大小）的指标，计算公式为

$$\sigma=\sqrt{\frac{\varepsilon_1{}^2+\varepsilon_2{}^2+\cdots+\varepsilon_n^2}{n}}$$
$$=\sqrt{\frac{(x_1-\overline{X})^2+(x_2-\overline{X})^2+\cdots+(x_n-\overline{X})^2}{n-1}}$$
$$=\sqrt{\frac{\sum_{i=1}^{n}(x_i-\overline{X})^2}{n-1}} \tag{1.8}$$

式中 $\sigma$——标准差（均方根差）；

$x_1,x_2,\cdots,x_n$——各实验数据值；

$\varepsilon_1,\varepsilon_2,\cdots,\varepsilon_n$——各实验数据值测量误差；

$\overline{X}$——实验数据值的算术平均值；

$n$——实验数据个数。

**【例 1.3】** 某水泥厂某月生产 10 个编号的 325 矿渣水泥，28d 抗压强度分别为 37.3MPa、35.0MPa、38.4MPa、35.8MPa、36.7MPa、37.4MPa、38.1MPa、37.8MPa、36.2MPa、34.8MPa，求其标准差。

**【解】** 因为 10 个编号水泥的算术平均强度 $\overline{X}$ 和 $\sum_{i=1}^{n}(x_i-\overline{X})^2$ 分别为

$$\overline{X}=\frac{\sum_{i=1}^{n}x_i}{n}=\frac{367.5}{10}=36.8(\text{MPa})$$

$$\sum_{i=1}^{n}(x_i-\overline{X})^2=14.47\text{MPa}$$

所以，标准差 $\sigma=\sqrt{\dfrac{\sum_{i=1}^{n}(x_i-\overline{X})^2}{n-1}}=\sqrt{\dfrac{14.47}{9}}=1.27(\text{MPa})$。

**4. 极差估计法确定标准差**

利用极差估计法确定标准差的主要优点是计算方便，但反映实际情况的精确度

较差。

(1) 当数据不多时（$n\leqslant 10$），利用极差法估计标准差的计算式为

$$\sigma=\frac{1}{d_n}\omega \tag{1.9}$$

(2) 当数据很多时（$n>10$），先将数据随机分成若干个数量相等的组，然后对每组求极差，并计算极差平均值 $\overline{\omega}=\frac{\sum_{i=1}^{n}\omega_i}{m}$，此时标准差的估计值近似用式(1.10)计算，即

$$\sigma=\frac{1}{d_n}\overline{\omega} \tag{1.10}$$

式中 $\sigma$——标准差的估计值；

$d_n$——与 $n$ 有关的系数，见表1.1；

$\omega$，$\overline{\omega}$——极差及各组极差平均值；

$m$——数据分组的组数；

$n$——每一组拥有数据的个数。

**表1.1** 极差估计法系数表

| $n$ | 1 | 2 | 3 | 4 | 5 | 6 | 7 | 8 | 9 | 10 |
|---|---|---|---|---|---|---|---|---|---|---|
| $d_n$ | — | 1.128 | 1.693 | 2.059 | 2.326 | 2.534 | 2.704 | 2.847 | 2.970 | 3.078 |
| $1/d_n$ | — | 0.886 | 0.591 | 0.486 | 0.429 | 0.395 | 0.369 | 0.351 | 0.337 | 0.325 |

**5. 变异系数**

标准差是表征数据绝对波动大小的指标，当被测量的量值较大时，绝对误差一般较大；当被测量的量值较小时，绝对误差一般较小。评价测量数据相对波动的大小，以标准差与实验数据算术平均值之比的百分率来表示标准差，即变异系数。变异系数计算式为

$$C_V=\frac{\sigma}{\overline{X}}\times 100\% \tag{1.11}$$

式中 $C_V$——变异系数；

$\sigma$——标准差；

$\overline{X}$——实验数据值的算术平均值。

变异系数与标准差相比，具有独特的工程意义，变异系数可表达出标准差所表示不出来的数据波动情况。例如，甲、乙两厂均生产矿渣水泥，甲厂某月生产水泥的平均强度为39.84MPa，标准差为1.68MPa；同月乙厂生产的水泥平均强度为36.2MPa，标准差为1.62MPa。试比较两厂的变异系数。

甲厂的变异系数：$C_{V甲}=\frac{\sigma_{甲}}{\overline{X}_{甲}}\times 100\%=\frac{1.68}{39.8}\times 100\%=4.22\%$

乙厂的变异系数：$C_{V乙}=\frac{\sigma_{乙}}{\overline{X}_{乙}}\times 100\%=\frac{1.62}{36.2}\times 100\%=4.48\%$

通过以上计算，如果单从标准差指标上看，甲厂大于乙厂，说明甲厂生产水泥质量的绝对波动性大于乙厂；从变异系数指标上看，则乙厂大于甲厂，说明乙厂生

产的水泥强度相对波动性要比甲厂大，产品的稳定性较差。

**6. 正态分布和概率**

为了弄清数据波动更为完整的规律，应找出频数分布情况，画出频数分布直方图。数据波动的规律不同，曲线的形状则不同。当分组较细时，直方图的形状便逐渐趋于一条曲线。在实际数据分析处理中，按正态分布曲线的情况最多，使用也最广泛。正态分布曲线由概率密度函数给出，即

$$\varphi(x)=\frac{1}{\sqrt{2\pi}\sigma}\mathrm{e}^{-\frac{(x-\mu)^2}{2\sigma^2}} \tag{1.12}$$

式中　$x$——实验数据值；

$\mu$——曲线最高点横坐标，正态分布的均值；

$\sigma$——正态分布的标准差，其大小表示曲线的“胖瘦”程度，$\sigma$ 越大，曲线越“胖”，数据越分散；反之，表示数据越集中，如图 1.1 所示。

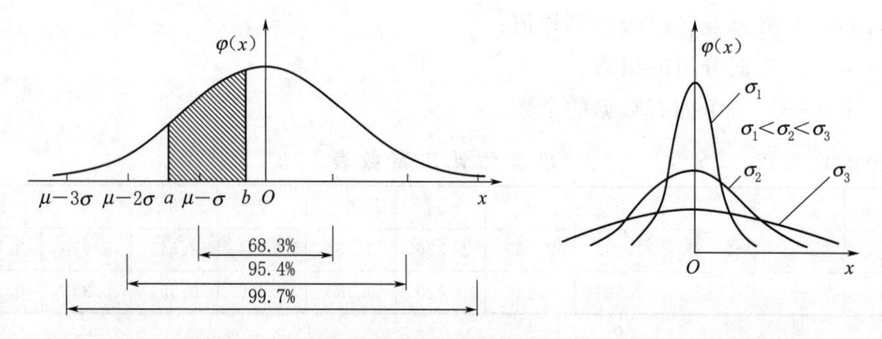


图 1.1　正态分布示意图

当已知均值 $\mu$ 和标准差 $\sigma$ 时，就可以画出正态分布曲线。数据值落入任意区间 $(a,b)$ 的概率 $P(a<x<b)$ 是明确的，其值等于 $X_1=a$、$X_2=b$ 时横坐标和曲线 $\varphi(x)$ 所夹的面积（图中阴影面积），可用式（1.13）求出，即

$$P(a<x<b)=\frac{1}{\sqrt{2\pi}\sigma}\int_a^b \mathrm{e}^{-\frac{(x-\mu)^2}{2\sigma^2}}\mathrm{d}x \tag{1.13}$$

落在 $(\mu-\sigma,\mu+\sigma)$ 的概率是 68.3%。

落在 $(\mu-2\sigma,\mu+2\sigma)$ 的概率是 95.4%。

落在 $(\mu-3\sigma,\mu+3\sigma)$ 的概率是 99.7%。

在实际工程中，概率的分布问题经常用到。例如，要了解一批混凝土的强度低于设计要求强度的概率大小，就可用概率分布函数求得，即

$$F(x_0)=\int_{-\infty}^{x_0}\varphi(x)\mathrm{d}x=\frac{1}{\sqrt{2\pi}\sigma}\int_{-\infty}^{x_0}\mathrm{e}^{-\frac{(x-\mu)^2}{2\sigma^2}}\mathrm{d}x \tag{1.14}$$

令 $t=\frac{x-\mu}{\sigma}$，则 $\varphi(t)=\frac{1}{\sqrt{2\pi}}\mathrm{e}^{-\frac{t^2}{2}}$，可得

$$F(t)=\frac{1}{\sqrt{2\pi}}\int_{-\infty}^{t}\mathrm{e}^{-\frac{t^2}{2^2}}\mathrm{d}t \tag{1.15}$$

根据上述条件，编制标准正态分布表（表 1.2 和表 1.3），可大大方便计算。

**表 1.2　　标准正态分布表**

| $t$ | 0 | 0.01 | 0.02 | 0.03 | 0.04 | 0.05 | 0.06 | 0.07 | 0.08 | 0.09 |
|---|---|---|---|---|---|---|---|---|---|---|
| 0 | 0.5000 | 0.5040 | 0.5080 | 0.5120 | 0.5160 | 0.5199 | 0.5239 | 0.5279 | 0.5319 | 0.5359 |
| 0.1 | 0.5389 | 0.5438 | 0.5478 | 0.5517 | 0.5557 | 0.5596 | 0.5636 | 0.5675 | 0.5714 | 0.5753 |
| 0.2 | 0.5793 | 0.5832 | 0.5871 | 0.5910 | 0.5948 | 0.5987 | 0.6026 | 0.6064 | 0.6103 | 0.6141 |
| 0.3 | 0.6179 | 0.6217 | 0.6255 | 0.6293 | 0.6331 | 0.6368 | 0.6406 | 0.6443 | 0.6480 | 0.6517 |
| 0.4 | 0.6554 | 0.6591 | 0.6628 | 0.6664 | 0.6700 | 0.6736 | 0.6772 | 0.6808 | 0.6844 | 0.6879 |
| 0.5 | 0.6915 | 0.6950 | 0.6985 | 0.7019 | 0.7054 | 0.7088 | 0.7123 | 0.7157 | 0.7190 | 0.7224 |
| 0.6 | 0.7257 | 0.7291 | 0.7324 | 0.7357 | 0.7389 | 0.7422 | 0.7454 | 0.7486 | 0.7517 | 0.7549 |
| 0.7 | 0.7580 | 0.7611 | 0.764 | 0.7673 | 0.7703 | 0.7734 | 0.7764 | 0.7794 | 0.7823 | 0.7852 |
| 0.8 | 0.7881 | 0.7910 | 0.7939 | 0.7967 | 0.7995 | 0.8023 | 0.8051 | 0.8078 | 0.8106 | 0.8133 |
| 0.9 | 0.8159 | 0.8186 | 0.8212 | 0.8238 | 0.8264 | 0.8289 | 0.8315 | 0.8340 | 0.8365 | 0.8389 |
| 1.0 | 0.8413 | 0.8438 | 0.8461 | 0.8485 | 0.8508 | 0.8531 | 0.8554 | 0.8577 | 0.8599 | 0.8621 |
| 1.1 | 0.8643 | 0.8665 | 0.8686 | 0.8708 | 0.8729 | 0.8749 | 0.8770 | 0.8790 | 0.8810 | 0.8830 |
| 1.2 | 0.8849 | 0.8869 | 0.8888 | 0.8907 | 0.8925 | 0.8944 | 0.8962 | 0.8980 | 0.8997 | 0.9015 |
| 1.3 | 0.9032 | 0.9049 | 0.9066 | 0.9082 | 0.9099 | 0.9115 | 0.9131 | 0.9147 | 0.9162 | 0.9177 |
| 1.4 | 0.9192 | 0.9207 | 0.9222 | 0.9236 | 0.9251 | 0.9265 | 0.9278 | 0.9292 | 0.9306 | 0.9319 |
| 1.5 | 0.9332 | 0.9345 | 0.9357 | 0.9370 | 0.9382 | 0.9394 | 0.9406 | 0.9418 | 0.9430 | 0.9441 |
| 1.6 | 0.9452 | 0.9463 | 0.9474 | 0.9484 | 0.9495 | 0.9505 | 0.9515 | 0.9525 | 0.9535 | 0.9545 |
| 1.7 | 0.9554 | 0.9564 | 0.9573 | 0.9582 | 0.9591 | 0.9599 | 0.9608 | 0.9616 | 0.9625 | 0.9633 |
| 1.8 | 0.9641 | 0.9648 | 0.9656 | 0.9664 | 0.9671 | 0.9678 | 0.9686 | 0.9693 | 0.9700 | 0.9706 |
| 1.9 | 0.9713 | 0.9719 | 0.9726 | 0.9732 | 0.9738 | 0.9744 | 0.9750 | 0.9756 | 0.9762 | 0.9767 |
| 2.0 | 0.9772 | 0.9778 | 0.9783 | 0.9788 | 0.9793 | 0.9798 | 0.9803 | 0.9808 | 0.9812 | 0.9817 |
| 2.1 | 0.9821 | 0.9826 | 0.9830 | 0.9834 | 0.9838 | 0.9842 | 0.9846 | 0.9850 | 0.9854 | 0.9857 |
| 2.2 | 0.9861 | 0.9864 | 0.9868 | 0.9871 | 0.9874 | 0.9878 | 0.9881 | 0.9884 | 0.9887 | 0.9890 |
| 2.3 | 0.9893 | 0.9896 | 0.9898 | 0.9901 | 0.9904 | 0.9906 | 0.9909 | 0.9911 | 0.9913 | 0.9916 |
| 2.4 | 0.9918 | 0.9920 | 0.9922 | 0.9925 | 0.9927 | 0.9929 | 0.9931 | 0.9932 | 0.9934 | 0.9936 |
| 2.5 | 0.9938 | 0.9940 | 0.9941 | 0.9943 | 0.9945 | 0.9946 | 0.9948 | 0.9949 | 0.9951 | 0.9952 |
| 2.6 | 0.9953 | 0.9955 | 0.9956 | 0.9957 | 0.9959 | 0.9960 | 0.9961 | 0.9962 | 0.9963 | 0.9964 |
| 2.7 | 0.9965 | 0.9966 | 0.9967 | 0.9968 | 0.9969 | 0.9970 | 0.9971 | 0.9972 | 0.9973 | 0.9974 |
| 2.8 | 0.9974 | 0.9975 | 0.9976 | 0.9977 | 0.9977 | 0.9978 | 0.9979 | 0.9979 | 0.9980 | 0.9981 |
| 2.9 | 0.9981 | 0.9982 | 0.9982 | 0.9983 | 0.9984 | 0.9984 | 0.9985 | 0.9985 | 0.9986 | 0.9986 |

**表 1.3　　标准正态分布表**

| $t$ | $\varphi(t)$ | $t$ | $\varphi(t)$ | $t$ | $\varphi(t)$ |
|---|---|---|---|---|---|
| 3.00～3.01 | 0.9987 | 3.15～3.17 | 0.9992 | 3.40～3.48 | 0.9997 |
| 3.02～3.05 | 0.9988 | 3.18～3.21 | 0.9993 | 3.49～3.61 | 0.9998 |
| 3.06～3.08 | 0.9989 | 3.22～3.26 | 0.9994 | 3.62～3.89 | 0.9999 |
| 3.09～3.11 | 0.9990 | 3.27～3.32 | 0.9995 | 3.89～∞ | 1.0000 |
| 3.12～3.14 | 0.9991 | 3.33～3.39 | 0.9996 | | |

**【例 1.4】** 如果一批混凝土试件的强度数据分布为正态分布，试件的平均强度为41.9MPa，其标准差为3.56MPa，求强度分别比30MPa、40MPa、50MPa低的概率。

**【解】**

$$
\begin{aligned}
P(X\leqslant 30)=F(30)=\varphi\left(\frac{30-41.9}{3.56}\right)&=\varphi(-3.34)\\
&=1-\varphi(-3.34)=1-0.9996\\
&=0.0004
\end{aligned}
$$

$$P(X \leqslant 40)=F(40)=\varphi\left(\frac{40-41.9}{3.56}\right)=\varphi(-0.53)$$

$$=1-\varphi(-0.53)=1-0.7019$$

$$=0.2981$$

$$P(X \leqslant 50)=F(50)=\varphi\left(\frac{50-41.9}{3.56}\right)=\varphi(2.28)$$

$$=0.9887$$

**7. 可疑数据的取舍**

在一组条件完全相同的重复实验中，当发现有某个过大或过小的可疑数据时，应按数理统计方法给予鉴别并决定取合，常用的方法有三倍标准差法和格拉布斯法。

（1）三倍标准差法。三倍标准差法是美国混凝土标准（ACT 214—65）所采用的方法，它的准则为

$$|x_i-\overline{X}|>3\sigma \tag{1.16}$$

式中　$x_i$——任意实验数据值；

$\overline{X}$——实验数据值的算术平均值；

$\sigma$——标准差。

另外规定，当 $|x_i-\overline{X}|>2\sigma$ 时，数据保留，但须存疑；如发现实验过程中有可疑的变异时，该数据值应予以舍弃。

（2）格拉布斯法。三倍标准差法虽然比较简单，但须在已知标准差的条件下才能使用。格拉布斯方法则是在不知道标准差情况下对可疑数字的取舍方法，格拉布斯方法使用步骤如下。

1）把实验所得数据从小到大依次排列：$x_1$，$x_2$，…，$x_n$。

2）选定显著性水平 $\alpha$（一般 $\alpha=0.05$），并根据 $n$ 及 $\alpha$，从表 1.4 中求得 $T$ 值，即

3）计算统计量 $T$ 值，即

当 $x_1$ 可疑时，有

$$T=\frac{\overline{X}-x_1}{\sigma} \tag{1.17}$$

当 $x_n$ 可疑时，有

$$T=\frac{x_n-\overline{X}}{\sigma} \tag{1.18}$$

式中　$\overline{X}$——数据算术平均值；

$x_n$——测量值；

$n$——试件个数；

$\sigma$——标准差。

4）查表 1.4，得对应于 $n$ 与 $\alpha$ 的 $T(n,\alpha)$ 值，当计算的统计量 $T \geqslant T(n,\alpha)$ 时，则假设的可疑数据是对的，应予以舍弃；当 $T<T(n,\alpha)$ 时，则不能舍弃。

表 1.4　　　　**$n$、$\alpha$ 和 $T$ 关系表**

| $\alpha$ | 当 $n$ 为下列数值时的 $T$ 值 | | | | | | | |
|---|---|---|---|---|---|---|---|---|
| | 3 | 4 | 5 | 6 | 7 | 8 | 9 | 10 |
| 5.0% | 1.15 | 1.46 | 1.67 | 1.82 | 1.94 | 2.03 | 2.11 | 2.18 |
| 2.5% | 1.15 | 1.48 | 1.71 | 1.89 | 2.02 | 2.13 | 2.21 | 2.29 |
| 1.0% | 1.15 | 1.49 | 1.75 | 1.94 | 2.10 | 2.22 | 2.32 | 2.41 |

在以上两种方法中，三倍标准差法相对简单，几乎绝大部分数据可不舍弃；格拉布斯方法适用于不掌握标准差的情况，适用面较宽，但使用较复杂。

**8. 有效数字与数字修约**

对实验测得的数据不但要翔实记录，而且还要进行各种运算，哪些数字是有效数字，须要记录哪些数据，对运算后的数字如何取舍，都应当遵循一定的规则。

一般来讲，仪器设备显示的数字均为有效数字，均应读出并记录，包括最后一位的估计读数。对分度式仪表，读数一般要读到最小分度的1/10。例如，使用一把最小分度为毫米的直尺，测得某一试件的长度为76.2mm，其中“7”和“6”是准确读出来的，最后一位“2”是估读的，由于尺子本身将在这一位出现误差，所以数字“2”存在一定的可疑成分，应算为有效数字。

当仪器设备上显示的最后一位数是“0”时，此“0”也是有效数字，也要读出并记录。例如，使用一把分度为毫米的尺子测得某一试件的长度为5.60cm，它表示试件的末端恰好与尺子的分度线“6”对齐，下一位是“0”，如果记录时写成5.6cm，则不能肯定这一实际情况，所以此“0”是有效数字，必须记录。另外，在记录数据时，由于选择的单位不同，也会出现“0”。例如，5.60cm也可记为0.0560m或56000$\mu$m，这些由于单位变换而出现的“0”，没有反映出被测量大小的信息，不能认为是有效数字。

对于运算后的有效数字，应以误差理论作为决定有效数字的基本依据。加减运算后，小数点后有效数字的位数，可估计为同参加加减运算各数中小数点后最少的相同；乘除运算后有效数字位数，可估计为同参加运算各数中有效数字最少的相同。关于数字修约问题，《标准化工作导则　第1部分：标准的结构和编写》（GB/T 1.1—2009）有具体规定。

（1）在拟舍弃的数字中，保留数后边（右边）第一个数小于5（不包括5）时，则舍去，保留数的末位数字不变，如将14.2432修约后为14.2。

（2）在拟舍弃的数字中，保留数后边（右边）第一个数字大于5（不包括5）时，则进1，保留数的末位数字加1。如将26.4843修约到保留一位小数，修约后为26.5。

（3）在拟舍弃的数字中保留数后边（右边）第一个数字等于5，且5后边的数字并非全部为零时，则进1，即保留数末位数字加1。例如，将1.0501修约到保留小数一位，修约后为1.1。

（4）在拟舍弃的数字中，保留数后边（右边）第一个数字等于5，且5后边的数字全部为零时，保留数的末位数字为奇数时则进 1；若保留数的末位数字为偶数（包括 0）时，则不进。例如，将下列数字修约到保留一位小数：修约前为 0.3500，修约后为 0.4；修约前为 0.4500，修约后为 0.4；修约前为 1.0500，修约后为 1.0。

（5）拟舍弃的数字，若为两位以上的数字，不得连续进行多次（包括二次）修约，应根据保留数后边（右边）第一个数字的大小，按上述规定一次修约出结果。例如，将 15.4546 修约成整数，正确的修约是修约前为 15.4546，修约后为 15；不正确的修约是修约前、一次修约、二次修约、三次修约、四次修约分别为 15.4546、15.455、15.46、15.5、16。

# 第2章

# 钢筋实验

## 2.1 概述

建筑钢材分为用于混凝土结构的钢筋（钢丝）和用于钢结构的型钢两大类。建筑钢材与其他建筑材料相比，具有强度大、自重小、抗变形能力强、易于装配等优点。因此，建筑钢材广泛应用于土木工程的各个领域。随着大跨度、高层建筑的发展和建筑结构体系的不断革新，建筑钢材将具有更加重要的工程地位。

建筑钢材的技术性能主要取决于所用的钢种及其制造、加工方法。建筑工程中常用的钢筋、钢丝和型钢，一般都是碳素结构钢和低合金高强度结构钢钢种，制造加工方法常采用热轧、冷加工强化和热处理等工艺，碳素结构钢有Q195、Q215、Q235和Q275 4个牌号，每个牌号又根据磷、硫等有害杂质的多少分成A、B、C、D四个等级。碳素结构钢含碳量较低，一般为0.06%～0.38%。根据国家标准《低合金高强度结构钢》（GB/T 1591－2018）的规定，低合金高强度结构钢共有8个牌号，所加合金元素主要有锰（Mn）、硅（Si）、钒（V）、钛（Ti）、铌（Nb）、铬（Cr）、镍（Ni）及稀土元素等。低合金高强度结构钢的牌号由代表屈服强度"屈"字的汉语拼音首字母（Q）、规定的最小上屈服强度数值、交货状态代号和质量等级符号（B、C、D、E、F）4个部分按顺序排列，本章主要介绍土木工程中用量最大的钢筋材料的质量标准及其力学性能实验方法。

### 2.1.1 钢筋性能指标与要求

**1. 低碳钢热轧圆盘条**

建筑用的热轧圆盘条由低碳结构钢Q195、Q215、Q235、Q275热轧而成，主要力学性能和工艺性能应符合表2.1的规定。低碳钢热轧圆盘条的强度较低，但塑性、可焊性较好，伸长率较大，易于弯折成形，主要用于中小型钢筋混凝土结构的受力筋或箍筋。盘条的检验项目、取样与实验方法见表2.2。

**表2.1 低碳钢热轧圆盘条的力学性能和工艺性能（GB/T 701—2008）**

| 牌号 | 力学性能 | | 冷弯试验180° |
|---|---|---|---|
| | 抗拉强度 $R_m$/MPa，≤ | 断后伸长率 $A_{11.3}$/%，≥ | |
| Q195 | 410 | 30 | $d=0$ |
| Q215 | 435 | 28 | $d=0$ |
| Q235 | 500 | 23 | $d=0.5a$ |
| Q275 | 540 | 21 | $d=1.5a$ |

注 $d$—弯心直径；$a$—试样直径。

表 2.2 低碳钢热轧圆盘条的检验项目、取样与实验方法

| 序号 | 检验项目 | 取样数量 | 取样方法 | 实验方法 |
|---|---|---|---|---|
| 1 | 化学成分(熔炼分析) | 1个/炉 | GB/T 20066 | GB/T 223<br>GB/T 4336<br>GB/T 20123 |
| 2 | 拉伸 | 1个/批 | GB/T 2975 | GB/T 228 |
| 3 | 弯曲 | 2个/批 | 不同根盘条、GB/T 2975 | GB/T 232 |
| 4 | 尺寸 | 逐盘 | | 千分尺、游标卡尺 |
| 5 | 表面 | | | 目视 |

注 对化学成分结果有争议时，仲裁检验按钢铁及合金化学分析方法系列国家标准（GB/T 223）进行。

**2. 热轧光圆钢筋**

钢筋的屈服强度 $R_{cL}$、抗拉强度 $R_m$、断后伸长率 $A$、最大力总伸长率 $A_{gt}$ 等力学性能特征值应符合表 2.3 的规定。表 2.3 所列各力学性能特征值，可作为交货检验的最小保证值。根据供需双方协议，伸长率类型可从 $A$ 或 $A_{gt}$ 中选定。如伸长率类型未经协议确定，则伸长率采用 $A$，仲裁检验时采用 $A_{gt}$。按表 2.3 规定的弯心直径弯曲 180°后，钢筋受弯曲部位表面不得产生裂纹。钢筋应无有害表面缺陷，按盘卷交货的钢筋应将头尾有害缺陷部分切除。热轧光圆钢筋的检验项目、取样与实验方法见表 2.4。

表 2.3 热轧光圆钢筋力学性能（GB 149.1—2017）

| 牌号 | $R_{eL}$/MPa | $R_m$/MPa | $A$/% | $A_{gt}$/% | 冷弯试验 180° |
|---|---|---|---|---|---|
| HPB300 | ≥300 | ≥420 | ≥25.0 | ≥10.0 | $d=a$ |

注 $d$—弯心直径；$a$—钢筋公称直径。

表 2.4 热轧光圆钢筋的检验项目、取样与实验方法

| 序号 | 检验项目 | 取样数量 | 取样方法 | 实验方法 |
|---|---|---|---|---|
| 1 | 化学成分(熔炼分析) | 1 | GB/T 20066 | GB/T 223<br>GB/T 4336 |
| 2 | 拉伸 | 2 | 任选两根钢筋切取 | GB/T 228、GB/T 1499.1 |
| 3 | 弯曲 | 2 | 任选两根钢筋切取 | GB/T 232、GB/T 1499.1 |
| 4 | 尺寸 | 逐支(盘) | — | 钢筋直径的测量应精确到 0.1mm |
| 5 | 表面 | | — | 目视 |
| 6 | 质量偏差 | 试样应从不同根钢筋上截取，数量不少于5支，每支试样长度不小于500mm，精确到1mm | | GB/T 1499.1 |

注 对化学分析和拉伸检验结果有争议时，仲裁检验分别按钢铁及合金化学分析方法系列国家标准（GB/T 223）和金属材料拉伸试验国家标准（GB/T 228）进行。

**3. 热轧带肋钢筋**

热轧带肋钢筋由低合金钢热轧而成，横截面为圆形，主要力学性能和工艺性能应符合表 2.5 的规定。热轧带肋钢筋强度较高，塑性、可焊性也较好，钢筋表面带有纵肋和横肋，与混凝土面之间具有较强的握裹力。因此，热轧带肋钢筋主要用于钢筋混凝土结构构件的受力筋。热轧带肋钢筋的检验项目、取样与实验方法等见表 2.6。

表 2.5　热轧带肋钢筋的力学性能和工艺性能（GB/T 1499.2—2018）

| 牌号 | 下屈服强度 $R_{eL}$/MPa | 抗拉强度 $R_m$/MPa | 断后伸长率 $A$ /% | 最大力总延伸率 $A_{gt}$/% | $R^0_m/R^0_{eL}$ | $R^0_{eL}/R_{eL}$ | 公称直径 $d$/mm | 弯曲压头直径 |
|---|---|---|---|---|---|---|---|---|
| HRB400<br>HRBF400 | ≥400 | ≥540 | ≥16 | ≥7.5 | — | — | 6～25<br>28～40<br>>40～50 | 4$d$<br>5$d$<br>6$d$ |
| HRB400E<br>HRBF400E | | | — | ≥9.0 | 1.25 | ≤1.30 | | |
| HRB500<br>HRBF500 | ≥500 | ≥630 | ≥15 | ≥7.5 | — | — | | 6$d$<br>7$d$<br>8$d$ |
| HRB500E<br>HRBF500E | | | — | ≥9.0 | 1.25 | ≤1.30 | | |
| HRB600 | ≥600 | ≥730 | ≥14 | ≥7.5 | — | — | | 6$d$<br>7$d$<br>8$d$ |

注　$R^0_m$—钢筋实测抗拉强度；$R^0_{eL}$—钢筋实测下屈服强度。

表 2.6　热轧带肋钢筋的检验项目、取样与实验方法

| 序号 | 检测项目 | 取样数量/个 | 取样方法 | 实验方法 |
|---|---|---|---|---|
| 1 | 化学成分（熔炼分析） | 1 | GB/T 20066 | GB/T 223 相关部分、GB/T 4336、GB/T 20123、GB/T 20124、GB/T 20125 |
| 2 | 拉伸 | 2 | 不同根（盘）钢筋切取 | GB/T 28900 和 GB/T 1499.2—2018 中的相关内容 |
| 3 | 弯曲 | 2 | 不同根（盘）钢筋切取 | GB/T 28900 和 GB/T 1499.2—2018 中的相关内容 |
| 4 | 反向弯曲 | 1 | 不同根（盘）钢筋切取 | GB/T 28900 和 GB/T 1499.2—2018 中的相关内容 |
| 5 | 尺寸 | 逐根（盘） | — | GB/T 1499.2—2018 中的相关内容 |
| 6 | 表面 | 逐根（盘） | — | 目视 |
| 7 | 质量偏差 | GB/T 1499.2—2018 中 8.4 的相关规定 | | |
| 8 | 金相组织 | 2 | 不同根（盘）钢筋切取 | GB/T 13298 和 GB/T 1499.2—2018 中附录 B |

注　对于化学成分的实验方法优先采用 GB/T 4336，对化学分析结果有争议时，仲裁检验应按 GB/T 1499.2—2018 中规定的与 GB/T 223 相关部分的要求进行。

#### 4. 冷轧带肋钢筋

冷轧带肋钢筋由热轧圆盘条经冷轧而成，表面带有沿长度方向均匀分布的月牙肋，力学性能和工艺性能应符合表 2.7 的规定。反复弯曲试验的弯曲半径应符合表 2.8 的规定。由于冷轧带肋钢筋是经过冷加工强化的产品，因此其强度提高、塑性降低、强屈比变小。冷轧带肋钢筋主要用于中小型预应力混凝土结构构件和普通混凝土结构构件。冷轧带肋钢筋的检验项目、取样与实验方法应符合表 2.9 的规定。

表 2.7　　冷轧带肋钢筋的力学性能和工艺性能（GB/T 13788—2017）

| 分类 | 牌号 | 规定塑性延伸强度 $R_{p0.2}$ /MPa，≥ | 抗拉强度 $R_m$ /MPa，≥ | $R_m/R_{p0.2}$，≥ | 断后伸长率 /%，≤ | | 最大力总延伸率 /%，≥ | 弯曲试验 180° | 反复弯曲次数 | 应力松弛初始应力应相当于公称抗拉强度的 70% |
|---|---|---|---|---|---|---|---|---|---|---|
| | | | | | $A$ | $A_{100mm}$ | $A_{gt}$ | | | 1000h/%，≤ |
| 普通钢筋混凝土用 | CRB550 | 500 | 550 | 1.05 | 11.0 | — | 2.5 | $D=3d$ | | — |
| | CRB600H | 540 | 600 | 1.05 | 14.0 | — | 5.0 | $D=3d$ | — | — |
| | CRB680H① | 600 | 680 | 1.05 | 14.0 | — | 5.0 | $D=3d$ | 4 | 5 |
| 预应力混凝土用 | CRB650 | 585 | 650 | 1.05 | — | 4.0 | 2.5 | — | 3 | 8 |
| | CRB800 | 720 | 800 | 1.05 | — | 4.0 | 2.5 | — | 3 | 8 |
| | CRB800H | 720 | 800 | 1.05 | — | 7.0 | 4.0 | — | 4 | 5 |

注　$D$—弯心直径；$d$—钢筋公称直径。

① 当该牌号钢筋作为普通钢筋混凝土用钢筋使用时，对反复弯曲和应力松弛不做要求；当该牌号钢筋作为预应力混凝土用钢筋使用时应进行反复弯曲试验代替 180°弯曲试验，并检测松弛率。

表 2.8　　反复弯曲试验的弯曲半径　　单位：mm

| 钢筋公称直径 | 4 | 5 | 6 |
|---|---|---|---|
| 弯曲半径 | 10 | 15 | 15 |

表 2.9　　冷轧带肋钢筋的检验项目、取样与实验方法

| 序号 | 检验项目 | 取样数量 | 取样方法 | 实验方法 |
|---|---|---|---|---|
| 1 | 拉伸 | 1 个/盘 | 在每(任)盘中随机切取 | GB/T 21839<br>GB/T 28900 |
| 2 | 弯曲 | 2 个/批 | | GB/T 28900 |
| 3 | 反复弯曲 | 2 个/批 | | GB/T 21839 |
| 4 | 应力松弛 | 定期 1 个 | | GB/T 21839<br>GB/T 13788—2017 中的 7.3 |
| 5 | 尺寸 | 逐盘或逐根 | — | GB/T 13788—2017 中的 7.4 |
| 6 | 表面 | 逐盘或逐根 | — | 目视 |
| 7 | 质量偏差 | GB/T 13788—2017 中的 7.5 | | |

注　表中取样数量栏中的“盘”指生产钢筋的“原料盘”。

### 2.1.2　实验取样

钢筋力学性能实验应在尺寸、表面状况等外观检验项目检查验收合格基础上进行取样。验收时，钢筋应有出厂证明或实验报告单，并抽样做力学性能实验，在使用中若有脆断、焊接性能不良或力学性能显著不正常时，还应进行化学成分分析实验。

钢筋应按批进行检查和验收，每批由同一牌号、同一炉罐号、同一规格的钢筋组成。每批质量通常不大于 60t。超过 60t 的部分，每增加 40t（或不足 40t 的余数），增加一个拉伸实验试样和一个弯曲实验试样。

对热轧带肋钢筋、热轧光圆钢筋、低碳钢热轧圆盘条、热处理钢筋取样时，当

每批取样不大于60t时，每批取一组试样。对热轧带肋钢筋、热轧光圆钢筋、热处理钢筋取样时，在该批中任选两根钢筋，在每根上截取两段，一个拉试件、一个弯试件，即两个拉试件和两个弯试件为一组，捆好并附上该钢筋规格的标牌，试件不允许进行车削加工。对低碳钢热轧圆盘条取样时，任选两盘，去掉端头500mm，截取一个拉试件和两个弯试件为一组（两个弯试件要分别在两盘上截取），捆好并附上该钢筋规格的标牌。

对冷轧带肋钢筋应按批进行检查验收，每批由同钢号、同规格和同级别的钢筋组成。重量不大于60t。

对冷拉钢筋应分批验收，每批由不大于20t的同级别、同直径的冷拉钢筋组成。进行力学性能实验时，从每批中抽取两根钢筋，每根取一拉一弯两个试样，4个试样为一组分别进行拉伸和冷弯实验；当有一项检验指标不符合要求时，应取双倍数量的试样重做各项实验；如仍有一个试样不合格，则该批冷拉钢筋为不合格品。

对冷拔低碳钢丝应逐盘进行检验，相同材料盘条冷拔成相同直径的钢丝，以5t为一批。进行力学性能实验时，甲级钢丝从每盘中任一端先去掉500mm，然后取一拉一弯两个试样，分别做拉力和反复弯曲实验，按其抗拉强度确定该盘钢丝的组别。乙级钢丝分批取样，同一直径的钢丝5t为一批，任选3盘，每盘截取两个试样，分别做拉力和反复弯曲实验。如有一个不合格，应在未取过试样的盘中另取双倍数量试样，再做各项实验。如仍有一个实验不合格，应对该批钢丝逐盘取样进行实验，合格者方可使用。

对钢筋进行拉伸和冷弯实验时，任选两根钢筋切取，且在钢筋的任意一端截去500mm后各取一套试样，拉伸和冷弯实验试样不允许进行车削加工，拉伸实验钢筋的长度$L=5a+200$mm（$a$为钢筋直径，mm）或$10a+200$mm。拉力试样长度与试验机上下夹头之间的最小距离及夹头的长度有关，冷弯实验钢筋试样长度$L\geqslant 5a+150$mm，也可根据钢筋直径和实验条件来确定试样长度。在拉伸实验的试件中，若有一根试件的屈服点、抗拉强度和伸长率3个指标中有一个达不到标准中的规定值，或冷弯实验中有一根试件不符合标准要求，则在同一批钢筋中再抽取双倍数量的试件进行该不合格项目的复验，复验结果中只要有一个指标不合格，则该实验结果判定为不合格。

## 2.2 钢筋拉伸实验

在常温下对钢筋进行拉伸实验，测量钢筋的屈服点、抗拉强度和伸长率等主要力学性能指标，据此可以对钢筋的质量进行评价和评定。

### 2.2.1 主要仪器设备

（1）液压万能试验机。常用的液压万能试验机有指针式和数显式两类，控制方式有手动和全自动两种。实验时无论使用何种试验机，其示值误差都应小于1%，实验过程中为了保证试验机的安全和测量数据的准确性，根据试件的最大破坏荷载值，须选择合适的量程，当荷载达到最大时，试验机的量程指针最好落在第三象限内，或者数显破坏荷载在量程的 50%～75%之间。

（2）游标卡尺和螺旋千分尺。根据试样尺寸测量精度要求，选用相应精度的任一种量具，如游标卡尺、螺旋千分尺或精度更高的测微仪，精确至 0.1mm。

（3）钢筋打点机。

## 2.2.2　实验条件与试件制备

### 1. 试验机拉伸速度和实验温度

实验时，试验机的拉伸速度选择是否合适对实验结果有明显影响，同一个试件用不同的拉伸速度进行测试，会得到不同的实验结果。拉伸速度可根据试验机的技术特点、试样的材质、尺寸及实验目的来确定，以保证所测钢筋抗拉强度性能的准确性。除有关技术条件或有特殊要求外，屈服前，应力增加速度为 10MPa/s，生产检验允许采用 10～30MPa/s 的应力增加速度；屈服后，试验机活动夹头在负荷下的移动速度应不大于 0.5L/min。当不需要测定屈服指标时，按规定的速度且平稳而无冲击性地施加载荷即可。

材料在不同的温度条件下，一般都表现出不同的性能特点或性能差异，钢筋也是如此。钢筋拉伸实验应在 10～35℃条件下进行，如果实验温度超出这一范围，应在实验记录和报告中予以注明。

### 2. 试样制备

钢筋拉伸实验所用的试件不得进行车削加工，可用两个或一系列等分小冲点或细线标出试件的原始标距，并测量标距长度，精确至 0.1mm，见图 2.1，试件两端应留有一定的富余长度，以便试验机钳口能够牢固地夹持试样，同时试件标距端点与试验机的夹持点之间还要留有 0.5～1 倍钢筋直径的距离，避免试件标距部分处在试验机的钳口内。

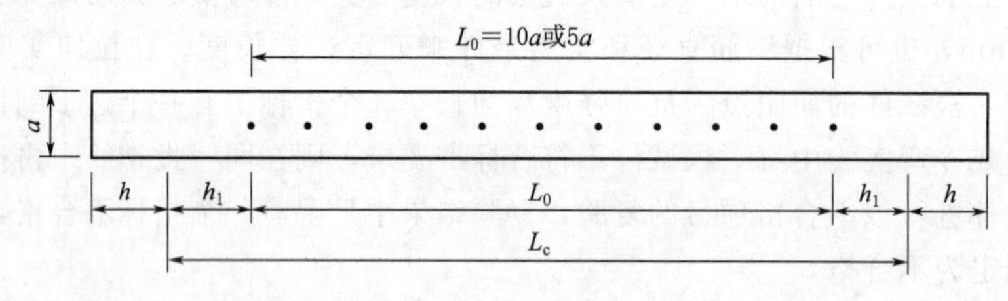


图 2.1　钢筋拉伸试件

$a$—试样原始直径；$L_0$—标距长度；$L_c$—试样平行长度；

$h$—夹头长度；$h_1$—(0.5～1)$a$

## 2.2.3　实验步骤

（1）根据被测钢筋的品种和直径，确定钢筋试样的原标距 $L_0$，$L_0=5a$、$10a$ 或 $100a$（$a$ 为钢筋直径）。

（2）用钢筋打点机在被测钢筋的表面打刻标点。打刻标点时，能使标点准确清晰即可，不要用力过大和破坏试件的原况；否则，会影响钢筋试件的测试结果。

(3) 接通试验机电源，启动试验机油泵，使试验机油缸升起，刻度盘指针调零。根据钢筋直径的大小选定试验机的合适量程，控制好回油阀。

(4) 夹紧被测钢筋，使上下夹持点在同一直线上，保证试样轴向受力，不得将试件标距部位夹入试验机的钳口中，试样被夹持部分不小于钳口的2/3。

(5) 启动油泵，按要求控制试验机的拉伸速度，测力度盘的指针停止转动时的恒定负荷或不计初始瞬时效应时最小负荷，即为钢筋的屈服点荷载，记录屈服点荷载。

(6) 屈服点荷载测出并记录后，继续对试样施加载荷直至拉断，从测力度盘读出最大荷载，记录最大破坏荷载。

(7) 卸去试样，关闭试验机油泵和电源。

(8) 测量试件断后标距。将试样拉断后的两段在拉断处紧密对接起来，尽量使其轴线位于一条线上，拉断处若形成缝隙时，此缝隙应计入试样拉断后的标距部分长度内。

1) 当拉断处到邻近标距端点的距离大于 $L_0/3$ 时，可用游标卡尺直接量出断后标距 $L_1$。

2) 当拉断处到邻近标距端点的距离不大于 $L_0/3$ 时，可按移位法确定断后标距 $L_1$，即在长段上，从拉断处 $O$ 点取等于短段格数，得 $B$ 点，再取等于长段所余格数［偶数，见图 2.2 (a)］的一半，得 $C$ 点；或者取所余格数［奇数，见图 2.2 (b)］减 1 与加 1 的一半，得 $C$ 与 $C_1$ 点。移位后 $L_1=AB+2BC$ 或 $L_1=AB+BC+BC_1$。当直接测量所求得的伸长率能够达到技术条件要求的规定值时，则可不必采用移位法。

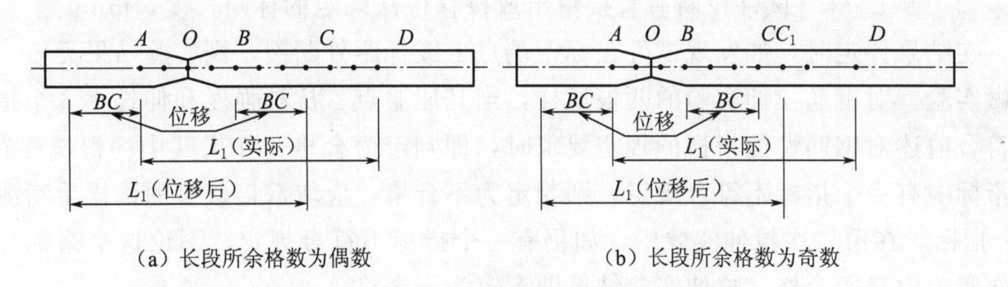


图 2.2 移位法测量钢筋断后标距示意图

### 2.2.4 计算与结果评定

(1) 钢筋的屈服点 $\sigma_s$ 和抗拉强度 $\sigma_b$，分别按式 (2.1) 计算，即

$$\left.\begin{aligned}\sigma_s&=\frac{F_s}{A}\\ \sigma_b&=\frac{F_b}{A}\end{aligned}\right\} \tag{2.1}$$

式中 $\sigma_s$，$\sigma_b$——钢筋屈服点和抗拉强度，MPa；

$F_s$，$F_b$——钢筋屈服荷载和最大荷载，N；

$A$——钢筋试件横截面面积，$mm^2$。

由于直径与横截面面积之间有对应关系，当钢筋试件的公称直径已知时，为计算快捷和方便，试件的横截面面积可按表 2.10 查用。

表 2.10　　钢筋公称直径与横截面面积的对应关系

| 公称直径 $a$/mm | 横截面面积 $A$/mm$^2$ | 公称直径 $a$/mm | 横截面面积 $A$/mm$^2$ |
| --- | --- | --- | --- |
| 8 | 50.27 | 22 | 380.1 |
| 10 | 78.54 | 25 | 490.9 |
| 12 | 113.1 | 28 | 615.8 |
| 14 | 153.9 | 32 | 804.2 |
| 16 | 201.1 | 36 | 1018 |
| 18 | 254.5 | 40 | 1257 |
| 20 | 314.2 | 50 | 1964 |

钢筋的屈服点和抗拉强度计算精度按下述要求确定。当 $\sigma_s$、$\sigma_b$ 均大于 1000MPa 时，精确至 10MPa；当 $\sigma_s$、$\sigma_b$ 为 200～1000MPa 时，精确至 5MPa；当 $\sigma_s$、$\sigma_b$ 小于 200MPa 时，精确至 1MPa。

（2）钢筋短、长试样的伸长率分别以 $\delta_5$、$\delta_{10}$ 表示，定标距试样的伸长率应附该标距长度数值的角注。钢筋伸长率 $\delta_5$（或 $\delta_{10}$）按式（2.2）计算，精确至 1%，即

$$\delta_5(\text{或}\ \delta_{10})=\frac{L_1-L_0}{L_0}\times 100\% \tag{2.2}$$

式中　$\delta_5$，$\delta_{10}$——分别为 $L_0=5a$、$L_0=10a$ 时钢筋的伸长率，%；

$L_0$——钢筋原标距长度，mm；

$L_1$——试件拉断后直接量出或按移位法确定的标距长度，mm。

在结果评定时，如发现试件在标距端点上或标距外断裂，则实验结果无效，应重做实验。对钢筋拉伸实验的两根试样，当其屈服点、抗拉强度和伸长率 3 个指标均符合前述对钢筋性能指标的规定要求时，即判定为合格。如果其中一根试样在 3 个指标中有一个指标不符合规定，则判定为不合格，应取双倍数量的试样重新测定 3 个指标。在第二次拉伸实验中，如仍有一个指标不符合规定，不论这个指标在第一次实验中是否合格，拉伸实验结果即评定为不合格。

### 2.2.5　注意事项

（1）在做钢筋拉伸实验过程中，当拉力未达到钢筋规定的屈服点（即处于弹性阶段）而出现停机等故障时，应卸下荷载并取下试样，待恢复正常后可再做拉伸实验。

（2）当拉力已达钢筋所规定的屈服点至屈服阶段时，不论停机时间多长，该试样按报废处理。

（3）当拉力达到屈服阶段，但尚未达到极限时，如排除故障后立即恢复实验，则测试结果有效；如故障长时间不能排除，应卸下荷载取下试样，该试样作报废处理。

（4）当拉力达到极限（度盘已退针），试件已出现颈缩，若此时伸长率符合要求，则判定为合格；若此时伸长率不符合要求，应重新取样进行实验。

## 2.3 钢筋冷弯实验

钢筋冷弯实验也是钢筋力学性能实验的必做实验项目，通过对钢筋进行冷弯实验，可对钢筋塑性进行定性检验，同时可间接判定钢筋内部的缺陷及可焊性。

### 2.3.1 主要仪器设备

(1) 液压万能试验机。同拉伸实验要求，单功能的压力机也可进行钢筋冷弯实验。

(2) 钢筋弯曲机。带有一定弯心直径的冷弯冲头。

(3) 钢筋反复弯曲机等。

### 2.3.2 实验步骤

(1) 钢筋冷弯试件不得进行车前加工，根据钢筋的型号和直径，确定弯心直径，钢筋混凝土用热轧带肋钢筋的弯心直径按表 2.11 确定。将弯心头套入试验机，按图 2.3 (a) 调整试验机平台上的支辊距离 $L_1$，即

$$L_1=(d+3a)\pm0.5a \tag{2.3}$$

式中 $d$——弯曲压头或弯心直径，mm；

$a$——试件厚度或直径或多边形截面内切圆直径，mm。

**表 2.11　钢筋混凝土用热轧带肋钢筋弯心直径**　单位：mm

| 牌　号 | 公称直径 $d$ | 弯心直径 |
|---|---|---|
| HRB335<br>RRBF335 | 6～25 | $3d$ |
| | 28～40 | $4d$ |
| | >40～50 | $5d$ |
| HRB400<br>RRBF400 | 6～25 | $4d$ |
| | 28～40 | $5d$ |
| | >40～50 | $6d$ |
| HRB500<br>RRBF500 | 6～25 | $6d$ |
| | 28～40 | $7d$ |
| | >40～50 | $8d$ |

(2) 放入钢筋试样，将钢筋面贴紧弯心棒，旋紧挡板，使挡板面贴紧钢筋面或调整二支辊距离到规定要求。

(3) 调整所需要弯曲的角度（180°或 90°）。

(4) 盖好防护罩，启动试验机，平稳加荷，使钢筋弯曲到所需要的角度。当被测钢筋弯曲至规定角度（180°或 90°）后，见图 2.3 (b)、图 2.3 (c)，停止冷弯。

(5) 揭开防护罩，拉开挡板，取出钢筋试样。

(6) 检查、记录试样弯曲处外表面的变形情况。

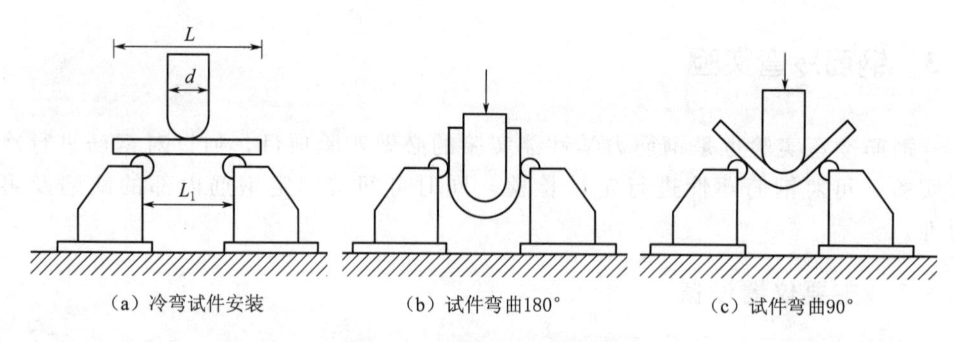


图 2.3　钢筋冷弯实验装置

### 2.3.3　结果判定

钢筋弯曲后，按有关规定检查试样弯曲外表面，钢筋受弯曲部位表面不得产生裂纹现象。当有关标准未作具体规定时，检查试样弯曲外表面，若无裂纹、裂缝或裂断等现象，则判定试样合格。检查结果的判定见表 2.12。在微裂纹、裂纹、裂缝中规定的长度和宽度，只要有一项达到其规定范围，即应按该级评定。

**表 2.12　　钢筋弯曲实验结果判定**

| 结果 | 判定依据 |
|---|---|
| 完好 | 试样弯曲处的外表面金属基体上，无肉眼可见因弯曲变形产生的缺陷 |
| 微裂纹 | 试样弯曲外表面金属基体上出现的细小裂纹，其长度不大于 2mm，宽度不大于 0.2mm |
| 裂纹 | 试样弯曲外表面金属基体上出现开裂，其长度大于 2mm 且不大于 5mm，宽度大于 0.2mm 且不大于 0.5mm |
| 裂缝 | 试样弯曲外表面金属基体上出现明显开裂，其长度大于 5mm，宽度大于 0.5mm |
| 裂断 | 试样弯曲外表面出现沿宽度贯裂的开裂，其深度超过试样厚度的 1/3 |

### 2.3.4　钢筋反向弯曲实验要点

（1）反向弯曲实验的弯心直径比弯曲实验相应增加一个钢筋直径。反向弯曲实验先正向弯曲 90°，后反向弯曲 20°。经反向弯曲实验后，钢筋受弯曲部位表面不得产生裂纹。

（2）反向弯曲实验时，经正向弯曲后的试件，应在 100℃ 温度下保温不少于 30min，经自然冷却后再反向弯曲。当能保证钢筋人工时效后的反向弯曲性能时，正向弯曲后的试样也可在室温下直接进行反向弯曲。

### 2.3.5　金属线材反复弯曲实验

当需要进行金属线材反复弯曲实验时，试样的选择应从外观检查合格线材的任意部位截取；试样应尽可能是直的，试件长度为 150～250mm，实验时在其弯曲平面内允许有轻微的弯曲。必要时可对试样进行矫直，当用手不能矫直时，可将试样置于木材或塑料平面上，用由这些材料制成的锤轻轻锤直，矫直时试样表面不得有损伤，也不允许有任何扭曲。一般按下述步骤进行。

(1) 使弯曲臂处于垂直位置，将试样由拨杆孔插入并夹紧其下端，使试样垂直于弯曲圆柱轴线所在的平面。

(2) 操作应平稳而无冲击，弯曲速度不超过1次/s，要防止温度升高而影响实验结果。

(3) 将试样从起始位置向右（左）弯曲90°返回至原始位置，作为第一次弯曲；再由起始位置向左（右）弯曲90°返回至起始位置，作为第二次弯曲。依次连续反复弯曲，连续进行到有关标准中所规定的弯曲次数或试样折断为止；如有特殊要求，可弯曲到不用放大工具即可见裂纹为止。试样折断时的最后一次弯曲不计。

### 2.3.6 注意事项

(1) 在钢筋弯曲实验过程中，应采取适当防护措施（如加防护罩等），防止钢筋断裂时飞出伤及人员和损坏邻近设备。弯曲碰到断裂钢筋时，应立即切断电源，查明情况。

(2) 当钢材冷弯过程中发生意外故障时，应卸下荷载，取下试样，待恢复后再做冷弯实验。

## 2.4 钢筋冲击韧性实验

衡量材料抗冲击能力的指标用冲击韧性来表示，冲击韧性通过冲击实验来测定，冲击实验是在一次冲击载荷作用下，显示试件缺口处的韧性或脆性的力学特性的实验过程。虽然实验中测定的冲击吸收功或冲击韧性不能直接用于工程计算，但它可以作为判断材料脆化趋势的一个定性指标，并且可作为检验材质热处理工艺的一个重要手段；这是因为它对材料的品质、宏观缺陷、显微组织十分敏感，而这点恰是静载实验无法揭示的。

测定冲击韧性的实验方法有多种，简支梁式冲击弯曲实验是最常用的方法，另外还有低温夏比冲击实验法和高温夏比冲击实验法。由于冲击实验受到多种内在和外界因素的影响，要想正确反映材料的冲击韧性，必须使用标准的冲击实验方法和标准化、规范化的仪器设备。

### 2.4.1 实验原理

冲击实验是基于能量守恒原理，即冲击试样消耗的能量是摆锤实验前后的势能差。实验时，把试样放在图2.4中的$B$处，将摆锤举至高度为$H$的$A$处自由落下，冲断试样即可。

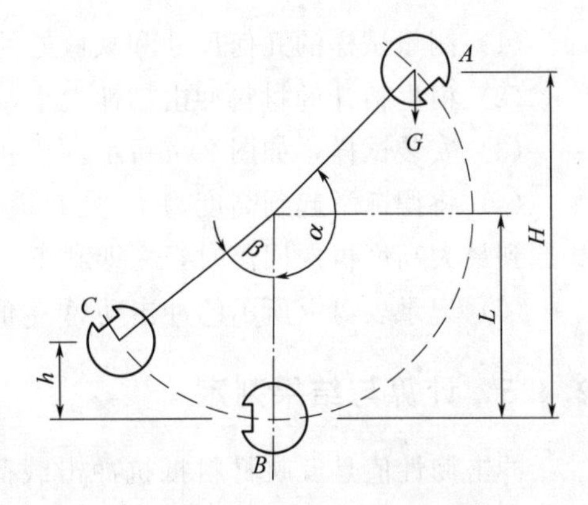

图2.4 冲击实验原理

摆锤在$A$处具有的势能为

$$E = mgH = mgL(1-\cos\alpha) \quad (2.4)$$

冲断试样后，摆锤在$C$处具有的势能为

$$E_1 = mgH = mgL(1-\cos\beta) \tag{2.5}$$

势能差 $E-E_1$ 即为冲断试样所消耗的冲击功 $A_{KU}$，即

$$A_{KU} = E - E_1 = mgH = mgL(\cos\beta - \cos\alpha) \tag{2.6}$$

式中 $mg$——摆锤重力；

$L$——摆长（摆轴到摆锤重心的距离）；

$\alpha$——冲断试样前摆锤扬起的最大角度；

$\beta$——冲断试样后摆锤扬起的最大角度。

## 2.4.2 主要仪器设备

实验仪器设备包括冲击试验机（图 2.5）和游标卡尺等。

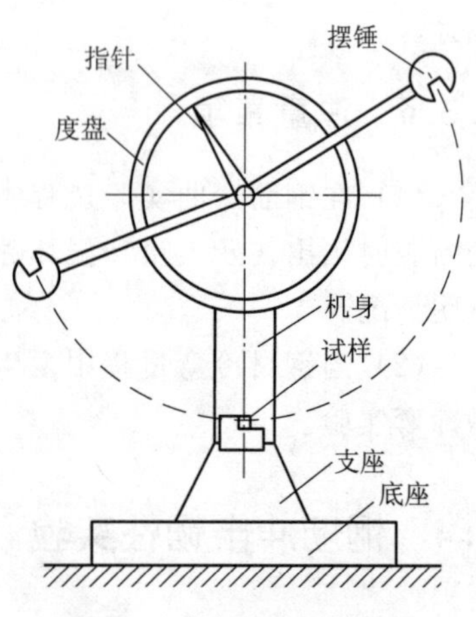

图 2.5 冲击试验机结构图

## 2.4.3 试件制备

本实验采用U形缺口冲击试样，如图 2.6 所示。试样缺口底部应光滑，没有与缺口轴线平行的明显划痕。加工缺口试样时，应严格控制其形状、尺寸精度以及表面粗糙度。如果冲击试样的类型和尺寸不同，得出的实验结果则不能直接比较和换算。

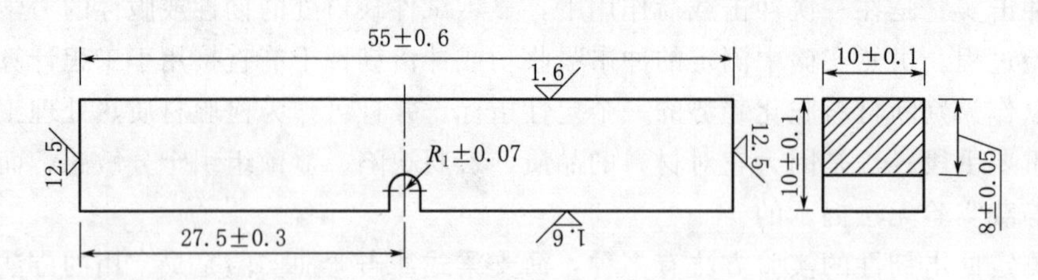

图 2.6 冲击试样示意图（单位：m）

## 2.4.4 实验步骤

(1) 测量试样的几何尺寸和缺口处的横截面尺寸。

(2) 根据估计的材料冲击韧性大小，选择试验机的摆锤和表盘。

(3) 安装试样，如图 2.7 所示。

(4) 将摆锤举起到高度为 $H$ 处并锁住，然后释放摆锤，冲断试样后，待摆锤扬起到最大高度再次回落时，立即刹车，使摆锤停住。

(5) 记录表盘上所示的冲击功 $A_{KU}$ 值，取下试样，观察断口。

## 2.4.5 计算与结果判定

冲击韧性值是反映材料抵抗冲击载荷的综合性能指标，它随着试样的绝对尺寸、缺口形状、实验温度等变化而不同。冲击韧性值 $\alpha_{KU}$ 按式（2.7）计算，即

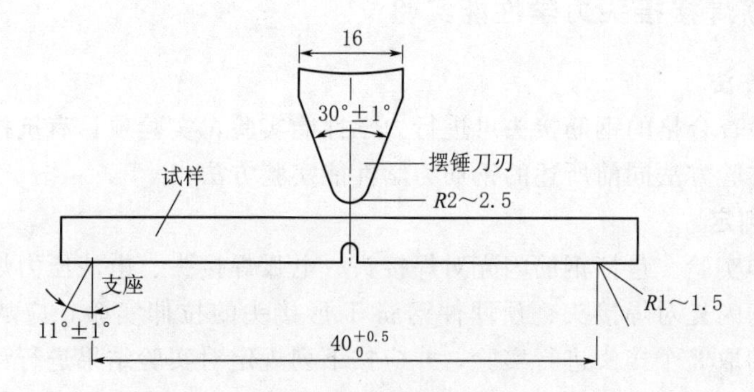


图 2.7 冲击实验示意图（单位：mm）

$$\alpha_{KU}=\frac{A_{KU}}{S_0} \tag{2.7}$$

式中 $\alpha_{KU}$——冲击韧性值，$J/cm^2$；

$A_{KU}$——U形缺口试样的冲击吸收功，J；

$S_0$——试样缺口处断面面积，$cm^2$。

比较分析两种材料抵抗冲击时的吸收功，观察破坏断口的形貌特征。

## 2.5 钢筋焊接接头实验

在实际工程中，经常出现钢筋连接的情况，而焊接是钢筋最常用的连接方式，接头的焊接质量，将直接影响钢筋的整体性能及其质量。实验时，首先要对钢筋焊接接头的外观质量进行检查，当接头外观质量检查合格时，才可进行钢筋焊接接头的力学性能实验。由于钢筋焊接接头力学性能的实验原理、方法和操作过程与钢筋的力学性能实验基本相同，所以本节只对钢筋焊接接头实验作一般性介绍。

### 2.5.1 钢筋焊接接头外观检查与质量要求

钢筋焊接接头种类与质量要求见表 2.13。

表 2.13 钢筋焊接接头种类与质量要求

| 接头种类 | 质量要求 |
|---|---|
| 闪光对焊接头<br>电渣压力焊接头 | (1)闪光对焊接头处不得有横向裂纹，消除受压面的金属毛刺和粗糙部分，且与母材表面齐平；<br>(2)与电极接触处的钢筋表面不得有明显烧伤；<br>(3)接头处的弯折角应不大于 3°，接头处的轴线偏移不大于 0.1 倍钢筋直径且不大于 2mm |
| 电弧焊接头 | (1)焊缝表面应平整，不得有凹陷或焊瘤；<br>(2)焊接接头区域不得有裂纹 |
| 气压焊头 | (1)两钢筋轴线弯折角应不大于 3°；<br>(2)压焊面偏移应不大于 0.15 倍钢筋直径且不大于 4mm |

### 2.5.2　钢筋焊接接头力学性能实验

**1. 实验方法**

对外观检查合格的钢筋接头可进行力学性能实验，实验项目有抗拉强度及冷弯性能，具体实验方法同前所述的钢筋力学性能实验方法。

**2. 结果判定**

（1）拉伸实验。包括钢筋闪光对焊接头、电弧焊接头、电渣压力焊接头、气压焊接头、箍筋闪光对焊接头、预埋件钢筋 T 形接头的拉伸实验，应从每一检验批接头中随机切取 3 个接头进行实验，并应按下列规定对实验结果进行评定。

1）符合下列条件之一，应评定该检验批接头拉伸实验合格：3 个试件均断于钢筋母材，呈延性断裂，其抗拉强度不小于钢筋母材抗拉强度标准值；两个试件断于钢筋母材，呈延性断裂，其抗拉强度不小于钢筋母材抗拉强度标准值；另一试件断于焊缝，呈脆性断裂，其抗拉强度不小于钢筋母材抗拉强度标准值。

注：试件断于热影响区，呈延性断裂，应视作与断于钢筋母材等同；试件断于热影响区，呈脆性断裂，应视作与断于焊缝等同。

2）符合下列条件之一，应进行复验。

a. 两个试件断于钢筋母材，呈延性断裂，其抗拉强度不小于钢筋母材抗拉强度标准值；另一试件断于焊缝或热影响区，呈脆性断裂，其抗拉强度小于钢筋母材抗拉强度标准值。

b. 一个试件断于钢筋母材，呈脆性断裂，其抗拉强度不小于钢筋母材抗拉强度标准值；另两个试件断于焊缝或热影响区，呈脆性断裂。

c. 3 个试件均断于焊缝，呈脆性断裂，其抗拉强度均不小于钢筋母材抗拉强度标准值。

3）当 3 个试件中有一个试件抗拉强度小于钢筋母材抗拉强度标准值，应评定该检验批接头拉伸实验不合格。

4）复验时应切取 6 个试件进行实验。实验结果：若有 4 个或 4 个以上试件断于钢筋母材，呈延性断裂，其抗拉强度不小于钢筋母材抗拉强度标准值；另两个或两个以上试件断于焊缝，呈脆性断裂，其抗拉强度不小于钢筋母材抗拉强度标准值，应评定该检验批接头拉伸实验复验合格。

5）可焊接余热处理钢 RRB400W 焊接接头拉伸实验，其抗拉强度应符合同级别热轧带肋钢筋抗拉强度标准值 540MPa 的规定。

6）预埋件钢筋 T 形接头拉伸实验，3 个试件的抗拉强度均不小于表 2.14 的规定值时，应评定该检验批接头拉伸实验合格。若有一个接头试件抗拉强度小于表 2.14 的规定值时，应进行复验。复验时，应切取 6 个试件进行实验。其抗拉强度均不小于表 2.14 的规定值时，应评定该检验批接头拉伸实验复验合格。

**表 2.14　　预埋件钢筋 T 形接头抗拉强度规定值**

| 钢筋牌号 | 抗拉强度规定值/MPa | 钢筋牌号 | 抗拉强度规定值/MPa |
|---|---|---|---|
| HPB300 | 400 | HRB500、HRBF500 | 610 |
| HRB335、HRBF335 | 435 | RRB400W | 520 |
| HRB400、HRBF400 | 520 | | |

（2）弯曲实验。钢筋闪光对焊接头、气压焊接头进行弯曲实验时，应从每一个检验批接头中随机切取 3 个接头，焊缝应处于弯曲中心点，弯心直径和弯曲角度应符合表 2.15 的规定。

**表 2.15　　接头弯曲实验指标**

| 钢筋牌号 | 弯心直径 | 弯曲角度/(°) |
|---|---|---|
| HPB300 | $2d$ | 90 |
| HRB335、HRBF335 | $4d$ | |
| HRB400、HRBF400、RRB400W | $5d$ | |
| HRB500、HRBF500 | $7d$ | |

注　1. $d$ 为钢筋直径。
2. 直径大于 25mm 的钢筋焊接接头，弯心直径应增加 1 倍钢筋直径。

弯曲实验结果应按下列规定进行评定。

1）当试件弯曲至 90°，有 2 个或 3 个试件外侧（含焊缝和热影响区）未发生宽度达到 0.5mm 的裂纹时，应评定该检验批接头弯曲实验合格。

2）当有 2 个试件发生宽度达到 0.5mm 的裂纹时，应进行复验。

3）当有 3 个试件发生宽度达到 0.5mm 的裂纹时，应评定该检验批接头弯曲实验不合格。

4）复验时，应切取 6 个试件进行实验，当不超过 2 个试件发生宽度达到 0.5mm 的裂纹时，应评定该检验批接头弯曲实验复验合格。

# 第3章

# 水泥实验

水泥实验包括不溶物、烧失量、氧化镁、三氧化硫、氯离子、碱、细度、密度、标准稠度用水量、凝结时间、安定性、压蒸安定性以及胶砂强度实验。本章仅介绍密度、细度、标准稠度用水量、凝结时间、安定性和胶砂强度6项实验。

## 3.1 相关标准

《通用硅酸盐水泥》(GB 175—2007/XG 3—2018)。

《水泥密度测定方法》(GB/T 208—2014)。

《水泥细度检验方法筛析法》(GB/T 1345—2005)。

《水泥标准稠度用水量、凝结时间、安定性检验方法》(GB/T 1346—2011)。

《水泥比表面积测定方法(勃氏法)》(GB/T 8074—2008)。

《水泥取样方法》(GB/T 12573—2008)。

《水泥胶砂强度检验方法(ISO法)》(GB/T 17671—1999)。

## 3.2 编号与取样

水泥出厂前按同品种、同强度等级编号和取样,袋装水泥和散装水泥应分别进行编号和取样。

### 3.2.1 编号

水泥出厂编号按水泥厂年生产能力规定如下。

200万t以上,不超过4000t为一编号。

120万~200万t,不超过2400t为一编号。

60万~120万t,不超过1000t为一编号。

30万~60万t,不超过600t为一编号。

10万~30万t,不超过400t为一编号。

10万t以下,不超过200t为一编号。

当散装水泥运输工具的容量超过该厂规定出厂编号吨数时,允许该编号的数量超过取样规定吨数。

### 3.2.2 取样

水泥出厂前每一编号为一取样单位。

水泥进场时，按同一生产厂家、同一等级、同一品种、同一批号且连续进场的水泥，袋装不超过200t为一批，散装不超过500t为一批，每批抽样不少于一次。

取样应有代表性，可连续取，也可从20个以上不同部位取等量样品，总量至少12kg。

对于袋装水泥，应采取图3.1所示取样器取样，每一个编号内随机抽取不少于20袋，采用袋装水泥取样器取样，将取样器沿对角线方向插入水泥包装袋中，用大拇指按住气孔，小心抽出取样管，将所取样品放入洁净、干燥、防潮、密闭、不易破损并且不影响水泥性能的容器中。每次抽取的单样量应尽量一致。

对于散装水泥，当所取水泥深度不超过2m时，应采用图3.2所示的槽形管状取样器取样。通过转动取样器内管控制开关，在适当位置插入水泥一定深度，关闭后小心抽出。将所取样品放入洁净、干燥、防潮、密闭、不易破损并且不影响水泥性能的容器中。

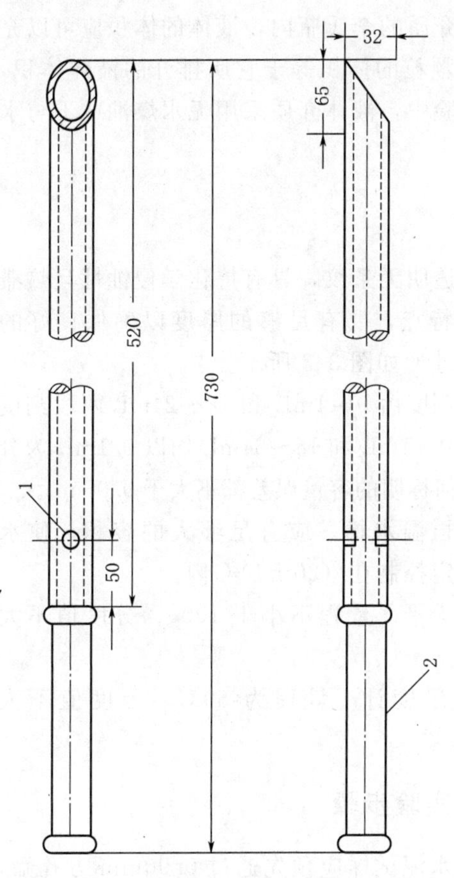


图3.1　袋装水泥取样器（单位：mm）
1—气孔；2—气柄

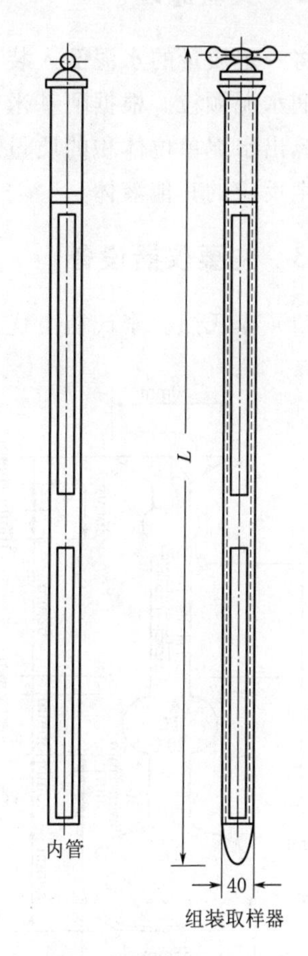


图3.2　散装水泥取样器（单位：mm）
$L$=1000～2000mm

样品缩分可采用二分器，一次或多次将样品缩分到标准要求的规定量。将每一编号所取水泥混合样通过0.9mm方孔筛，均分为试验样和封存样。

样品取得后应存放在密封的金属容器中，加封条。容器应洁净、干燥、防潮、密闭、不易破损并且不影响水泥性能。

存放样品的容器应至少在一处加盖清晰、不易擦掉的标有编号、取样时间、地点、人员的密封印。

封存样品应密封保管3个月，封存样品应储存于干燥、通风的环境中。实验样品也应妥善保管。

## 3.3 密度实验

### 3.3.1 实用范围

适用于测定水泥的密度，也适用于指定采用本方法的其他粉体物料密度的测定。

### 3.3.2 实验原理

将一定质量的水泥倒入装有足够量液体介质的李氏瓶内，液体的体积应可以充分浸润水泥颗粒。根据阿基米德定律，水泥颗粒的体积等于它所排开的液体体积，从而算出水泥单位体积的质量即为密度。实验中，液体介质采用无水煤油或不与水泥发生反应的其他液体。

### 3.3.3 主要仪器设备

（1）李氏瓶。李氏瓶由优质玻璃制成，透明无条纹，具有抗化学侵蚀性且热滞后性小的特点，要有足够的厚度以确保良好的耐裂性，外形如图3.3所示。

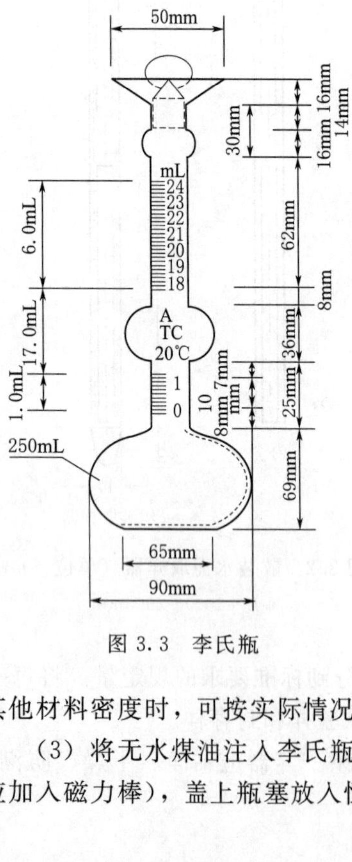

瓶颈刻度由0～1mL和18～24mL两段刻度组成，且0～1mL和18～24mL均以0.1mL为分度值，任何标明的容量误差都不大于0.05mL。

图3.3 李氏瓶

（2）恒温水槽。应有足够大的容积，使水温可以稳定控制在（20±1)℃内。

（3）天平。量程不小于100g，分度值不大于0.01g。

（4）温度计。量程为50℃，分度值不大于0.1℃。

### 3.3.4 实验步骤

（1）水泥试样应预先通过0.90mm方孔筛，在（110±5)℃温度内烘干1h，并在干燥器内冷却至室温［室温应控制在（20±1)℃内］。

（2）称取水泥60g，精确至0.01g。在测试其他材料密度时，可按实际情况增减称量材料质量，以便读取刻度值。

（3）将无水煤油注入李氏瓶中至0～1mL之间刻度线后（选用磁力搅拌，此时应加入磁力棒），盖上瓶塞放入恒温水槽内，使刻度部分浸入水中［水温应控制在

(20±1)℃内]，恒温至少30min，记下无水煤油的初始（第一次）读数（$V_1$）。

（4）从恒温水槽中取出李氏瓶，用滤纸将李氏瓶细长颈内没有煤油的部分仔细擦干净。

（5）用小匙将水泥样品一点点地装入李氏瓶中，反复摇动（也可用超声波震动或磁力搅拌等），直至没有气泡排出，再次将李氏瓶置于恒温水槽，使刻度部分浸入水中，恒温至少30min，记下第二次读数（$V_2$）。

（6）在第一次读数和第二次读数时，恒温水槽的温度差不大于0.2℃。

### 3.3.5 结果计算

水泥密度$\rho$按式（3.1）计算，结果精确至0.01g/m$^3$，实验结果取两次测定结果的算术平均值，两次测定结果之差不大于0.02g/m$^3$。

$$\rho=\frac{m}{V_2-V_1} \tag{3.1}$$

式中 $\rho$——水泥密度，g/m$^3$；

$m$——水泥质量，g；

$V_2$——李氏瓶第二次读数，mL；

$V_1$——李氏瓶第一次读数，mL。

## 3.4 细度实验

水泥细度实验有比表面积法和筛析法。比表面积法适合于硅酸盐水泥，筛析法适合于其他水泥。

### 3.4.1 比表面积法实验

**1. 适用范围**

适用于测定水泥的比表面积以及适合采用本标准方法的、比表面积在2000～6000cm$^2$/g范围内的其他各种粉状物料，不适用于测定多孔材料及超细粉状物料。

**2. 实验原理**

本方法采用Blaine透气仪来测定水泥的细度，主要根据一定量的空气通过具有一定空隙率和固定厚度的水泥层时，所受阻力不同而引起气流速度的变化来测定水泥的比表面积。在一定空隙率的水泥层中，空隙的大小和数量是颗粒尺寸的函数，同时也决定了通过料层的气流速度。

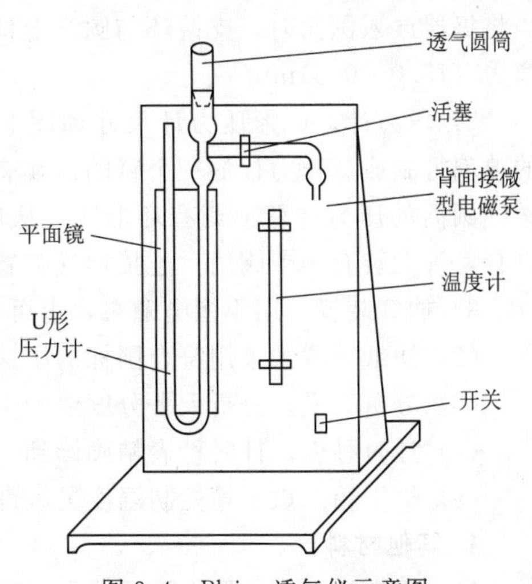

图3.4 Blaine透气仪示意图

**3. 主要仪器设备**

（1）Blaine透气仪。Blaine透气仪如图3.4和图3.5所示，由透气圆筒、压力计、抽气装置3部分组成。

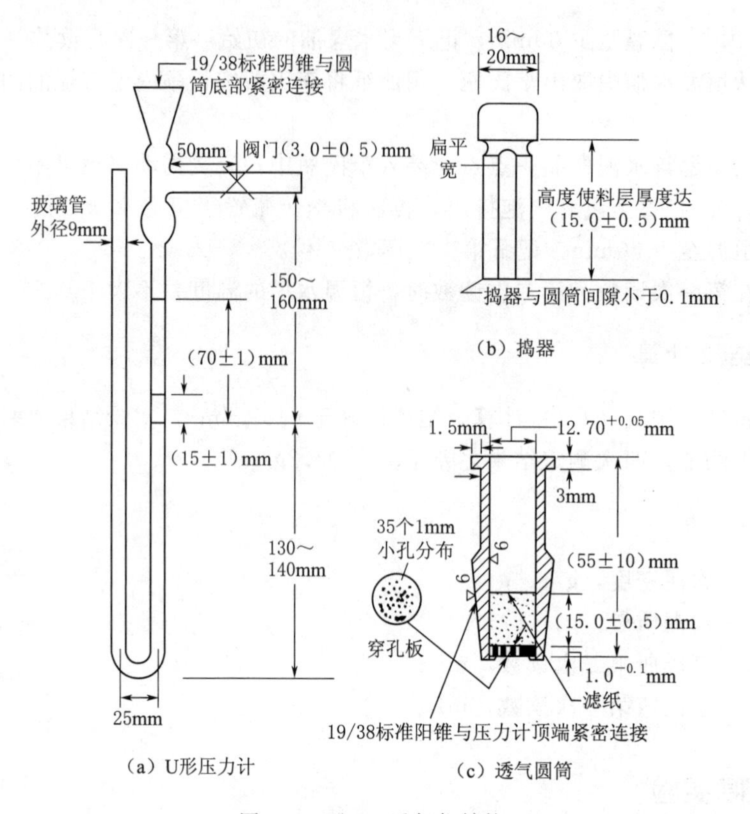


图3.5 Blaine透气仪结构

1）透气圆筒。透气圆筒由不锈钢制成，圆筒的上口边应与圆筒主轴垂直，圆筒下部锥度应与压力计上玻璃磨口锥度一致，两者应严密连接。在圆筒内壁，距离圆筒上口边（55±10)mm处有一突出宽度为0.5～1mm的边缘，以放置金属穿孔板。

穿孔板由不锈钢或其他不受腐蚀的金属制成，厚度为0.1～1.0mm。在其面上，等距离地打有35个直径为1mm的小孔，穿孔板应与圆筒内壁密合。

捣器由不锈钢制成，插入圆筒时，其间隙不大于0.1mm。捣器的底面应与主轴垂直，侧面有一个扁平槽，宽度为（3.0±0.3)mm。捣器的顶部有一个支持环，当将捣器放入圆筒时，支持环与圆筒上口边接触，这时捣器底面与穿孔板之间的距离为（15.0±0.5)mm。

2）压力计。U形压力计尺寸如图3.5所示，由外径为9mm的具有标准厚度的玻璃管制成。压力计的一个臂的顶端有一锥形磨口与透气圆筒紧密连接；在连接透气圆筒的压力计臂上刻有环形线。从压力计底部往上280～300mm处有一个出口管，管上装有一个阀门，连接抽气装置。

3）抽气装置。用小型电磁泵，也可用抽气球。

（2）滤纸。滤纸采用符合国标的中速定量滤纸。

（3）分析天平。分析天平分度值为1mg。

（4）计时秒表。计时秒表精确读到0.5s。

（5）烘干箱。烘干箱控制温度灵敏度在±1℃内。

**4. 其他材料**

（1）压力计液体。压力计液体采用带有颜色的蒸馏水或直接采用无色蒸馏水。

（2）基准材料。基准材料采用中国水泥质量监督检验中心制备的标准试样。

**5. 仪器校准**

（1）漏气检查。将透气圆筒上口用橡皮塞塞紧，接到压力计上。用抽气装置从压力计一臂中抽出部分气体；然后关闭阀门，观察是否漏气。如发现漏气，用活塞油脂加以密封。

（2）试料层体积的测定。用水银排代法。将两片滤纸沿圆筒壁放入透气圆筒内，用捣棒往下按，直到将滤纸平整地放在金属的穿孔板上。然后装满水银，用一小块薄玻璃板轻压水银表面，使水银面与圆筒口平齐，并须保证在玻璃板和水银表面之间没有气泡或空洞存在。从圆筒中倒出水银，称量，精确至0.05g。重复几次测定，到数值基本不变为止。然后从圆筒中取出一片滤纸，用约3.3g的水泥，按照试料层制备法要求压实水泥层（注意：应制备坚实的水泥层。如太松或水泥不能压到要求体积时，应调整水泥的试用量）。再在圆筒上部空间注入水银，同上述方法除去气泡、压平、倒出水银称量，重复几次，直到水银称量值相差小于50mg为止。

（3）圆筒内试料层体积$V$可按式（3.2）计算（精确至$0.005cm^3$），即

$$V=\frac{m_1-m_2}{\rho_{Hg}} \tag{3.2}$$

式中 $V$——试料层体积，$cm^3$；

$m_1$——未装水泥时充满圆筒的水银质量，g；

$m_2$——装水泥后充满圆筒的水银质量，g；

$\rho_{Hg}$——试验温度下水银的密度，$g/cm^3$（20℃时为$13.55g/cm^3$）。

（4）试料层体积的测定至少应进行两次，每次应单独压实，取两次数值相差不超过$0.005cm^3$的平均值，并记录测定过程中圆筒附近的温度。每隔一季度至半年应重新校正试料层体积。

**6. 实验步骤**

（1）试样准备。将（110±5）℃下烘干并在干燥器中冷却至室温的标准试样，倒入100mL的密闭瓶内，用力晃动2min，将结块成团的试样振碎，使试样松散。静置2min后，打开瓶盖，轻轻搅拌，使在松散过程中落到表面的细粉分布到整个试样中。

水泥试样应先通过0.9mm方孔筛，再在（110±5）℃下烘干，并在干燥器中冷却至室温。

（2）确定试样量。校正试验用的标准试样量和被测定水泥的质量，应达到在制备的试料层中空隙率为0.500±0.005，计算式为

$$m=\rho V(1-\varepsilon) \tag{3.3}$$

式中 $m$——水泥质量，g；

$\rho$——试样密度，$g/cm^3$；

$V$——测定的试料层体积，$cm^3$；

$\varepsilon$——试料层中的空隙率。

$\varepsilon$是指试料层中孔的容积与试料层总的容积之比，P·Ⅰ型、P·Ⅱ型水泥的空隙率采用0.500±0.005，其他水泥或粉料的空隙率选用0.530±0.005。如有些粉料按式（3.3）计算出的试样在圆筒的有效体积中容纳不下或经捣实后未能充满圆筒的有效体积，则允许适当地改变空隙率。空隙率的调整以2000g砝码（5等砝码）

将试样压实至要求规定的位置为准。

（3）试料层制备。将穿孔板放入透气圆筒的突缘上，用捣棒把一片滤纸送到穿孔板上，边缘放平并压紧。称取确定的水泥量（精确到 0.001g），倒入圆筒。轻敲圆筒的边，使水泥层表面平坦。再放入一片滤纸，用捣器均匀捣实试料，直至捣器的支持环紧紧接触圆筒顶边并旋转 1～2 周，慢慢取出捣器。

注意：穿孔板上的滤纸为直径 12.7mm、边缘光滑的圆形滤纸片，每次测定须用新的滤纸片。

（4）透气实验。把装有试料层的透气圆筒连接到压力计上，要保证紧密连接不致漏气，并不断振动所制备的试料层。

注意：为避免漏气，可先在圆筒下锥面涂一薄层活塞油脂，然后把它插入压力计顶端锥形磨口处，旋转 1～2 周。

打开微型电磁泵慢慢从压力计一臂中抽出空气，直到压力计内液面上升到扩大部下端时关闭阀门。当压力计内液体的凹月面下降到第一条刻度线时开始计时，当液体的凹月面下降到第二条刻度线时停止计时，记录液面从第一条刻度线到第二条刻度线所需的时间。以秒记录，并记下实验时的温度（℃）。每次做透气实验应重新制备试料层。

**7. 结果计算**

（1）当被测物料的密度、试料层中空隙率与标准样品相同，实验时温差不大于 3℃时，可按式（3.4）计算，即

$$S=\frac{S_s\sqrt{T}}{\sqrt{T_s}} \tag{3.4}$$

当实验时温差大于 3℃时，则按式（3.5）计算，即

$$S=\frac{S_s\sqrt{T}\sqrt{\eta_s}}{\sqrt{T_s}\sqrt{\eta}} \tag{3.5}$$

式中　$S$——被测试样的比表面积，$cm^2/g$；

$S_s$——标准试样的比表面积，$cm^2/g$；

$T$——被测试样实验时，压力计中液面降落测得的时间，s；

$T_s$——标准试样实验时，压力计中液面降落测得的时间，s；

$\eta$——被测试样实验温度下的空气黏度，Pa·s；

$\eta_s$——标准试样实验温度下的空气黏度，Pa·s。

（2）当被测试样的试料层中空隙率与标准样品试料层中空隙率不同，且实验时温差不大于 3℃时，可按式（3.6）计算，即

$$S=\frac{S_s\sqrt{T}(1-\varepsilon_s)\sqrt{\varepsilon^3}}{\sqrt{T_s}(1-\varepsilon)\sqrt{\varepsilon_s^3}} \tag{3.6}$$

当实验时温差大于 3℃时，则按式（3.7）计算，即

$$S=\frac{S_s\sqrt{T}(1-\varepsilon_s)\sqrt{\varepsilon^3}\sqrt{\eta_s}}{\sqrt{T_s}(1-\varepsilon)\sqrt{\varepsilon_s^3}\sqrt{\eta}} \tag{3.7}$$

式中　$\varepsilon$——被测试样试料层中的空隙率；

$\varepsilon_s$——标准试样试料层中的空隙率。

(3) 当被测试样的密度和空隙率均与标准样品不同，且实验时温差不大于3℃时，可按式(3.8)计算，即

$$S=\frac{S_s\sqrt{T}(1-\varepsilon_s)\sqrt{\varepsilon^3}\rho_s}{\sqrt{T_s}(1-\varepsilon)\sqrt{\varepsilon_s^3}\rho} \tag{3.8}$$

当实验时温差大于3℃时，则按式(3.9)计算，即

$$S=\frac{S_s\sqrt{T}(1-\varepsilon_s)\sqrt{\varepsilon^3}\rho_s\sqrt{\eta_s}}{\sqrt{T_s}(1-\varepsilon)\sqrt{\varepsilon_s^3}\rho\sqrt{\eta}} \tag{3.9}$$

式中 $\rho$——被测试样的密度，$g/cm^3$；

$\rho_s$——标准试样的密度，$g/cm^3$。

(4) 水泥比表面积应由二次透气实验结果的平均值确定，计算应精确至$10cm^2/g$，$10cm^2/g$以下的数值按四舍五入计。如二次实验结果相差2%以上时，应重新试验。

(5) 比表面积值由$cm^2/g$换算为$m^2/kg$时，须乘以系数0.1。

### 3.4.2 筛析法实验

水泥细度实验的筛析法实验包括负压筛析法、水筛法和手工筛析法，当负压筛析法、水筛法和手工筛析法测定的结果发生争议时，以负压筛析法为准。

**1. 适用范围**

筛析法适用于硅酸盐水泥、普通硅酸盐水泥、矿渣硅酸盐水泥、火山灰质硅酸盐水泥、粉煤灰硅酸盐水泥、复合硅酸盐水泥以及指定采用本标准的其他品种水泥和粉状物料。

**2. 实验原理**

筛析法采用$45\mu m$方孔筛和$80\mu m$方孔筛对水泥试样进行筛析实验，用筛上筛余物的质量百分数来表示水泥样品的细度。为保持筛孔的标准度，在用试验筛时应用已知筛余的标准样品来标定。

**3. 主要仪器设备**

(1) 试验筛。试验筛由圆形筛框和筛网组成。负压筛筛框高度为50mm，筛子的上口直径为150mm；负压筛应附有透明筛盖，筛盖与筛上口应有良好的密封性。

(2) 负压筛析仪。负压筛析仪由筛座、负压筛、负压源及收尘器组成，其中筛座由转速为30r/min±2r/min的喷气嘴、负压表、控制板、微电机及壳体构成，负压筛析仪结构如图3.6所示。筛析仪负压为4000～6000Pa，喷气嘴的上口平面与筛网之间距离为2～8mm。

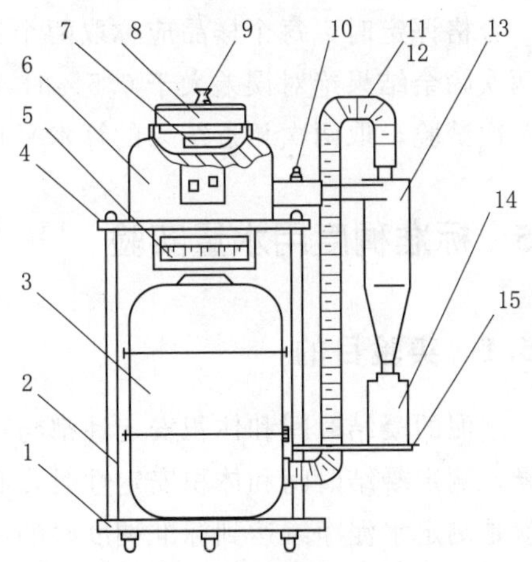


图3.6 负压筛析仪结构

1—底座；2—立柱；3—吸尘器；4—面板；5—真空负压表；6—筛析仪；7—喷嘴；8—试验筛；9—筛盖；10—气压接头；11—吸尘软管；12—气压调节阀；13—收尘筒；14—收集容器；15—托座

负压源和收尘器，由功率大于600W的工业吸尘器和小型旋风收尘筒组成，或用其他具有相当功能的设备。

(3) 天平。分度值不大于0.01g。

**4. 实验步骤**

实验前所用试验筛应保持清洁，负压筛应保持干燥。实验时，80μm筛析实验称取试样25g，45μm筛析实验称取试样10g。

负压筛析法。筛析实验前应把负压筛放在筛座上，盖上筛盖，接通电源，检查控制系统，调节负压至4000～6000Pa范围内。

称取试样（精确至0.01g），置于洁净的负压筛中，放在筛座上，盖上筛盖，接通电源，开动筛析仪连续筛2min，在此期间如有试样附着在筛盖上，可轻轻地敲击筛盖使试样落下。

筛毕，用天平称量全部筛余物。

**5. 结果计算**

水泥试样的筛余百分数按式（3.10）计算（结果精确到0.1%），即

$$F=\frac{m_2}{m_1}\times 100\% \tag{3.10}$$

式中 $F$——水泥试样的筛余百分数，%；

$m_2$——水泥筛余物的质量，g；

$m_1$——水泥试样的质量，g。

试验筛的筛网会在试验中磨损，因此应对筛析结果进行修正。修正的方法是将实验结果乘以该试验筛的有效修正系数，即为最终结果。

有效修正系数是用标准样品在试验筛上的测定值与标准样品的标准值的比值。当有效修正系数在0.80～1.20范围内时，试验筛可继续使用；否则试验筛应予以淘汰。

合格评定时，每个样品应称取两个试样分别筛析，取筛余平均值为筛析结果。若两次筛余结果绝对误差大于0.5%时（筛余值大于5.0%时可放至1.0%），应再做一次试验，取两次相近结果的算术平均值作为最终结果。

## 3.5 标准稠度用水量实验

### 3.5.1 实验目的

水泥的凝结时间和体积安定性都与用水量有很大关系。为消除实验条件带来的差异，测定凝结时间和体积安定性时，必须采用具有标准稠度的净浆。本实验的目的就是测定水泥净浆达到标准稠度时的用水量，为测定水泥的凝结时间和体积安定性做准备。

### 3.5.2 实验原理

水泥标准稠度净浆对标准试杆（或试锥）的沉入具有一定阻力。通过试验不同含水量水泥净浆的穿透性，以确定水泥标准稠度净浆中所需加入的水量。

## 3.5.3 主要仪器设备

（1）水泥净浆搅拌机。其主要由搅拌锅、搅拌叶片、传动机构和控制系统组成，如图3.7所示。搅拌叶片在搅拌锅内做旋转方向相反的公转和自转，并可在竖直方向调节。搅拌锅可以升降，传动机构保证搅拌叶片按规定的方向和速度运转，控制系统具有按程序自动控制与手动控制两种功能。搅拌机拌和一次的自动控制程序：慢速（120±3)s，停拌15s，快速（120±3)s。

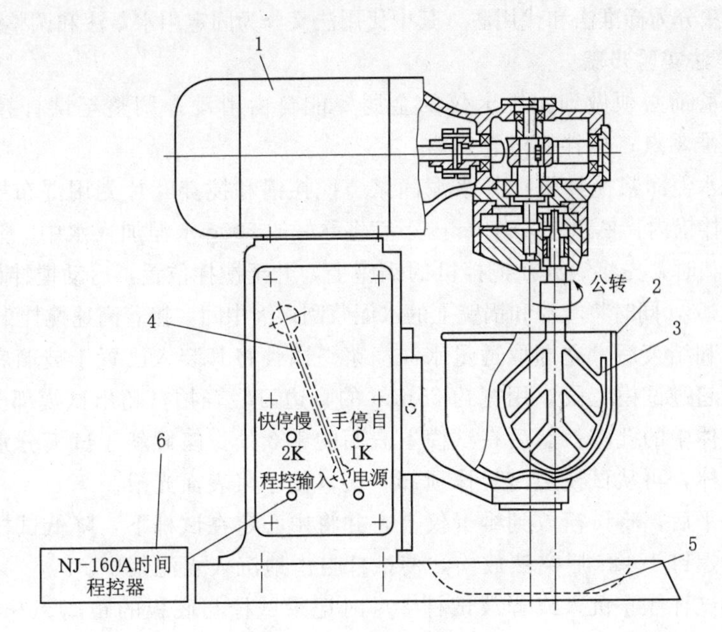


图3.7 水泥净浆搅拌机

1—电机；2—搅拌锅；3—搅拌叶；4—手柄；5—底座；6—控制器

（2）水泥净浆标准稠度与凝结时间测定仪。其也称维卡仪，如图3.8所示。按不同试验方法采用不同的配件，其中标准法使用试杆［有效长度为（50±1)mm，直径为（10±0.05)mm］和截顶圆锥体试模［深度为（40±0.2)mm，顶内径为（65±0.5)mm，底内径为（75±0.5)mm］，每个试模应配备1个边长或直径约为100mm、厚度为4～5mm的平板玻璃底板或金属底板；代用法使用试锥（高度50mm）和锥模（高度75mm）。

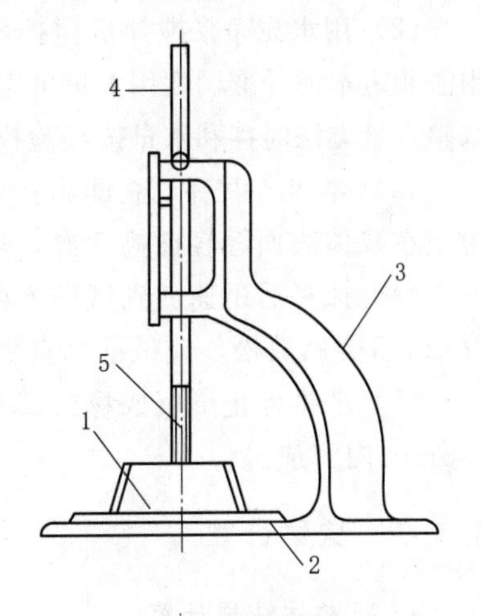


图3.8 维卡仪

1—试件；2—玻璃板；3—支架；4—滑动杆；5—试杆

（3）量水器：最小刻度为0.1mL，精确至±0.5mL。

（4）天平：分度值不大于1g。

## 3.5.4 实验材料

实验用水必须是洁净的饮用水，如有争议时

应以蒸馏水为准。

### 3.5.5　实验条件

实验室温度为（20±2）℃，相对湿度应不低于50%；水泥试样、拌和水、仪器和用具的温度应与实验室一致。

### 3.5.6　实验步骤

实验方法分为标准法和代用法，其中代用法又分为固定用水量法和调整用水量法。

**1. 标准法实验步骤**

（1）实验前必须做到：维卡仪的金属棒能自由滑动；调整至试杆接触玻璃板时，指针对准零点；搅拌机运转正常。

（2）用水泥净浆搅拌机搅拌水泥净浆。搅拌锅和搅拌叶片先用湿布擦过，将拌和水倒入搅拌锅内，然后在5～10s内小心将称好的500g水泥加入水中，防止水和水泥溅出；拌和时，先将锅放在搅拌机的锅座上，升至搅拌位置，启动搅拌机，低速搅拌120s，停15s，同时将叶片和锅壁上的水泥浆刮入锅中间，接着高速搅拌120s，停机。

（3）拌和结束后，立即取适量水泥净浆一次性将其装入已置于玻璃底板上的试模中，浆体超过试模上段，用宽约25mm的直边刀轻轻拍打超出试模部分的浆体5次以排除浆体中的孔隙，然后在试模上表面的1/3处，略倾斜于试模分别向外轻轻锯掉多余浆体，再从试模边沿轻抹顶部一次，使净浆表面光滑。

（4）抹平后，将试模放到维卡仪上，并将中心定在试杆下，降低试杆至与水泥接触，拧紧螺钉1～2s后突然放松，使试杆自由地沉入水泥浆中。

（5）在试杆停止沉入或释放试杆30s时记录试杆与底板的距离。升起试杆后，将试杆擦净，整个过程在1.5min内完成。

**2. 代用法实验步骤**

（1）实验前必须做到：仪器金属棒应能自由滑动；试锥降至顶面位置时，指针应对准标尺零点；搅拌机运转正常。

（2）用水泥净浆搅拌机搅拌水泥净浆。水泥净浆的拌制过程同标准法。采用代用法测定水泥标准稠度用水量可用调整水量和不变水量两种方法的任一种测定。采用调整水量方法时拌和水量按经验找水，采用不变水量方法时拌和水量为142.5mL。

（3）拌和结束后，立即将拌制好的水泥净浆装入锥模中，用宽约25mm的直边刀在浆体表面轻轻插捣5次，再轻振5次，刮去多余的净浆。

（4）抹平后迅速放到试锥下面固定的位置上，将试锥降至净浆表面，拧紧螺钉1～2s后突然放松，让试锥垂直自由地沉入水泥净浆中。

（5）试锥停止下沉或释放试锥30s时记录试锥下沉深度。整个操作应在搅拌后1.5min内完成。

### 3.5.7　结果计算

**1. 标准法结果计算。**

试杆沉入净浆与底板距（6±1）mm的水泥净浆为标准稠度净浆。其拌和用水量为该水泥标准稠度用水量$P$，按水泥质量的百分比计，即

$$P=\frac{W}{500}\times 100\% \tag{3.11}$$

式中 $W$——拌和用水量，mL。

**2. 代用法——调整用水量法结果计算**

以试锥下沉的深度为（30±1)mm 时的净浆为标准稠度净浆。其拌和水量为该水泥的标准稠度用水量 $P$，以水泥质量的百分比计。如下沉深度超出范围，需另称试样，调整水量，重新试验，直至达到（30±1)mm 时为止。

**3. 代用法——固定用水量法结果计算**

根据测得试锥下沉的深度 $h$（mm）按式（3.12）（或仪器上对应标尺）计算得到标准稠度用水量 $P$（%），即

$$P=33.4-0.185h \tag{3.12}$$

式中 $h$——试锥下沉的深度，mm，精确至 0.5mm。

当试锥下沉深度小于 13mm 时，应用调整用水量法。

当标准法和代用法结果有矛盾时，以标准法为准。

## 3.6 凝结时间实验

### 3.6.1 实验目的

测定水泥的凝结时间，判断水泥的质量。

### 3.6.2 实验原理

凝结时间用试针沉入水泥标准稠度净浆至一定深度所需的时间表示。

### 3.6.3 主要仪器设备

（1）水泥净浆搅拌机。

（2）水泥净浆标准稠度与凝结时间测定仪。测定凝结时间时用试针代替试杆。试针由钢制成，直径为（1.13±0.05)mm，初凝试针有效长度为（50±1)mm；终凝试针有效长度为（30±1)mm，在终凝试针上安装有一个环形附件，如图 3.9 所示。

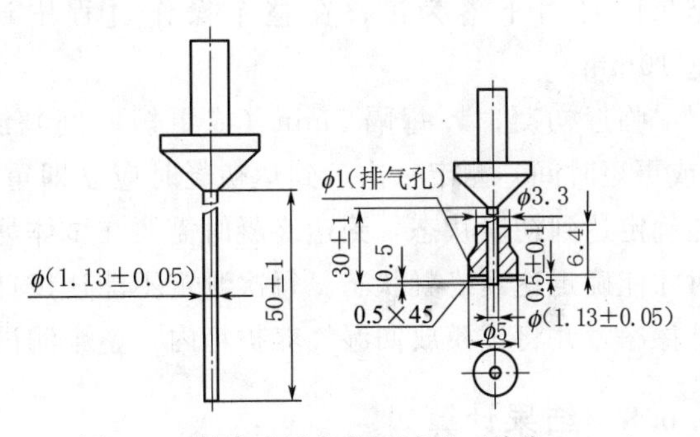


图 3.9 凝结时间实验用试针（单位：mm）

（3）湿气养护箱。

### 3.6.4 实验材料

实验用水必须是洁净的饮用水，如有争议时应以蒸馏水为准。

### 3.6.5 实验条件

实验室温度为（20±2)℃，相对湿度应不低于 50%；水泥试样、拌和水、仪

器和用具的温度应与实验室一致。

湿气养护箱的温度为（20±1)℃，相对湿度不低于90%。

### 3.6.6　实验步骤

（1）测定前的准备工作。调整凝结时间测定仪的试针，使之接触玻璃板时指针对准零点。

（2）试件的制备。称取水泥试样500g，以标准稠度用水量按3.5节制成标准稠度净浆，一次装满试模，振动数次刮平，立即放入湿气养护箱中。记录水泥全部加入水中的时间作为凝结时间的起始时间。

（3）试样在湿气养护箱中养护至加水后30min时进行第一次测定。测定时，从湿气养护箱中取出圆模放到试针下，使试针与圆模接触，拧紧螺钉1～2s后放松，试针垂直自由沉入净浆，观察试针停止下沉或释放试针30s时指针的读数。临近初凝时间时每隔5min（或更短时间）测定一次，当试针沉至距底板（4±1)mm时，即为水泥达到初凝状态。

（4）在完成初凝时间测定后，立即将试模连同浆体以平移的方式从玻璃板上取下，翻转180°，直径大端朝上，小端朝下，放在玻璃板上，再放入湿气养护箱内继续养护，临近终凝时间时每隔15min（或更短时间）测定一次，当试针沉入试体0.5mm时，即环形附件开始不能在试体上留下痕迹时，水泥达到终凝状态。

### 3.6.7　注意事项

在最初测定操作时，应轻轻地扶持金属柱，使其徐徐下降以防试针撞弯，但结果以自由下落为准；在整个操作过程中试针插入的位置至少要距试模内壁10mm。

临近初凝时，每隔5min（或更短时间）测定一次，临近终凝时每隔15min（或更短时间）测定一次，到达初凝时应立即重复测一次，当两次结论相同时，才能确定达到初凝状态，到达终凝时需要在试体另外两个不同点测试，确认结论相同时才能确定达到终凝状态。每次测定不能让试针落入原针孔，每次测定完毕须将试针擦净，并将试模放回湿气养护箱内，整个测试过程要防止试模受振。

### 3.6.8　结果计算

由水泥全部加入水中至初凝状态的时间为水泥的初凝时间，单位为min。

由水泥全部加入水中至终凝状态的时间为水泥的终凝时间，单位为min。

## 3.7　安定性实验

### 3.7.1　实验目的

检验水泥浆在硬化时体积变化的均匀性，以确定水泥的品质。可用以检验游离氧化钙造成的体积安定性不良。

## 3.7.2　实验原理

实验方法为沸煮法，分为雷氏法（标准法）和试饼法（代用法）。

（1）雷氏法是观测由两个试针的相对位移所指示的水泥标准稠度净浆体积膨胀的程度。

（2）试饼法是观测水泥标准稠度净浆试饼的外形变化程度。

## 3.7.3　主要仪器设备

（1）水泥净浆搅拌机。

（2）雷氏夹。由铜质材料制成，如图3.10所示。当一根指针的根部先悬挂在一根金属丝或尼龙丝上，另一根指针的根部再挂上300g质量的砝码时，两根指针针尖的距离增加（$2x$）应在（17.5±2.5）mm范围内（图3.11），当去掉砝码后针尖的距离能恢复至挂砝码前的状态。

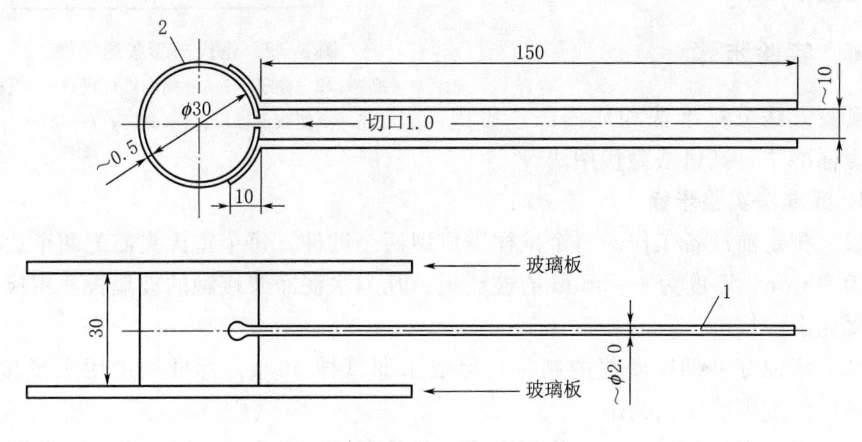


图3.10　雷氏夹（单位：mm）

1—指针；2—环模

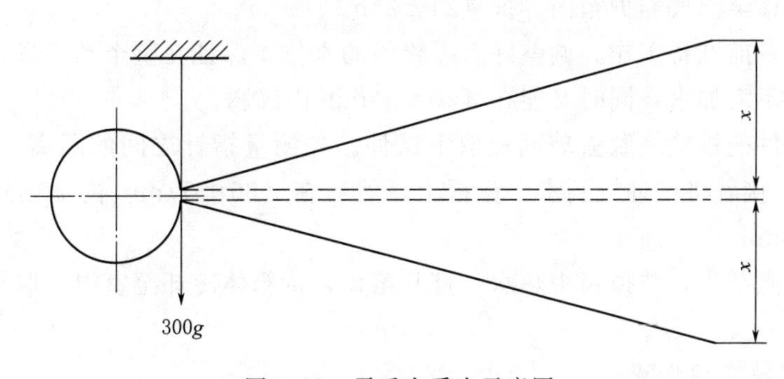


图3.11　雷氏夹受力示意图

（3）沸煮箱。有效容积为410mm×240mm×310mm，内设篦板和加热器，能在（30±5）min内将水箱内的水由室温升至沸腾，并可保持沸腾3h而不加水，整个试验过程中不需补充水量。

(4) 雷氏夹膨胀测定仪。如图 3.12 所示，标尺最小刻度为 0.5mm。

(5) 湿气养护箱。

(6) 钢直尺。

### 3.7.4　实验材料

实验用水必须是洁净的饮用水，如有争议时应以蒸馏水为准。

### 3.7.5　实验条件

实验室温度为 (20±2)℃，相对湿度应不低于 50%；水泥试样、拌和水、仪器和用具的温度应与实验室一致。

湿气养护箱的温度为 (20±1)℃，相对湿度不低于 90%。

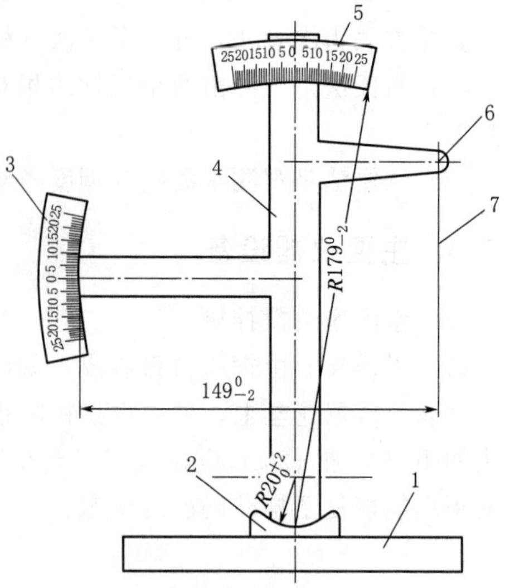

### 3.7.6　实验步骤

实验方法分标准法和代用法，雷氏夹法为标准法，试饼法为代用法。

图 3.12　雷氏夹膨胀测定仪

1—底座；2—模子座；3—测弹性标尺；4—立柱；5—测膨胀值标尺；6—悬臂；7—悬丝

**1. 标准法实验步骤**

(1) 测定前准备工作。每个试样需成型两个试件，每个雷氏夹需配两个边长或直径为 80mm、厚度为 4～5mm 的玻璃板。凡与水泥净浆接触的玻璃板和雷氏夹表面都要涂上一层油。

(2) 水泥标准稠度净浆的制备。称取水泥试样 500g，标准稠度用水量按 3.5 节制成的标准稠度净浆为准。

(3) 雷氏夹试件的成型。将预先准备好的雷氏夹放在已稍擦油的玻璃板上，并立即将已制好的标准稠度净浆一次装满雷氏夹，装浆时一只手轻轻扶持雷氏夹，另一只手用宽约 25mm 的直边刀插捣 3 次，然后抹平，盖上稍涂油的玻璃板，接着立即将试件移至湿气养护箱内养护 (24±2)h。

(4) 沸煮前准备工作。调整好沸煮箱内的水位，保证在整个沸煮过程中都漫过试件，中途不需加水，同时又能在 (30±5)min 内沸腾。

(5) 试件的检验。脱去玻璃板取下试件。先测量指针之间的距离 ($A$)，精确到 0.5mm，接着将试件放到水中篦板上，然后在 (30±5)min 内加热到沸腾，并恒沸 3h±5min。

(6) 沸煮结束，放掉箱中热水，打开箱盖，待箱体冷却至室温，取出试件进行判定。

**2. 代用法实验步骤**

(1) 测定前准备工作。一个样品需准备两块 100mm×100mm 的玻璃板，每个试样需成型两个试件。凡与水泥净浆接触的玻璃板表面都要涂上一层油。

(2) 水泥标准稠度净浆的制备。称取水泥试样 500g，标准稠度用水量按 3.5 节制成标准稠度净浆为准。

（3）试饼的成型方法。将制好的标准稠度净浆取出一部分分成两等分，使之呈球形，放在预先准备好的玻璃板上，轻轻振动玻璃板并用湿布擦过的小刀由边缘向中央抹，做成直径为70～80mm、中心厚约10mm、边缘渐薄、表面光滑的试饼，接着将试饼放入湿气养护箱内养护为（24±2)h。

（4）沸煮前准备工作。调整好沸煮箱内的水位，保证在整个沸煮过程中都漫过试件，中途不需加水，同时又能在（30±5)min内沸腾。

（5）试件的检验。脱去玻璃板取下试件，在试饼无缺陷的情况下，将试饼放在沸煮箱的水中篦板上，然后在（30±5)min内加热至沸腾，并恒沸3h±5min。

（6）沸煮结束，放掉箱中热水，打开箱盖，待箱体冷却至室温，取出试件进行判定。

### 3.7.7 判定规则

当雷氏法和试饼法实验结果有矛盾时，以雷氏法为准。

**1. 雷氏法**

测量试件指针尖端间的距离 $C$，准确至0.5mm。当两个试件煮后增加的距离 $C-A$ 的平均值不大于5.0mm时，即认为该水泥安定性合格；相差超过5.0mm时，应用同一样品立即重做一次实验。以复检结果为准。

**2. 试饼法**

目测未发现裂缝，用钢直尺检查也没有弯曲的（使钢直尺和试饼底部紧靠，以两者间不透光为不弯曲）试饼为安定性合格；反之为不合格。

当两个试饼判定有矛盾时，该水泥的安定性为不合格。

## 3.8 胶砂强度实验

### 3.8.1 实验目的

检验40mm×40mm×160mm棱柱试体的水泥胶砂抗压强度和抗折强度，确定水泥的强度等级。

### 3.8.2 主要仪器设备

（1）水泥胶砂搅拌机。行星式水泥胶砂搅拌机由胶砂搅拌锅和搅拌叶片及相应的机构组成。搅拌锅可以随意挪动，但可以很方便地固定在锅座上，而且搅拌时也不会明显晃动和转动；搅拌叶片呈扇形，搅拌时除顺时针自转外，还沿锅周边逆时针公转，并具有高、低两种速度，属行星式搅拌机，如图3.13所示。自动控制程序为：低速（30±1)s，再低速（30±1)s，同时自动开始加砂并在20～30s内全部加完，高速（30±1)s，停（90±1)s，高速（60±1)s。

（2）水泥胶砂试模。试模由隔板、端板、底板、紧固装置及定位销组成，能同时成型3条40mm×40mm×160mm棱柱体且可拆卸。

（3）水泥胶砂试体成型振实台。振实台由台盘和使其跳动的凸轮等组成。台盘上有固定试模用的卡具，并连有两根起稳定作用的臂，凸轮由电机带动，通过控制

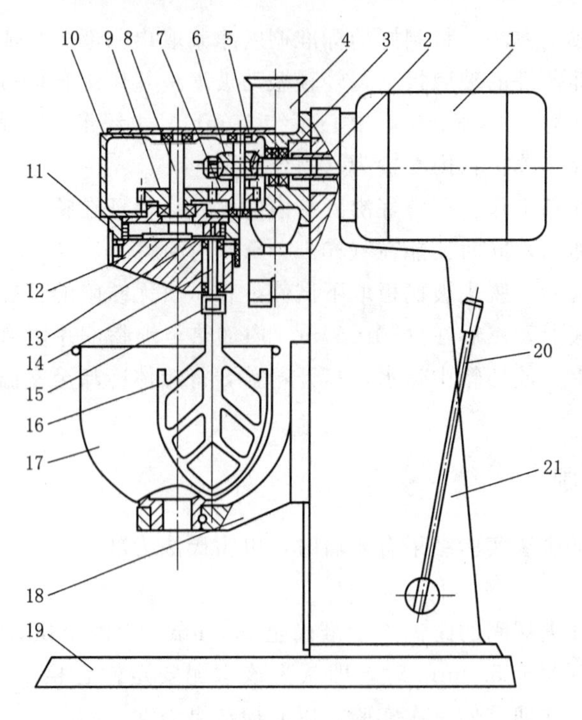


图 3.13　行星式水泥胶砂搅拌机

1—电机；2—联轴套；3—蜗杆；4—砂罐；5—传动箱盖；6—涡轮；7—齿轮Ⅰ；8—主轴；9—齿轮Ⅱ；10—传动箱；11—内齿轮；12—偏心座；13—行星齿轮；14—搅拌叶轴；15—调节螺母；16—搅拌叶；17—搅拌锅；18—支座；19—底座；20—手柄；21—立柱

器控制按一定的要求转动并保证使台盘平稳上升至一定高度后自由下落，其中心恰好与止动器撞击。基本结构示意图如图 3.14 所示。

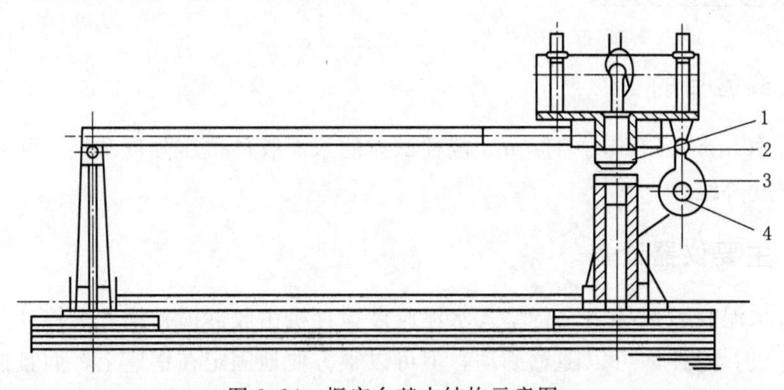


图 3.14　振实台基本结构示意图

1—突头；2—随动轮；3—凸轮；4—止动器

(4) 水泥胶砂电动抗折试验机。抗折机为双臂杠杆式，主要由机架、可逆电机、传动丝杠、标尺、抗折夹具等组成。两支承圆钢间的距离为 100mm。工作时游陀沿着杠杆移动逐渐增加负荷，加压速度为 0.05kN/s，最大负荷不低于 5000N。其结构示意图如图 3.15 所示。

(5) 抗压强度试验机。在较大的 4/5 量程范围内使用时，记录的荷载应有±1%精度，并具有按 (2400±200)N/s 速率的加荷能力，应有一个能指示试件破

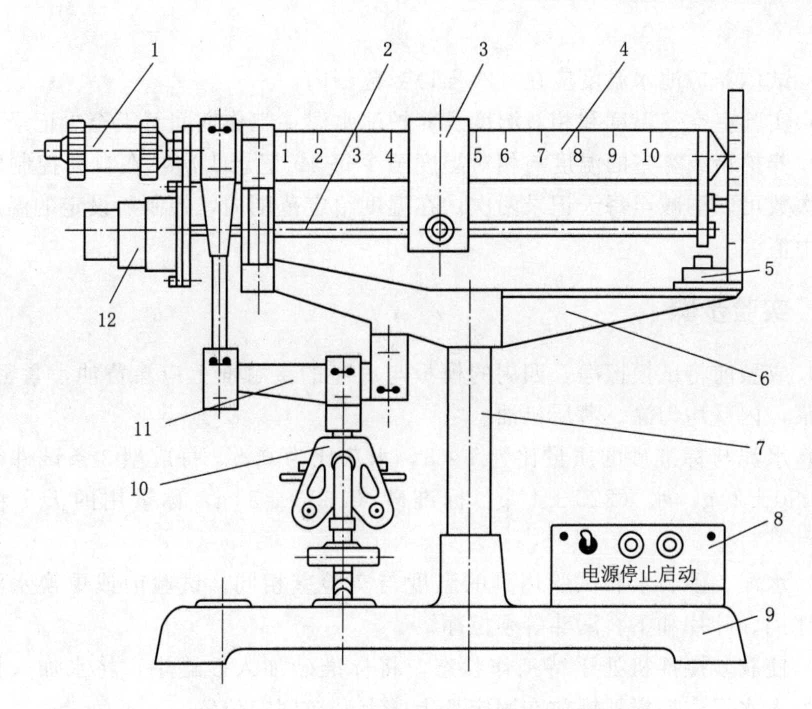


图 3.15 水泥胶砂电动抗折试验机结构示意图

1—平衡锤；2—传动丝杠；3—游陀；4—主杠杆；5—微动开关；6—机架；7—立柱；8—电器控制箱；9—底座；10—抗折夹具；11—下杠杆；12—可逆电机

坏时荷载并把它保持到试验机卸荷以后的指示器，可以用表盘里的峰值指针或显示器来实现。

（6）水泥抗压夹具。抗压夹具由框架、传压柱、上下压板组成，上压板带有球座，用两根吊簧吊在框架上，下压板固定在框架上，上、下压板宽度为（40±0.1）mm。工作时传压柱、上下压板与框架处于同一轴线上。

## 3.8.3 实验材料

（1）中国 ISO 标准砂。颗粒级配完全符合表 3.1 的规定，通常将各级配砂预配合，以（1350±5）g 量的塑料袋混合包装。

**表 3.1　　中国 ISO 标准砂的颗粒级配**

| 方孔边长/mm | 累计筛余/% | 方孔边长/mm | 累计筛余/% |
| --- | --- | --- | --- |
| 2.0 | 0 | 0.5 | 67±5 |
| 1.6 | 7±5 | 0.16 | 87±5 |
| 1.0 | 33±5 | 0.08 | 99±1 |

（2）水。仲裁检验或其他重要实验用蒸馏水，其他实验可用饮用水。

## 3.8.4 实验条件

（1）试体成型实验室的温度应保持在（20±2）℃内，相对湿度应不低于 50%。

（2）试体带模养护的养护箱或雾室温度保持在（20±1）℃，相对湿度不低于90%。

(3) 试体养护池水温度应在(20±1)℃范围内。

(4) 实验室空气温度和相对湿度及养护池水温在工作期间每天至少记录1次。

(5) 养护箱或雾室的温度与相对湿度至少每4h记录1次，在自动控制的情况下记录次数可以酌减至每天记录两次。在温度给定范围内，控制所设定的温度应为此范围中值。

### 3.8.5 实验步骤

(1) 成型前将试模擦净，四周的模板与底座的接触面上应涂黄油，紧密装配，防止漏浆，内壁均匀涂一薄层机油。

(2) 水泥与标准砂的质量比为1∶3，水灰比为0.5。每成型3条试件须称量水泥(450±2)g、水(225±1)g、标准砂(1350±5)g，称量用的天平精度应为1g。

(3) 水泥、砂、水和试验用具的温度与实验室相同。试验前或更换水泥品种时，搅拌锅、叶片和下料漏斗等须擦净。

(4) 使胶砂搅拌机处于待工作状态，将标准砂加入砂罐中，将水加入搅拌锅里，再加入水泥，把搅拌锅放在固定架上，上升至固定位置。

(5) 开动搅拌机，低速搅拌30s后，在第二个30s开始时，均匀地将砂子加入。若各级砂为分装，从最粗粒级开始，依次将所需要的每级砂量加完，把机器调至高速再搅拌30s。停拌90s，在第一个15s内，用一胶皮刮具将叶片和锅壁上的胶砂刮入锅中。在高速下继续搅拌60s，各个搅拌阶段时间共计240s。搅拌过程宜采用程序自动控制。

(6) 胶砂制备后立即成型。将空试模和模套固定在振实台上，用一个合适的勺子直接从搅拌锅里将胶砂分两层装入试模，装第一层时，每个槽里约放300g胶砂，用大拨料器(图3.16)垂直架在模套顶部沿每个模槽来回一次将料层拨平，接着振实60次。再装入第二层胶砂，用小拨料器拨平，再振实60次。移走模套，从振实台上取下试模，用一金属直尺以近似90°的角度架在试模模顶的一端，然后沿试模长度方向以横向锯割动作慢慢向另一端移动，一次将超过试模部分的胶砂刮去，并用同一直尺在近乎水平的角度下将试件表面抹平。在试模上做标记或加字条标明试件编号和试件相对于振实台的位置。

(7) 去掉留在试模四周的胶砂。立即将做好标记的试模放入雾室或养护箱的水平架子上养护，湿空气应能与试模各边接触。养护时不应将试模放在其他试模上。一直养护到规定的脱模时间时取出试模。脱模前，用防水墨汁或颜料笔对试件进行编号和做其他标记。两个龄期以上的试件，在编号时应将同一试模中的3条试件分在两个以上龄期内。

(8) 要非常小心地用塑料锤或皮榔头对试件脱模。对24h龄期的，须在破型试验前20min内脱模。龄期在24h以上的，在成型后20～24h内脱模。

(9) 脱模后将做好标记的试件立即水平或竖直放在(20±1)℃水中养护，水平放置时刮平面应朝上。试件放在不易腐烂的篦子上(不宜用木篦子)，并彼此间保持一定间距，以让水与试件的6个面接触。养护期间试件之间间隔或试件上

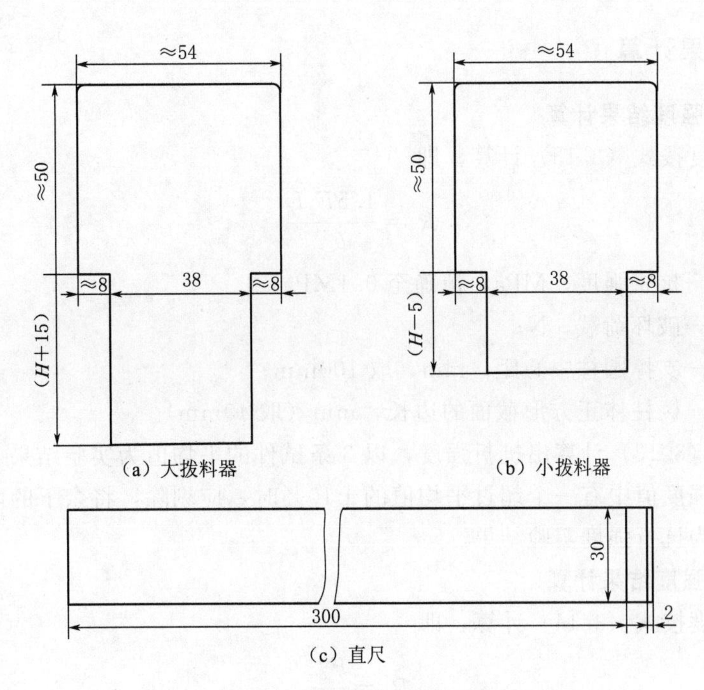


图 3.16 典型的拨料器和直尺（单位：mm）

*H*—模套高度

表面的水深不得小于 5mm。每个养护池只养护同类型的水泥试件。最初用自来水装满养护池（或容器），随后随时加水保持适当的恒定水位，不允许在养护期间全部换水。

(10) 各龄期的试件必须在表 3.2 所列时间内进行强度实验。试件龄期是从水泥加水搅拌开始实验时算起。除 24h 龄期或延迟至 48h 脱模的试件外，任何到龄期的试件应在实验（破型）前 15min 从水中取出。揩去试件表面沉积物，并用湿布覆盖至实验开始为止。

**表 3.2　水泥胶砂强度实验时间**

| 龄期/d | 1 | 3 | 7 | 28 |
|---|---|---|---|---|
| 实验时间 | 24h±15min | 3d±45min | 7d±2h | 28d±8h |

(11) 每龄期取出 3 条试件，先做抗折强度实验。实验前擦去试件表面的水分和砂粒，清除夹具上的杂物。将试件一个侧面放在试验机支撑圆柱上，试件长轴垂直于支撑圆柱。试件放入后调整夹具，使杠杆在试件折断时尽可能地接近平衡位置。开动抗折机，通过加荷圆柱以 (50±10)N/s 的速率均匀地将荷载垂直地加在棱柱体相对侧面上直至折断。

(12) 保持抗折强度实验后的 6 个半截棱柱体处于潮湿状态做抗压实验。实验前应清除试件受压面（棱柱体的侧面）与加压板间的砂粒或杂物。实验时，将半截棱柱体放入抗压夹具中，应使棱柱体的侧面受压，棱柱体露在压板外的部分约有 10mm。应使夹具对准压力机压板中心，在整个加荷过程中以 (2400±200)N/s 的速率均匀地加荷直至破坏。

### 3.8.6 结果计算

**1. 抗折强度结果计算**

抗折强度按式（3.13）计算，即

$$R_f = \frac{1.5F_f L}{b^3} \tag{3.13}$$

式中 $R_f$——抗折强度，MPa，精确至0.1MPa；

$F_f$——破坏荷载，N；

$L$——支撑圆柱中心距，mm，取100mm；

$b$——棱柱体正方形截面的边长，mm（取40mm）。

根据式（3.13）计算出抗折强度，以3条试件的平均值为实验结果。

当3个强度值中有一个超过平均值的±10%时，应剔除，将余下的两条计算平均值，并作为抗折强度实验结果。

**2. 抗压强度结果计算**

抗压强度按式（3.14）计算，即

$$R_c = \frac{F_c}{A} \tag{3.14}$$

式中 $R_c$——抗压强度，MPa，精确至0.1MPa；

$F_c$——破坏荷载，N；

$A$——受压面积，$mm^2$，取40mm×40mm=1600$mm^2$。

取抗压强度6个测定值的算术平均值作为抗压强度实验结果。

如6个测定值中有一个超出6个平均值的±10%，应剔除这个结果，用剩下的5个值进行算术平均，如果5个测定值中再有超出它们平均值的±10%的，则此组结果作废。

## 3.9 技术要求

### 3.9.1 细度技术要求

（1）硅酸盐水泥和普通水泥以比表面积表示，不小于300$m^2$/kg。

（2）矿渣水泥、火山灰水泥、粉煤灰水泥和复合水泥以筛余表示，80μm方孔筛筛余不大于10%或45μm方孔筛筛余不大于30%。

### 3.9.2 凝结时间要求

（1）硅酸盐水泥初凝时间不小于45min，终凝时间不大于390min。

（2）普通水泥、矿渣水泥、火山灰水泥、粉煤灰水泥和复合水泥的初凝时间不小于5min，终凝时间不大于600min。

### 3.9.3 安定性要求

用沸煮法检验必须合格。

### 3.9.4 强度要求

硅酸盐水泥和普通水泥各龄期强度指标见表3.3，矿渣水泥、火山灰水泥、粉煤灰水泥和复合水泥各龄期强度指标见表3.4。

**表3.3 硅酸盐水泥和普通水泥各龄期强度指标** 单位：MPa

| 强度等级 | 抗压强度 | | 抗折强度 | | 强度等级 | 抗压强度 | | 抗折强度 | |
|---|---|---|---|---|---|---|---|---|---|
| | 3d | 28d | 3d | 28d | | 3d | 28d | 3d | 28d |
| 42.5 | 17.0 | 42.5 | 3.5 | 6.5 | 52.5R | 27.0 | 52.5 | 5.0 | 7.0 |
| 42.5R | 22.0 | 42.5 | 4.0 | 6.5 | 62.5 | 28.0 | 62.5 | 5.0 | 8.0 |
| 52.5 | 23.0 | 52.5 | 4.0 | 7.0 | 62.5R | 32.0 | 62.5 | 5.5 | 8.0 |

**注** 普通水泥没有62.5级和62.5R级。

**表3.4 矿渣水泥、火山灰水泥、粉煤灰水泥和复合水泥各龄期强度指标** 单位：MPa

| 强度等级 | 抗压强度 | | 抗折强度 | | 强度等级 | 抗压强度 | | 抗折强度 | |
|---|---|---|---|---|---|---|---|---|---|
| | 3d | 28d | 3d | 28d | | 3d | 28d | 3d | 28d |
| 32.5 | 10.0 | 32.5 | 2.5 | 5.5 | 42.5R | 19.0 | 42.5 | 4.0 | 6.5 |
| 32.5R | 15.0 | 32.5 | 3.5 | 5.5 | 52.5 | 21.0 | 52.5 | 4.0 | 7.0 |
| 42.5 | 15.0 | 42.5 | 3.5 | 6.5 | 52.5R | 23.0 | 52.5 | 4.5 | 7.0 |

**注** 复合水泥已经取消32.5级。

## 3.10 检验项目

矿渣水泥、火山灰水泥、粉煤灰水泥和复合水泥出厂检验项目包括氧化镁、三氧化硫、氯离子、凝结时间、安定性和胶砂强度等6个项目，硅酸盐水泥还包括不熔物和烧失量，普通水泥还包括烧失量，其中矿渣水泥（B型）不用检验氧化镁含量。

实验报告内容应包括出厂检验项目、细度、混合材料的名称和掺加量、石膏的种类、是否掺助磨剂、属旋窑还是立窑生产及合同约定的其他技术要求。当用户需要时，水泥厂应在水泥发出之日起7d内寄发除28d强度以外的各项检验结果；32d内补报28d强度的检验结果。

水泥进场时应对其强度、安定性及其他必要的性能指标进行复检。

## 3.11 判定规则

水泥出厂检验项目的结果符合技术要求时为合格品。出厂检验项目的任一结果不符合技术要求时为不合格品。

## 3.12 交货与验收

交货时水泥的质量验收可抽取实物试样，并以其检验结果为依据，也可以生产者同编号水泥的检验报告为验收依据。采取何种方法验收由买卖双方商定，并在合同或协议中注明。卖方有告知买方验收方法的责任。当无书面合同或协议，或未在合同、协议中注明验收方法的，卖方应在发货票上注明“以本厂同编号水泥的检验报告为验收依据”字样。以抽取实物试样的检验结果为验收依据时，买卖双方应在发货前或交货地共同取样和签封。取样数量为20kg，缩分为两份。一份由卖方保存40d，另一份由买方按标准规定的项目和方法进行检验。在40d以内，买方检验认为产品质量不符合本标准要求，而卖方又有异议时，则双方应将卖方保存的另一份试样送省级或省级以上国家认可的水泥质量监督检验机构进行仲裁检验。水泥安定性仲裁检验时应在验收检验之日起10d以内完成。

以水泥厂同编号水泥的检验报告为验收依据时，在发货前或交货时买方在同编号水泥中抽取试样，双方共同签封后由卖方保存90d，或认可卖方自行取样、签封并保存90d的同编号水泥的封存样。在90d内，买方对水泥质量有疑问时，则买卖双方应将共同认可的试样送省级或省级以上国家认可的水泥质量监督检验机构进行仲裁检验。

# 第4章

# 砂实验

砂实验包括颗粒级配、表观密度、堆积密度与空隙率、含泥量、石粉含量、泥块含量、含水率、饱和面干吸水率、坚固性、云母含量、轻物质含量、有机物含量、硫化物与硫酸盐含量、氯化物含量、海砂中贝壳含量和碱骨料反应等项实验。本章仅介绍颗粒级配、表观密度、堆积密度与空隙率、含泥量、石粉含量和含水率6项实验。

## 4.1 相关标准

《建设用砂》（GB/T 14684—2011）。

## 4.2 编号与取样

### 4.2.1 编号

连续进场的实验用砂应按同厂家、同料源、同品种、同规格、同等级分批编号验收。

采用大型工具（如火车、货船或汽车）运输的，应以400$m^3$或600t为一验收批；采用小型工具（如拖拉机等）运输的，应以200$m^3$或300t为一验收批；当砂的质量比较稳定、进料量又比较大时，可以1000t为一验收批。不足上述数量时，也按一批计。

### 4.2.2 取样

**1. 取样方法**

（1）在料堆上取样时，取样部位应均匀分布。取样前先将取样部位表层铲除，然后从不同部位随机抽取大致等量的砂8份，组成1组样品。

（2）从皮带运输机上取样时，应用与皮带等宽的接料器在皮带运输机机头的出料处全断面定时随机抽取大致等量的砂4份，组成1组样品。

（3）从火车、汽车、货船上取样时，从不同部位和深度抽取大致等量的砂8份，组成1组样品。

**2. 取样数量**

单项实验的最少取样数量应符合表4.1的规定。必须做多项实验时，如确能保证试样经一项实验后不致影响另一项实验的结果，可用同一试样进行多项不同的实验。

表 4.1　　单项实验的最少取样数量　　单位：kg

| 实验项目 | 最少取样数量 | 实验项目 | 最少取样数量 |
|---|---|---|---|
| 颗粒级配 | 4.4 | 含泥量 | 4.4 |
| 表观密度 | 2.6 | 石粉含量 | 6.0 |
| 堆积密度与空隙率 | 5.0 | 含水率 | 1.0 |

**3. 试样处理**

(1) 分料器法。将样品在潮湿状态下拌和均匀，然后通过分料器，取接料斗中的其中一份再次通过分料器。重复上述过程，直至把样品缩分到试验所需量为止。

(2) 人工四分法。将所取样品置于平板上，在潮湿状态下拌和均匀，并堆成厚度约为 20mm 的圆饼，然后沿互相垂直的两条直径把圆饼分成大致相等的 4 份，取其中对角处的两份重新拌匀，再堆成圆饼。重复上述过程，直至把样品缩分到试验所需量为止。

(3) 含水率、堆积密度、人工砂坚固性检验所用试样可不经缩分，在拌匀后直接进行试验。

实验室的温度应保持在 (20±5)℃。

## 4.3　颗粒级配实验

### 4.3.1　实验目的

测定砂的颗粒级配及细度模数。

### 4.3.2　主要仪器设备

(1) 鼓风干燥箱。能使温度控制在 (105±5)℃。

(2) 天平：量程不小于 1000g，分度值不大于 1g。

(3) 方孔筛：孔径为 150μm、300μm、600μm、1.18mm、2.36mm、4.75mm 及 9.50mm 的方孔筛各一个，并附有筛底和筛盖。

(4) 摇筛机。

(5) 搪瓷盘、毛刷等。

### 4.3.3　实验步骤

(1) 按规定取样，筛除大于 9.50mm 的颗粒（并算出其筛余百分率），将试样缩分至约 1100g，放在鼓风干燥箱中于 (105±5)℃下烘干至恒量，待冷却至室温后，分为大致相等的两份备用。

注：恒量是指试样在烘干 3h 以上的情况下，其前后质量之差不大于该项试验所要求的称量精度（下同）。

(2) 称取试样 500g，精确至 1g。将试样倒入按孔径大小从上到下组合的套筛

（附筛底）上，然后进行筛分。

（3）将套筛置于摇筛机上，摇10min；取下套筛，按筛孔大小顺序再逐个用手筛，筛至每分钟通过量小于试样总量的0.1%为止。通过的试样并入下一号筛中，并和下一号筛中的试样一起过筛，这样顺序进行，直至各号筛全部筛完为止。

（4）称出各号筛的筛余量，精确至1g。试样在各号筛上的筛余量不得超过按式（4.1）计算出的量，即

$$G=\frac{A\sqrt{d}}{200} \tag{4.1}$$

式中　$G$——在一个筛上的筛余量，g；

$A$——筛面面积，$mm^2$；

$d$——筛孔孔径，mm。

超过时，应按下列方法之一处理。

1）将该粒级试样分成少于按式（4.1）计算出的量，分别筛分，并以筛余量之和作为该筛的筛余量。

2）将该粒级及以下各粒级的筛余混合均匀，称出其质量，精确至1g。再用四分法缩分为大致相等的两份，取其中一份，称出其质量，精确至1g，继续筛分。计算该粒级及以下各粒级的分计筛余量时，应根据缩分比例进行修正。

### 4.3.4　结果计算

（1）计算分计筛余百分率。各号筛的筛余量与试样总量之比，计算精确至0.1%。

（2）计算累计筛余百分率。该号筛的筛余百分率加上该号筛以上各筛筛余百分率之和，精确至0.1%。筛分后，如每号筛的筛余量与筛底的剩余量之和同原试样质量之差超过原试样质量的1%时，须重新试验。

（3）砂的细度模数按式（4.2）计算（精确至0.01），即

$$M_x=\frac{(A_2+A_3+A_4+A_5+A_6)-5A_1}{100-A_1} \tag{4.2}$$

式中　$M_x$——细度模数；

$A_1$，$A_2$、$A_3$，$A_4$，$A_5$，$A_6$——4.75mm、2.36mm、1.18mm、600μm、300μm、150μm筛的累计筛余百分率。

（4）累计筛余百分率取两次试验结果的算术平均值（精确至1%）。细度模数取两次试验结果的算术平均值（精确至0.1）；如两次试验的细度模数之差超过0.20时，须重新取样试验。

（5）根据各号筛的累积筛余百分率，采用修约值比较法评定该试样的颗粒级配。

## 4.4　表观密度实验

### 4.4.1　主要仪器设备

（1）鼓风干燥箱。能使温度控制在（105±5）℃内。

（2）天平。量程不小于1000g，分度值为0.1g。

（3）容量瓶。500mL。

（4）干燥器、搪瓷盘、滴管、毛刷、温度计等。

### 4.4.2　实验步骤

（1）按规定取样，并将试样缩分至约660g，放在干燥箱中于（105±5）℃下烘干至恒温，并在干燥箱中冷却至室温，分为大致相等的两份备用。

（2）称取试样300g（精确至0.1g），将试样装入容量瓶，注入冷开水至接近500mL的刻度处，用手旋转摇动容量瓶使砂样充分摇动，排除气泡，塞紧瓶盖，静置24h。

（3）用滴管小心加水至容量瓶500mL刻度处，塞紧瓶塞，擦干瓶外水分，称出其质量（精确至1g）。

（4）倒出瓶内水和试样，洗净容量瓶，再向容量瓶内加入与步骤（2）中水温相差不超过2℃的冷开水至500mL刻度线。塞紧瓶塞，擦干瓶外水分，称出其质量（精确至1g）。

注：在砂的表观密度实验过程中应测量并控制水的温度，实验的各项称量可在15～25℃范围内进行。从试样加水静置的最后2h起直至实验结束，其温度相差不应超过2℃。

### 4.4.3　结果计算

（1）砂的表观密度按式（4.3）计算（精确至10kg/m³），即

$$\rho_0=\left(\frac{G_0}{G_0+G_2-G_1}-\alpha_t\right)\rho_{水} \tag{4.3}$$

式中　$\rho_0$——表观密度，kg/m³；

$\rho_{水}$——水的密度，1000kg/m³；

$G_0$——烘干试样的质量，g；

$G_1$——试样、水及容量瓶的总质量，g；

$G_2$——水及容量瓶的总质量，g；

$\alpha_t$——水温对表观密度影响的修正系数（表4.2）。

**表4.2　　不同水温对砂的表观密度影响的修正系数**

| 水温/℃ | 15 | 16 | 17 | 18 | 19 | 20 | 21 | 22 | 23 | 24 | 25 |
|---|---|---|---|---|---|---|---|---|---|---|---|
| $\alpha_t$ | 0.002 | 0.003 | 0.003 | 0.004 | 0.004 | 0.005 | 0.005 | 0.006 | 0.006 | 0.007 | 0.008 |

（2）表观密度取两次实验结果的算术平均值（精确至10kg/m³）；如两次实验结果之差大于20kg/m³，应重做实验。

（3）采用修约值比较法进行评定。

## 4.5　堆积密度与空隙率实验

堆积密度分为松散堆积密度和紧密堆积密度，通常松散堆积密度简称堆积密

度，紧密堆积密度简称紧密密度。相应的空隙率也分为松散堆积密度空隙率和紧密堆积密度空隙率。

### 4.5.1 主要仪器设备

(1) 鼓风干燥箱。能使温度控制在 (105±5)℃内。

(2) 天平。量程不小于 10kg，分度值为 1g。

(3) 容量筒。圆柱形金属筒，内径 108mm，净高 109mm，壁厚 2mm，筒底厚约 5mm，容积为 1L。

(4) 方孔筛。孔径为 4.75mm 的筛 1 个。

(5) 垫棒。直径 10mm、长 500mm 的圆钢。

(6) 其他。直尺、漏斗或料勺、搪瓷盘、毛刷等。

### 4.5.2 实验步骤

(1) 按规定取样，用搪瓷盘装取试样约 3L，放在干燥箱中于 (105±5)℃下烘干至恒量，待冷却至室温后，筛除大于 4.75mm 的颗粒，分为大致相等的两份备用。

(2) 松散堆积密度。取试样一份，用漏斗或料勺将试样从容量筒中心上方 50mm 处徐徐倒入，让试样以自由落体下落，当容量筒上部试样呈锥体，且容量筒四周溢满时，即停止加料。拿开漏斗，然后用直尺沿筒口中心线向两边刮平（试验过程应防止触动容量筒），称出试样和容量筒总质量（精确至 1g）。

(3) 紧密堆积密度。取试样一份分两次装入容量筒。装完第一层后（约计稍高于 1/2），在筒底垫放一根直径为 10mm 的圆钢，将筒按住，左右交替击地面各 25 次。然后装入第二层，第二层装满后用同样方法颠实（但筒底所垫圆钢的方向与第一层时的方向垂直）后，再加试样直至超过筒口，然后用直尺沿筒口中心线向两边刮平，称出试样和容量筒总质量（精确至 1g）。

### 4.5.3 结果计算

(1) 松散或紧密堆积密度按式 (4.4) 计算（精确至 $10kg/m^3$），即

$$\rho_1=\frac{G_1-G_2}{V} \tag{4.4}$$

式中 $\rho_1$——松散堆积密度或紧密堆积密度，$kg/m^3$；

$G_1$——容量筒和试样总质量，g；

$G_2$——容量筒质量，g；

$V$——容量筒的容量，L。

(2) 空隙率按式 (4.5) 计算（精确至 1%），即

$$V_0=\left(1-\frac{\rho_1}{\rho_0}\right)\times 100\% \tag{4.5}$$

式中 $V_0$——空隙率，%；

$\rho_1$——试样的松散（或紧密）堆积密度，$kg/m^3$；

$\rho_0$——按式 (4.3) 计算的试样表观密度，$kg/m^3$。

(3) 堆积密度取两次试验结果的算术平均值（精确至10kg/m³）。空隙率取两次试验结果的算术平均值（精确至1%）。

(4) 采用修约值比较法进行评定。

### 4.5.4 容量筒的校准方法

将温度为(20±2)℃的饮用水装满容量筒，用一玻璃板沿筒口推移，使其紧贴水面。

擦干筒外壁水分，然后称出其质量（精确至1g）。容量筒容积按式(4.6)计算（精确至1mL），即

$$V=\frac{G_1-G_2}{\rho_{水}} \tag{4.6}$$

式中 $V$——容量筒容积，mL；

$G_1$——容量筒、玻璃板和水的总质量，g；

$G_2$——容量筒和玻璃板的质量，g；

$\rho_{水}$——水的密度，1g/mL。

## 4.6 含泥量实验

### 4.6.1 适用范围

适用于测定粗砂、中砂和细砂的含泥量，不适用于特细砂的含泥量测定。

### 4.6.2 主要仪器设备

(1) 鼓风干燥箱。能使温度控制在(105±5)℃内。

(2) 天平。量程不小于1000g，分度值为0.1g。

(3) 方孔筛。孔径为75μm及1.18mm的筛各1个。

(4) 容器。要求淘洗试样时，保持试样不溅出（深度大于250mm）。

(5) 搪瓷盘、毛刷等。

### 4.6.3 实验步骤

(1) 按规定取样，并将试样缩分至约1100g，放在烘箱中于(105±5)℃下烘干至恒量，待冷却至室温后，分为大致相等的两份备用。

(2) 称取试样500g（精确至0.1g）。将试样倒入淘洗容器中，注入清水，使水面高出试样面约150mm，充分搅拌均匀后，浸泡2h，然后用手在水中淘洗试样，使尘屑、淤泥和黏土与砂粒分离，把浑水缓缓倒入筛孔孔径为1.18mm及75μm的套筛上（1.18mm筛放在75μm筛上面），滤去小于75μm的颗粒。试验前筛子的两面应先用水润湿，在整个过程中应小心防止砂粒流失。

(3) 向容器中注入清水，重复上述操作，直至容器内的水目测清澈为止。

(4) 用水淋洗剩余在筛上的细粒，并将75μm筛放在水中（使水面略高出筛中砂粒的上表面）来回摇动，以充分洗掉粒径小于75μm的颗粒，然后将两只筛的筛

余颗粒和清洗容器中已经洗净的试样一并倒入搪瓷盘，放在烘箱中于 (105±5)℃下烘干至恒量，待冷却至室温后称量其质量（精确至 0.1g)。

### 4.6.4 结果计算

(1) 含泥量按式（4.7）计算（精确至 0.1%)，即

$$Q_a=\frac{G_0-G_1}{G_0}\times 100\% \tag{4.7}$$

式中 $Q_a$——含泥量，%；

$G_0$——试验前烘干试样的质量，g；

$G_1$——试验后烘干试样的质量，g。

(2) 含泥量取两个试样试验结果的算术平均值作为测定值，采用修约值比较法进行评定。

## 4.7 石粉含量实验

### 4.7.1 实验目的

用于测定人工砂和混合砂中石粉含量。

### 4.7.2 试剂和材料

(1) 亚甲蓝：$C_{16}H_{18}ClN_3S\cdot 3H_2O$ 的含量不小于 95%。

(2) 亚甲蓝溶液。

1) 亚甲蓝粉末含水率测定。称量亚甲蓝粉末约 5g（精确至 0.01g)，记为 $M_h$。将该粉末在 (100±5)℃内烘至恒量，置于干燥器中冷却。从干燥器中取出后立即称重（精确至 0.01g)，记为 $M_g$。按式（4.8）计算含水率，精确到小数点后一位，记为 $W$，即

$$W=\frac{M_h-M_g}{M_g}\times 100\% \tag{4.8}$$

式中 $W$——含水率，%；

$M_h$——烘干前亚甲蓝粉末质量，g；

$M_g$——烘干后亚甲蓝粉末质量，g。

每次染料溶液制备均应进行亚甲蓝含水率测定。

2) 亚甲蓝溶液制备。称量亚甲蓝粉末 [(100+W)/10±0.01]g（相当于干粉 10g，精确至 0.01g)，倒入盛有约 600mL 蒸馏水（水温加热至 35～40℃）的烧杯中，用玻璃棒持续搅拌 40min，直至亚甲蓝粉末完全溶解，冷却至 20℃。将溶液倒入 1L 容量瓶中，用蒸馏水淋洗烧杯等，使所有亚甲蓝溶液全部移入容量瓶，容量瓶和溶液的温度应保持在 (20±1)℃内。加蒸馏水至容量瓶 1L 刻度。振荡容量瓶以保证亚甲蓝粉末完全溶解。将容量瓶中溶液移入深色储藏瓶中，标明制备日期、失效日期（亚甲蓝溶液保质期应不超过 28d)，并置于阴暗处保存。

（3）定量滤纸。快速。

### 4.7.3 主要仪器设备

（1）鼓风干燥箱。能使温度控制在（105±5)℃内。

（2）天平。量程不小于1000g、分度值0.1g以及量程不小于100g、分度值0.01g各1台。

（3）方孔筛。孔径为75μm、1.18mm和2.36mm的筛各1个。

（4）容器。要求淘洗试样时，能保持试样不溅出（深度大于250mm)。

（5）移液管。5mL、2mL移液管各1个。

（6）三片式或四片式叶轮搅拌器。转速可调［最高达（600±60)r/min]，直径为75mm±10mm。

（7）定时装置。精确至1s。

（8）玻璃容量瓶：1L。

（9）温度计：精确至1℃。

（10）玻璃棒：两支（直径8mm，长300mm)。

（11）搪瓷盘，毛刷，1000mL烧杯等。

### 4.7.4 实验步骤

**1. 石粉含量的测定**

按4.6.3小节介绍的步骤测定石粉含量。

**2. 亚甲蓝 *MB* 值的测定**

（1）按规定取样，并将试样缩分至约400g，放在烘箱中在（105±5)℃条件下烘干至恒量，待冷却至室温后，筛除大于2.36mm的颗粒备用。

（2）称取试样200g（精确至0.1g)，将试样倒入盛有（500±5)mL蒸馏水的烧杯中，用叶轮搅拌机以转速（600±60)r/min搅拌5min，形成悬浮液，然后持续以转速（400±40)r/min搅拌，直至实验结束。

（3）在悬浮液中加入5mL亚甲蓝溶液，以转速（400±40)r/min搅拌至少1min后，用玻璃棒蘸取1滴悬浮液（所取悬浮液滴应使沉淀物直径为8～12mm)，滴于滤纸（置于空烧杯或其他合适的支撑物上，以使滤纸表面不与任何固体或液体接触）上。若沉淀物周围未出现色晕，再加入5mL亚甲蓝溶液，继续搅拌1min，再用玻璃棒蘸取1滴悬浮液，滴于滤纸上，若沉淀物周围仍未出现色晕，重复上述步骤，直至沉淀物周围出现约1mm的稳定浅蓝色色晕。此时，应继续搅拌，不加亚甲蓝溶液，每分钟进行1次沾染实验。若色晕在4min内消失，再加入5mL亚甲蓝溶液；若色晕在第5min消失，再加入2mL亚甲蓝溶液。两种情况下，均应继续进行搅拌和沾染实验，直至色晕可持续5min。

（4）记录色晕持续5min时所加入的亚甲蓝溶液总体积（精确至1mL)。

**3. 亚甲蓝的快速试验**

（1）按4.7.4小节2中的（1）制样。

（2）按4.7.4小节2中的（2）搅拌。

（3）一次性向烧杯中加入30mL亚甲蓝溶液，以转速（400±40)r/min持续搅拌 8min，然后用玻璃棒蘸取 1 滴悬浮液，滴于滤纸上，观察沉淀物周围是否出现明显色晕。

### 4.7.5 结果计算

（1）石粉含量的计算。按 4.6.4 小节进行。

（2）亚甲蓝 $MB$ 值结果计算。

亚甲蓝值按式（4.9）计算（精确至 0.1g/kg），即

$$MB=\frac{V}{G}\times 10 \tag{4.9}$$

式中 $MB$——亚甲蓝值，g/kg，表示每千克 0～2.36mm 粒级试样所消耗的亚甲蓝质量；

$G$——试样质量，g；

$V$——所加入的亚甲蓝溶液的体积，mL；

10——用于将每千克试样消耗的亚甲蓝溶液体积换算成亚甲蓝质量。

（3）亚甲蓝快速实验结果评定。若沉淀物周围出现明显色晕，则判定亚甲蓝快速实验为合格；若沉淀物周围未出现明显色晕，则判定亚甲蓝快速实验为不合格。

（4）采用修约值比较法进行评定。

## 4.8 含水率实验

### 4.8.1 主要仪器设备

（1）鼓风干燥箱。能使温度控制在（105±5）℃内。

（2）天平。量程不小于 1000g，分度值为 0.1g。

（3）吹风机（手提式）。

（4）干燥器、吸管、搪瓷盘、小勺、毛刷等。

### 4.8.2 试验步骤

（1）将自然潮湿状态下的试样用四分法缩分至约 1100g，拌匀后分为大致相等的两份备用。

（2）称取一份试样的质量（精确至 0.1g），将试样倒入已知质量的浅盘中，放在干燥器中在（105±5）℃下烘至恒量。待冷却至室温后，再称出其质量（精确至 0.1g）。

### 4.8.3 结果计算

含水率按式（4.10）计算（精确至 0.1%），即

$$Z=\frac{G_2-G_1}{G_1}\times 100\% \tag{4.10}$$

式中 $Z$——含水量，%；

$G_2$——烘干前的试样质量，g；

$G_1$——烘干后的试样质量，g。

含水率以两次试验结果的算术平均值作为测定值（精确至0.1%）；两次试验结果之差大于0.2%时应重新试验。

## 4.9 技术要求

《建设用砂》（GB/T 14684—2011）中将砂按技术要求分为Ⅰ类、Ⅱ类、Ⅲ类，其中Ⅰ类宜用于强度等级大于C60的混凝土；Ⅱ类宜用于强度等级为C30～C60及抗冻、抗渗或其他要求的混凝土；Ⅲ类宜用于强度等级小于C30的混凝土和建筑用砂。

### 4.9.1 细度模数

《建设用砂》（GB/T 14684—2011）中将砂分为粗砂、中砂和细砂3种规格，其细度模数分别为粗砂3.7～3.1、中砂3.0～2.3、细砂2.2～1.6。《普通混凝土用砂、石质量及检验方法标准》（JGJ 52—2006）还包括特别细的砂，其细度模数为1.5～0.7。

### 4.9.2 颗粒级配

砂的颗粒级配应符合表4.3的规定；砂的级配类别应符合表4.4的规定。对于砂浆用砂，4.75mm筛孔的累计筛余量应为0。

**表4.3 颗粒级配**

| 方孔筛 | 累计筛余/% | | |
|---|---|---|---|
| | 级配1区 | 级配2区 | 级配3区 |
| 9.50mm | 0 | 0 | 0 |
| 4.75mm | 10～0 | 10～0 | 10～0 |
| 2.36mm | 35～5 | 25～0 | 15～0 |
| 1.18mm | 65～35 | 50～10 | 25～0 |
| 600μm | 85～71 | 70～41 | 40～16 |
| 300μm | 95～80 | 92～70 | 85～55 |
| 150μm | 100～90 | 100～90 | 100～90 |

注 1. 砂的实际颗粒级配与表中所列数字相比，除4.75mm和600μm筛挡外，可以略有超出，但超出总量应小于5%。
2. 1区人工砂中150μm筛孔的累计筛余为97%～85%，2区人工砂中150μm筛孔的累计筛余为94%～80%，3区人工砂中150μm筛孔的累计筛余为94%～75%。

**表4.4 级配类别**

| 类别 | Ⅰ | Ⅱ | Ⅲ |
|---|---|---|---|
| 级配区 | 2区 | 1、2、3区 | |

### 4.9.3 天然砂中含泥量

天然砂中含泥量应符合表4.5的规定。

表 4.5 天然砂中的含泥量

| 类 别 | Ⅰ | Ⅱ | Ⅲ |
|---|---|---|---|
| 含泥量(按质量计)/% | ≤1.0 | ≤3.0 | ≤5.0 |

### 4.9.4 人工砂或混合砂中石粉含量

人工砂或混合砂中石粉含量应符合表 4.6 的规定。

表 4.6 人工砂或混合砂中石粉含量

| 项 目 | | Ⅰ类 | Ⅱ类 | Ⅲ类 |
|---|---|---|---|---|
| 石粉含量/% | $MB$<1.4 或合格 | ≤10 | | |
| | $MB$≥1.4 或不合格 | ≤1.0 | ≤3.0 | ≤5.0 |

### 4.9.5 表观密度、堆积密度和空隙率

《建设用砂》(GB/T 14684—2011) 中规定：砂表观密度应不小于 2500kg/m³；松散堆积密度应不小于 1350kg/m³；空隙率应不大于 44%。

## 4.10 检验项目

天然砂的出厂检验项目为颗粒级配、细度模数、松散堆积密度、含泥量、泥块含量、云母含量。人工砂的出厂检验项目为颗粒级配、细度模数、松散堆积密度、石粉含量（含亚甲蓝实验）、泥块含量、坚固性。当采用新产源的砂时，供货单位应进行全部项目的检验。

砂进场时至少应检验颗粒级配、含泥量、泥块含量；对于海砂或有氯离子污染的砂，还应检验氯离子含量；对于海砂，还应检验贝壳含量；对于人工砂和混合砂，还应检验石粉含量。对于重要工程或特殊工程，应根据工程要求增加检验项目。对于长期处于潮湿环境的重要混凝土结构所用的砂，应进行碱活性检验。对其他性能的合格性有怀疑时，应予以检验。

## 4.11 判定规则

检验（含复检）后，各项性能指标都符合相应类别规定时，可判该产品合格。

颗粒级配、含泥量、石粉含量、泥块含量、有害物质和坚固性中有一项性能指标不符合标准要求时，则应从同一批产品中加倍取样，对不符合标准要求的项目进行复检。复检后，该项指标符合标准要求时，可判该类产品合格，仍然不符合标准要求时，则该批产品判为不合格。

# 第5章 石实验

石实验包括颗粒级配、表观密度、堆积密度与空隙率、含泥量、泥块含量、针片状含层、吸水率、含水率、坚固性、有机物含量、硫化物与硫酸盐含量、强度和碱骨料反应等项实验。本章仅介绍颗粒级配、表观密度、堆积密度与空隙率、含泥量和含水率5项实验。

## 5.1 相关标准

《建设用卵石、碎石》(GB/T 14685—2011)。

## 5.2 编号与取样

### 5.2.1 编号

生产厂家按同品种、同规格、同适用等级及日产量每600t为一批，不足600t也为一批，日产量超过2000t，按1000t为一批，不足1000t也为一批。日产量超过5000t，按2000t为一批，不足2000t也为一批。

应按连续进场的同厂家、同料源、同品种、同规格、同等级的产品分批编号验收。

采用大型工具（如火车、货船或汽车）运输的，应以400m$^3$或600t为一验收批；采用小型工具（如拖拉机等）运输的，应以200m$^3$或300t为一验收批；当石的质量比较稳定、进料量又比较大时，可以1000t为一验收批。不足上述数量时，也按一批计。

### 5.2.2 取样

**1. 取样方法**

(1) 在料堆上取样时，取样部位应均匀分布。取样前先将取样部位表层铲除，然后从不同部位随机抽取大致等质量的石子15份（在料堆的顶部、中部和底部均匀分布的15个不同部位取得），组成一组样品。

(2) 从皮带运输机上取样时，应用接料器在皮带运输机机头的出料处用与皮带等宽的容器，全断面定时随机抽取大致等质量的石子8份，组成一组样品。

(3) 从火车、汽车、货船上取样时，从不同部位和深度抽取大致等质量的石子16份，组成一组样品。

**2. 取样质量**

单项实验的最少取样质量应符合表5.1的规定。需做多项实验时，如确能保证试样经一项实验后不致影响另一项实验的结果，可用同一试样进行多项不同的实验。

表5.1　**单项实验最少取样数量**

| 实验项目 | 最大骨料粒径/mm | | | | | | | |
|---|---|---|---|---|---|---|---|---|
| | 9.5 | 16.0 | 19.0 | 26.5 | 31.5 | 37.5 | 63.0 | 75.0 |
| 颗粒级配 | 9.5 | 16.0 | 19.0 | 25.0 | 31.5 | 37.5 | 63.0 | 80.0 |
| 表观密度 | 8.0 | 8.0 | 8.0 | 8.0 | 12.0 | 16.0 | 24.0 | 24.0 |
| 堆积密度与空隙率 | 40.0 | 40.0 | 40.0 | 40.0 | 80.0 | 80.0 | 120.0 | 120.0 |
| 含泥量 | 8.0 | 8.0 | 24.0 | 24.0 | 40.0 | 40.0 | 80.0 | 80.0 |

**3. 试样处理**

(1) 将所取样品置于平板上，在自然状态下拌和均匀，并堆成堆体，然后沿互相垂直的两条直径把堆体分成大致相等的4份，取其中对角线的两份重新拌匀，再堆成堆体。重复上述过程，直至把样品缩分到实验所需量为止。

(2) 堆积密度实验所用试样可不经缩分，在拌匀后直接进行实验。实验室的温度应保持在(20±5)℃。

## 5.3 颗粒级配实验

### 5.3.1 主要仪器设备

(1) 鼓风干燥箱。能使温度控制在(105±5)℃内。

(2) 天平。量程不小于10kg，分度值为1g。

(3) 方孔筛。孔径为2.36mm、4.75mm、9.50mm、16.0mm、19.0mm、26.5mm、31.5mm、37.5mm、53.0mm、63.0mm、75.0mm及90mm的方孔筛各1个，并附有筛底和筛盖(筛框内径为300mm)。

(4) 摇筛机。

(5) 搪瓷盘、毛刷等。

### 5.3.2 实验步骤

(1) 按规定取样，并将试样缩分至略大于表5.2规定的量，烘干或风干后备用。

表5.2　**颗粒级配实验所需试样质量**

| 最大粒径/mm | 9.5 | 16.0 | 19.0 | 26.5 | 31.5 | 37.5 | 63.0 | 75.0 |
|---|---|---|---|---|---|---|---|---|
| 最少试样质量/kg | 1.9 | 3.2 | 3.8 | 5.0 | 6.3 | 7.5 | 12.6 | 16.0 |

（2）称取按表5.2规定量的试样一份（精确至1g）。将试样倒入按孔径大小从上到下组合的套筛（附筛底）上，然后进行筛分。

（3）将筛套置于摇筛机上摇10min；取下套筛，按筛大小顺序再逐个用手筛，筛至每分钟通过量小于试样总量的0.1%为止。

注：当筛余颗粒的粒径大于19.0mm时，在筛分过程中，允许用手指拨动颗粒。

（4）称出各号筛的筛余量（精确至1g）。

### 5.3.3 结果计算

（1）计算分计筛余百分率。各号筛的筛余量与试样总量之比（计算精确至0.1%）。

（2）计算累计筛余百分率。该号筛的筛余百分率加上该号筛以上各筛余百分率之和（精确至1%）。筛分后，如各号筛的筛余量与筛底的剩余量之和同原试样质量之差超过原试样质量的1%时，应重新试验。

（3）根据各号筛的累计筛余百分率，采用修约值比较法，评定该试样的颗粒级配。

## 5.4 表观密度实验

### 5.4.1 液体比重天平法

**1. 主要仪器设备**

（1）鼓风干燥箱。能使温度控制在（105±5）℃。

（2）天平。量程不小于5kg，分度值不大于5g；其型号及尺寸应能允许在臂上悬挂盛试样的吊篮，并能将吊篮放在水中称量。

（3）吊篮。直径和高度均为150mm，由孔径为1～2mm的筛网或钻有2～3mm孔洞的耐锈蚀金属板制成。

（4）方孔筛。孔径为4.75mm的筛1个。

（5）盛水容器。有溢流孔。

（6）温度计、搪瓷盘、毛巾等。

**2. 实验步骤**

（1）按规定取样，并缩分至略大于表5.3规定的数量，风干后筛除小于4.75mm的颗粒，然后洗刷干净，分为大致相等的两份备用。

**表5.3　表观密度实验所需试样质量**

| 最大粒径/mm | <26.5 | 31.5 | 37.5 | 63.0 | 75.0 |
|---|---|---|---|---|---|
| 最少试样质量/kg | 2.0 | 3.0 | 4.0 | 6.0 | 6.0 |

（2）取试样一份装入吊篮，并浸入盛水的容器中，液面至少高出试样表面50mm，浸水24h后，移放到称量用的盛水容器中，并用上下升降吊篮的方法排除气泡（试样不得露出水面）。吊篮每升降一次约1s，升降高度为30～50mm。

(3) 测定水温后（此时吊篮应全浸在水中），准确称出吊篮及试样在水中的质量（精确至5g）。称量时盛水容器中水面的高度由容器的溢流孔控制。

(4) 提起吊篮，将试样倒入浅盘，放在干燥箱中在（105±5)℃下烘干至恒量，待冷却至室温后，称出其质量（精确至5g）。

(5) 称出吊篮在同样温度水中的质量（精确至5g）。称量时盛水容器的水面高度仍由溢流孔控制。

注：试验时各项称量可以在15～25℃范围内进行，但从试样加水静止的2h起至试验结束，其温度变化不应超过2℃。

**3. 结果计算**

(1) 石子的表观密度按式（5.1）计算（精确至10kg/m³），即

$$\rho_0=\left(\frac{G_0}{G_0+G_2-G_1}-\alpha_t\right)\rho_{水} \tag{5.1}$$

式中 $\rho_0$——表观密度，kg/m³；

$\rho_{水}$——水的密度，1000kg/m³；

$G_0$——烘干后试样的质量，g；

$G_1$——吊篮及试样在水中的质量，g；

$G_2$——吊篮在水中的质量，g；

$\alpha_t$——水温对表观密度影响的修正系数（表5.4）。

表5.4 不同水温对碎石和卵石的表观密度影响的修正系数

| 水温/℃ | 15 | 16 | 17 | 18 | 19 | 20 | 21 | 22 | 23 | 24 | 25 |
|---|---|---|---|---|---|---|---|---|---|---|---|
| $\alpha_t$ | 0.002 | 0.003 | 0.003 | 0.004 | 0.004 | 0.005 | 0.005 | 0.006 | 0.006 | 0.007 | 0.008 |

(2) 表观密度取两次实验结果的算术平均值，如两次实验结果之差大于20kg/m³，应重新做实验。对颗粒材质不均匀的试样，如两次实验结果之差超过20kg/m³，可取4次实验结果的算术平均值。

## 5.4.2 广口瓶法

**1. 适用范围**

本方法不宜用于测定最大粒径大于37.5mm的碎石或卵石的表观密度。

**2. 主要仪器设备**

(1) 鼓风干燥箱。能使温度控制在（105±5)℃内。

(2) 天平。量程不小于2kg，分度值为1g。

(3) 广口瓶。1000mL，磨口。

(4) 方孔筛。孔径为4.75mm的筛1个。

(5) 玻璃片（尺寸约100mm×100mm）、温度计、搪瓷盘、毛巾等。

**3. 实验步骤**

(1) 按规定取样，并缩分至略大于表5.3规定的质量，风干后筛除小于4.75mm的颗粒，然后洗刷干净，分为大致相等的两份备用。

(2) 将试样浸水饱和，然后装入广口瓶中。装试样时，广口瓶应倾斜放置，注入饮用水，用玻璃片覆盖瓶口。以上下左右摇晃的方法排除气泡。

(3) 气泡排尽后，向瓶中添加饮用水，直至水面凸出瓶口边缘。然后用玻璃片沿瓶口迅速滑行，使其紧贴瓶口水面。擦干瓶外水分后，称出试样、水、瓶和玻璃片总质量（精确至1g）。

(4) 将瓶中试样倒入浅盘，放在干燥箱中在（105±5)℃下烘干至恒量，待冷却至室温后称出其质量（精确至1g）。

(5) 将瓶洗净并重新注入饮用水，用玻璃片紧贴瓶口水面，擦干瓶外水分后，称出水、瓶和玻璃片总质量（精确至1g）。

注：实验时各项称量可以在15～25℃范围内进行，但从试样加水静止的2h起至实验结束，其温度变化不应超过2℃。

**4. 结果计算**

(1) 石子的表观密度按式（5.2）计算（精确至10kg/m³），即

$$\rho_0=\left(\frac{G_0}{G_0+G_2-G_1}-\alpha_t\right)\rho_{水} \tag{5.2}$$

式中 $\rho_0$——表观密度，kg/m³；

$\rho_{水}$——水的密度，1000kg/m³；

$G_0$——烘干后试样的质量，g；

$G_1$——试样、水、瓶和玻璃片的总质量，g；

$G_2$——水、瓶和玻璃片的总质量，g；

$\alpha_t$——水温对表观密度影响的修正系数（表5.4）。

(2) 表观密度取两次实验结果的算术平均值（精确至10kg/m³）。如两次实验结果之差大于20kg/m³，应重新做实验。对颗粒材质不均匀的试样，如两次实验结果之差超过20kg/m³，可取4次实验结果的算术平均值。

(3) 采用修约值比较法进行评定。

## 5.5 堆积密度与空隙率实验

堆积密度分为松散堆积密度和紧密堆积密度。通常松散堆积密度简称堆积密度，紧密堆积密度简称紧密密度。相应地，空隙率也分为松散堆积密度空隙率和紧密堆积密度空隙率。

### 5.5.1 主要仪器设备

(1) 天平。量程不小于10kg，分度值不大于10g。

(2) 磅秤。量程不小于50kg或100kg，分度值不大于50g。

(3) 容量筒。容量筒规格见表5.5。

**表5.5** 容量筒的规格要求

| 最大粒径/mm | 容量筒容积/L | 容量筒规格 | | |
|---|---|---|---|---|
| | | 内径/mm | 净高/mm | 壁厚/mm |
| 9.5、16.0、19.0、26.5 | 10 | 208 | 294 | 2 |
| 31.5、37.5 | 20 | 294 | 294 | 3 |
| 53.0、63.0、75.0 | 30 | 360 | 294 | 4 |

（4）垫棒。直径 16mm、长 600mm 的圆钢。

（5）直尺、小铲等。

### 5.5.2 实验步骤

（1）按规定取样，烘干或风干后拌匀，并把试样分为大致相等的两份备用。

（2）松散堆积密度实验。取试样一份，用小铲将试样从容量筒口中心上方 50mm 处徐徐倒入，让试样以自由落体落下，当容量筒上部试样呈锥体且容量筒四周溢满时，即停止加料，除去凸出容量口表面的颗粒，并以合适的颗粒填入凹陷部分，使表面稍凸起部分和凹陷部分的体积大致相等（实验过程中应防止触动容量筒），称出试样和容量筒总质量。

（3）紧密堆积密度实验。取试样一份，分 3 次装入容量筒。装完第一层后，在筒底垫放一根直径为 16mm 的圆钢，将筒按住，左右交替颠击地面各 25 次，再装入第二层，第二层装满后用同样的方法颠实（但筒底所垫钢筋的方向与第一层时的方向垂直），然后装入第三层，用上面的方法颠实。试样装填完毕，再加试样直至超过筒口，用钢尺沿筒口边缘刮去高出的试样，并用适合的颗粒填平凹处，使表面稍凸起部分与凹陷部分的体积大致相等，称取试样和容量筒的总质量（精确至 10g）。

### 5.5.3 结果计算

（1）松散堆积密度或紧密堆积密度按式（5.3）计算（精确至 $10kg/m^3$），即

$$\rho_1=\frac{G_1-G_2}{V} \tag{5.3}$$

式中 $\rho_1$——松散堆积密度或紧密堆积密度，$kg/m^3$；

$G_1$——容量筒和试样总质量，g；

$G_2$——容量筒质量，g；

$V$——容量筒的容量，L。

（2）空隙率按式（5.4）计算（精确至 1%），即

$$\varepsilon_0=\left(1-\frac{\rho_1}{\rho_0}\right)\times 100\% \tag{5.4}$$

式中 $\varepsilon_0$——空隙率，%；

$\rho_1$——按式（5.3）计算的试样的松散（或紧密）堆积密度，$kg/m^3$；

$\rho_0$——按式（5.2）计算的试样表观密度，$kg/m^3$。

（3）堆积密度取两次试验结果的算术平均值（精确至 $10kg/m^3$）。空隙率取两次试验结果的算术平均值（精确至 1%）。

（4）采用修约值比较法进行评定。

### 5.5.4 容量筒的校准方法

容量筒的校准方法同 4.5.4 小节。

## 5.6　含泥量实验

### 5.6.1　主要仪器设备

（1）鼓风干燥箱。能使温度控制在（105±5）℃。

（2）天平。量程不小于 10kg，分度值为 1g。

（3）方孔筛。孔径为 75μm 及 1.18mm 的筛各 1 个。

（4）容器。要求淘洗试样时，保持试样不溅出。

（5）搪瓷盘、毛刷等。

### 5.6.2　实验步骤

（1）按规定取样，并将试样缩分至略大于表 5.6 规定的 2 倍数量，放在干燥箱中于（105±5）℃下烘干至恒量，待冷却至室温后，分为大致相等的两份备用。

表 5.6　　含泥量实验所需试样数量

| 最大粒径/mm | 9.5 | 16.0 | 19.0 | 26.5 | 31.5 | 37.5 | 63.0 | 75.0 |
|---|---|---|---|---|---|---|---|---|
| 最少试样质量/kg | 2.0 | 2.0 | 6.0 | 6.0 | 10.0 | 10.0 | 20.0 | 20.0 |

（2）根据试样的最大粒径，称取按表 5.6 规定数量的试样一份（精确到 1g）。将试样倒入淘洗容器中，注入清水，使水面高出试样上表面 150mm，充分搅拌均匀后，浸泡 2h，然后用手在水中淘洗试样，使尘屑、淤泥和黏土与砂粒分离，把浑水缓缓倒入 1.18mm 及 75μm 的套筛上（1.18mm 筛放在 75μm 筛上面），滤去粒径小于 75μm 的颗粒。试验前筛子的两面应先用水润湿，在整个过程中应小心防止粒径大于 75μm 的颗粒流失。

（3）向容器中注入清水，重复上述操作，直至容器内的水目测清澈为止。

（4）用水淋洗剩余在筛上的细粒，并将 75μm 筛放在水中（使水面略高出筛中石子颗粒的上表面）来回摇动，以充分洗掉粒径小于 75μm 的颗粒，然后将两只筛的筛余颗粒和清洗容器中已经洗净的试样一并倒入搪瓷盘，放在干燥箱中在（105±5）℃下烘干至恒量，待冷却至室温后，称出其质量（精确至 1g）。

### 5.6.3　结果计算

（1）含泥量按式（5.5）计算（精确至 0.1%），即

$$Q_a=\frac{G_1-G_2}{G_1}\times 100\% \tag{5.5}$$

式中　$Q_a$——含泥量，%；

$G_1$——试验前烘干试样的质量，g；

$G_2$——试验后烘干试样的质量，g。

（2）含泥量取两个试样的试验结果算术平均值作为测定值（精确至 0.1%）。

（3）采用修约值比较法进行评定。

## 5.7 含水率实验

### 5.7.1 主要仪器设备

(1) 鼓风干燥箱。能使温度控制在(105±5)℃。

(2) 天平。量程不小于10kg,分度值为1g。

(3) 小铲、搪瓷盘、毛巾、刷子等。

### 5.7.2 实验步骤

(1) 按规定取样,并将试样缩分至约4.0kg,拌匀后分为大致相等的两份备用。

(2) 称取试样一份(精确至1g),放在干燥箱中,在(105±5)℃下烘干至恒重,待冷却至室温后称出其质量(精确至1g)。

### 5.7.3 结果计算

含水率按式(5.6)计算(精确至0.1%),即

$$Z=\frac{G_1-G_2}{G_2}\times 100\% \quad (5.6)$$

式中 $Z$——含水量,%;

$G_1$——烘干前的试样质量,g;

$G_2$——烘干后的试样质量,g。

含水率以两次试验结果的算术平均值作为测定值(精确至0.1%)。

## 5.8 技术要求

《建设用卵石、碎石》(GB/T 14685—2011)中将石按技术要求分为Ⅰ类、Ⅱ类、Ⅲ类,其中Ⅰ类适宜用于强度等级大于C60的混凝土;Ⅱ类适宜用于强度等级为C30~C60及抗冻、抗渗或有其他要求的混凝土;Ⅲ类适宜用于强度等级小于C30的混凝土和建筑砂浆。

### 5.8.1 颗粒级配

碎石或卵石的颗粒级配应符合表5.7的规定。

表5.7 颗 粒 级 配

| 方筛孔/mm | | 公称粒径/mm | | | | | | | | | | | |
|---|---|---|---|---|---|---|---|---|---|---|---|---|---|
| | | 2.36 | 4.75 | 9.50 | 16.0 | 19.0 | 26.5 | 31.5 | 37.5 | 53.0 | 63.0 | 5.0 | 90 |
| | | 累计筛余/% | | | | | | | | | | | |
| 连续粒级 | 5~16 | 95~100 | 85~100 | 30~60 | 0~10 | 0 | | | | | | | |
| | 5~20 | 95~100 | 90~100 | 40~80 | — | 0~10 | 0 | | | | | | |

续表

| 方筛孔/mm | | 公称粒径/mm | | | | | | | | | | | |
|---|---|---|---|---|---|---|---|---|---|---|---|---|---|
| | | 2.36 | 4.75 | 9.50 | 16.0 | 19.0 | 26.5 | 31.5 | 37.5 | 53.0 | 63.0 | 5.0 | 90 |
| | | 累计筛余/% | | | | | | | | | | | |
| 连续粒级 | 5～25 | 95～100 | 90～100 | — | 30～70 | — | 0～5 | 0 | | | | | |
| | 5～31.5 | 95～100 | 90～100 | 70～90 | — | 15～45 | — | 0～5 | 0 | | | | |
| | 5～40 | — | 95～100 | 70～100 | — | 30～65 | — | — | 0～5 | 0 | | | |
| 单粒粒级 | 5～10 | 95～100 | 80～100 | 0～15 | 0 | | | | | | | | |
| | 10～16 | | 95～100 | 80～100 | 0～15 | | | | | | | | |
| | 10～20 | | 95～100 | 85～100 | — | 0～15 | 0 | | | | | | |
| | 16～25 | | | 95～100 | 55～70 | 25～40 | 0～10 | | | | | | |
| | 16～31.5 | | 95～100 | | 85～100 | | | 0～10 | 0 | | | | |
| | 20～40 | | | 95～100 | | 80～100 | | | 0～10 | 0 | | | |
| | 40～80 | | | | | 95～100 | | | 70～100 | | 30～60 | 0～10 | 0 |

## 5.8.2 含泥量

碎石或卵石的含泥量应符合表5.8的规定。

表5.8 含泥量

| 类别 | Ⅰ类 | Ⅱ类 | Ⅲ类 |
|---|---|---|---|
| 含泥量(按质量计)/% | ≤0.5 | ≤1.0 | ≤1.5 |

## 5.8.3 表观密度、堆积密度和空隙率

《建设用卵石、碎石》(GB/T 14685—2011)中规定，石表观密度应不小于2600kg/m³；连续级配松散堆积空隙率应符合表5.9的规定。

表5.9 连续级配松散堆积空隙率

| 类别 | Ⅰ类 | Ⅱ类 | Ⅲ类 |
|---|---|---|---|
| 空隙率/% | ≤43 | ≤45 | ≤47 |

## 5.9 检验项目

卵石和碎石的出厂检验项目为颗粒级配、含泥量、泥块含量、针片状含量。当采用新产源的石时，供货单位应进行全部项目的检验。

卵石和碎石进场时至少应检验颗粒级配、含泥量、泥块含量和针片状颗粒含量。当混凝土强度等级大于 C60 时，应进行岩石抗压强度检验。对于重要工程或特殊工程，应根据工程要求增加检验项目。对于长期处于潮湿环境的重要混凝土结构所用的石，应进行碱活性检验。对其他性能的合格性有怀疑时，应予以检验。

## 5.10 判定规则

检验（含复检）后，各项性能指标都符合相应类别规定时，可判为该产品合格。

颗粒级配、含泥量、泥块含量、针片状颗粒含量、有害物质、坚固性和强度中有一项性能指标不符合标准要求时，则应从同一批产品中加倍取样，对不符合标准要求的项目进行复检。复检后，该项指标符合标准要求时，可判该类产品合格；仍然不符合标准要求时，则该批产品判为不合格。

# 第6章

# 建筑砂浆实验

建筑砂浆实验包括砂浆稠度、分层度、保水性、表观密度、凝结时间、立方体抗压强度、静力受压弹性模量、抗冻性能和收缩等项实验。本章仅介绍砂浆稠度、分层度、保水性、表观密度、立方体抗压强度5项实验。

## 6.1 相关标准

依据《建筑砂浆基本性能试验方法标准》(JGJ/T 70—2009)。

## 6.2 取样及试样制备

(1) 建筑砂浆试验用料应根据不同要求，可从同一盘搅拌料或同一车运送的砂浆中取出；在实验室取样时，可从机械或人工拌和的砂浆中取出，取样量不应少于实验所需量的4倍。

(2) 施工中取样进行砂浆试验时，砂浆取样方法应按相应的施工验收规范进行，并宜在现场搅拌点或预拌砂浆卸料点的至少3个不同部位及时取样。对于现场取的试样，实验前应人工搅拌均匀，从取样完毕到开始进行各项性能实验不宜超过15min。

(3) 实验室拌制砂浆进行实验时，拌和用的材料要提前24h运入室内，拌和时实验室的温度应保持在(20±5)℃。当需要模拟施工条件下所用的砂浆时，实验室原材料的温度宜保持与施工现场一致。

(4) 实验用原材料应与现场使用材料一致。砂应过4.75mm筛。

(5) 实验室拌制砂浆时，材料应称重计量。水泥、外加剂、掺合料等的称量精度应为±0.5%，细骨料的称量精度应为±1%。

(6) 实验室用搅拌机搅拌砂浆时，搅拌的用量宜为搅拌机容量的30%～70%，搅拌时间不宜少于120s。

## 6.3 稠度实验

### 6.3.1 目的与要求

本方法适用于确定配合比或施工过程中控制砂浆的稠度，以达到控制用水量的目的。

### 6.3.2 主要仪器设备

(1) 砂浆稠度测定仪。它由试锥、容器和支座三部分组成（图6.1）。试锥由钢材或铜材制成，试锥高度为145mm，锥底直径为75mm，试锥连同滑杆的质量应为（300±2）g；盛砂浆容器由钢板制成，筒高为180mm，锥底内径为150mm；支座分为底座、支架及稠度显示3个部分，由铸铁、钢及其他金属制成。

(2) 钢制捣棒。钢制捣棒的直径为10mm，长350mm，端部磨圆。

(3) 秒表等。

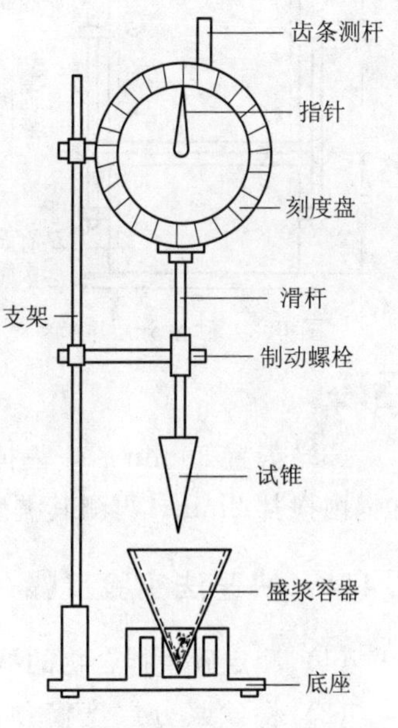

图6.1 砂浆稠度测定仪

### 6.3.3 实验步骤

(1) 应先采用少量润滑油轻擦滑杆，再将滑杆上多余的油用吸油纸擦净，使滑杆能自由滑动，将盛浆容器和试锥表面用湿布擦干净。

(2) 将砂浆拌合物一次装入容器，使砂浆表面低于容器口约10mm，用捣棒自容器中心向边缘均匀地插捣25次，然后轻轻地将容器摇动或敲击5～6下，使砂浆表面平整，随后将容器置于稠度测定仪的底座上。

(3) 拧开试锥滑杆的制动螺栓，向下移动滑杆，当试锥尖端与砂浆表面刚好接触时，拧紧制动螺栓，使齿条测杆下端刚好接触滑杆上端，并将指针对准零点。

(4) 拧开制动螺栓，同时计时，10s时立即拧紧螺栓，将齿条测杆下端接触滑杆上端，从刻度盘上读出下沉深度（精确至1mm），即为砂浆的稠度值。

(5) 圆锥形容器内的砂浆，只允许测定1次稠度，重复测定时应重新取样测定。

### 6.3.4 结果计算

(1) 同盘砂浆应取两次实验结果的算术平均值作为测定值（精确至1mm）。

(2) 当两次实验值之差大于10mm时，应重新取样测定。

## 6.4 分层度实验

### 6.4.1 目的与要求

本方法适用于测定砂浆拌合物在运输及停放时内部组成部分稳定性。

### 6.4.2 主要仪器设备

(1) 砂浆分层度筒。应由钢板制成，内径为150mm，上节高度为200mm，下

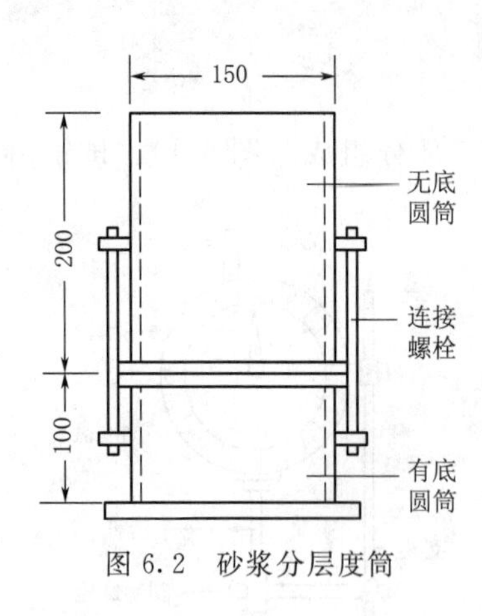

图6.2 砂浆分层度筒

节高度为100mm，两节的连接处应加宽3～5mm，并没有橡胶垫圈（图6.2）。

（2）振动台。振幅为（0.5±0.05）mm，频率为（50±3）Hz。

### 6.4.3 实验步骤

（1）测定砂浆拌合物的稠度。

（2）将砂浆拌合物一次装入分层度筒内，待装满后用木槌在分层度筒周围距离大致相等的4个不同位置轻轻敲击1～2下，如砂浆沉落到低于筒口，则应随时添加，然后刮去多余的砂浆并用抹刀抹平。

（3）静置30min后，去掉上节200mm砂浆，剩余的100mm砂浆倒出放在拌和锅内搅拌2min，再测其稠度。前后测得的稠度之差即为该砂浆的分层度值。

### 6.4.4 快速法实验步骤

（1）测定砂浆拌合物的稠度。

（2）将砂浆分层度筒预先固定在振动台上，砂浆一次装入分层度筒内，振动20s。

（3）去掉上节200mm砂浆，剩余的100mm砂浆倒出放在拌和锅内搅拌2min，再测其稠度。前后测得的稠度之差即为该砂浆的分层度值。如有争议时，以标准法为准。

### 6.4.5 结果计算

（1）取两次实验结果的算术平均值作为该砂浆的分层度值（精确至1mm）。

（2）两次分层度实验值之差如大于10mm，应重新取样测定。

## 6.5 保水性实验

### 6.5.1 目的与要求

新品种砂浆用分层度试验来衡量砂浆各组分的稳定性或保持水分的能力已不太适宜，故采用保水性测定方法测定大部分预拌砂浆的保水性能。

### 6.5.2 主要仪器设备

（1）金属或硬塑料圆环试模。内径应为100mm，内部高度应为25mm。

（2）可密封的取样容器。应清洁、干燥。

（3）2kg的重物。

（4）金属滤网。网格尺寸为45μm，圆形，直径为（110±1）mm。

（5）超白滤纸。应采用现行国家标准《化学分析滤纸》（GB/T 1914—2017）

规定的中速定性滤纸，其直径为110mm、单位面积质量为200g/m²。

(6) 两片金属或玻璃的方形不透水片。边长或直径应大于110mm。

(7) 天平。量程为200g，分度值为0.1g；量程为2000g，分度值为1g。

(8) 烘箱。

### 6.5.3 实验步骤

(1) 称量底部不透水片与干燥试模质量 $m_1$ 和15片中速定性滤纸质量 $m_2$。

(2) 将砂浆拌合物一次性装入试模，并用抹刀插捣数次，当装入的砂浆略高于试模边缘时，用抹刀以45°角一次性将试模表面多余的砂浆刮去，然后再用抹刀以较平的角度在试模表面反方向将砂浆刮平。

(3) 抹掉试模边的砂浆，称量试模、底部不透水片与砂浆总质量 $m_3$。

(4) 用金属滤网（需预先用水润湿）覆盖在砂浆表面，再在滤网表面放上15片滤纸，用上部不透水片盖在滤纸表面，以2kg的重物把上部不透水片压住。

(5) 静置2min后移走重物及上部不透水片，取出滤纸（不包括滤网），迅速称量滤纸质量 $m_4$。

### 6.5.4 结果计算

(1) 根据砂浆的配比及加水量按式（6.1）计算砂浆的保水率，即

$$W=\left[1-\frac{m_4-m_2}{\alpha(m_3-m_1)}\right]\times 100\% \tag{6.1}$$

式中 $W$——砂浆保水率，%；

$m_1$——底部不透水片与干燥试模质量，g，精确至1g；

$m_2$——15片滤纸吸水前的质量，g，精确至0.1g；

$m_3$——试模，底部不透水片与砂浆总质量，g，精确至1g；

$m_4$——15片滤纸吸水后的质量，g，精确至0.1g；

$\alpha$——砂浆含水率，%。

取两次实验结果的算术平均值作为砂浆的保水率，精确至0.1%，其第二次实验应重新取样测定。当两个测定值之差超过2%时，此组实验结果应为无效。

(2) 当无法计算砂浆的含水率时，可以称取（100±10)g砂浆拌合物试样，置于一干燥并已称重的盘中，在（105±5)℃的烘箱中烘干至恒重，并按式（6.2）计算砂浆含水率。然后按照式（6.1）计算砂浆的保水率，即

$$\alpha=\frac{m_6-m_5}{m_6}\times 100\% \tag{6.2}$$

式中 $\alpha$——砂浆含水率，%；

$m_5$——烘干后砂浆样本质量，g，精确至1g；

$m_6$——砂浆样本的总质量，g，精确至1g。

取两次实验结果的算术平均值作为砂浆的含水率（精确至0.1%)。当两个测定值之差超过2%时，此组实验结果应为无效。

## 6.6　表观密度实验

### 6.6.1　目的与要求

本方法用于测定砂浆拌合物捣实后单位体积质量，以确定每立方米砂浆拌合物中各组成材料的实际用量。

### 6.6.2　主要仪器设备

（1）容量筒。由金属制成，内径108mm，净高109mm，筒壁厚2～5mm，容积为1L。

（2）天平。量程不小于5kg，分度值不大于5g。

（3）钢制捣棒。直径10mm，长350mm，端部磨圆。

（4）砂浆稠度仪。

（5）振动台。振幅应为（0.5±0.05）mm，频率应为（50±3）Hz。

（6）秒表。

### 6.6.3　容量筒容积的校正

采用一块能盖住容量筒顶面的玻璃板，先称出玻璃板和容量筒重，然后向容量筒中灌入温度为（20±15）℃的饮用水，到接近上口时，一边不断加水，一边把玻璃板沿筒口徐徐推入盖严。应注意使玻璃板下不带入任何气泡。

擦净玻璃板面及筒壁外的水分，将容量筒和水连同玻璃板称重（精确至5g）。

后者与前者称量之差（以kg计）即为容量筒的容积（L）。

### 6.6.4　实验步骤

（1）应先采用湿抹布擦净容量筒的内表面，再称量容量筒质量 $m_1$（精确至5g）。

（2）捣实可采用手工或机械方法。当砂浆稠度大于50mm时，宜采用人工插捣法；当砂浆稠度不大于50mm时，宜采用机械振动法。

采用人工插捣法时，将砂浆拌合物一次装满容量筒，使之稍有富余，用捣棒由边缘向中心均匀地插捣25次。当插捣过程中砂浆沉落到低于筒口时，应随时添加砂浆，再用木槌沿容器外壁敲击5～6下。

采用振动法时，将砂浆拌合物一次装满容量筒连同漏斗在振动台上振10s，当振动过程中砂浆沉入到低于筒口时，应随时添加砂浆。

（3）捣实或振动后，应将筒口多余的砂浆拌合物刮去，使砂浆表面平整，然后将容量筒外壁擦净，称出砂浆与容量筒总质量 $m_2$（精确至5g）。

### 6.6.5　结果计算

砂浆拌合物的表观密度 $\rho$ 按式（6.3）计算，即

$$\rho=\frac{m_2-m_1}{V}\times 1000 \tag{6.3}$$

式中　$\rho$——表观密度，kg/m³；

$m_1$——容量筒质量，kg；

$m_2$——容量筒及试样质量，kg；

$V$——容量筒容积，L。

质量密度由两次实验结果的算术平均值确定（精确至10kg/m³）。

## 6.7　立方体抗压强度实验

### 6.7.1　目的与要求

本方法适用于测定砂浆立方体的抗压强度。

### 6.7.2　主要仪器设备

（1）试模。采用70.7mm×70.7mm×70.7mm的带底试模，应符合现行行业标准《混凝土试模》（JG 237—2008）的规定选择，应具有足够的刚度并拆装方便。试模的内表面应机械加工，其不平度应为每100mm不超过0.05mm，组装后各相邻的不垂直度不应超过±0.5°。

（2）钢制捣棒。直径为10mm、长为350mm的钢棒，端部应磨圆。

（3）压力试验机。精度应为1%，其量程应能使试件的预期破坏荷载值不小于全量程的20%，且不大于全量程的80%。

（4）振动台。空载中台面的垂直振幅应为（0.5±0.05）mm，空载频率应为（50±3）Hz，空载台面振幅均匀度不应大于10%，一次实验应至少能固定3个试模。

### 6.7.3　立方体抗压强度试件的制作及养护步骤

（1）应采用立方体试件，每组试件应为3个。

（2）应采用黄油等密封材料涂抹试模的外接缝，试模内应涂刷薄层机油或隔离剂。应将拌制好的砂浆一次性装满砂浆试模，成型方法应根据稠度确定。当稠度大于50mm时，宜采用人工插捣成型；当稠度不大于50mm时，宜采用振动台振实成型。

1）人工插捣。应采用捣棒均匀地由边缘向中心按螺旋方式插捣25次，插捣过程中当砂浆沉落低于试模口时，应随时添加砂浆，可用油灰刀插捣数次，并用手将试模一边抬高5～10mm各振动5次，砂浆应高出试模顶面6～8mm。

2）振动后振实。将砂浆一次装满试模，放置到振动台上，振动时试模不得跳动、振动5～10s或持续到表面泛浆为止，不得过振。

（3）应待表面水分稍干后，再将高出试模部分的砂浆沿试模顶面刮去并抹平。

（4）试件制作后应在温度为（20±5）℃的环境下静置（24±2）h，对试件进行编号，拆模。当气温较低时，或者凝结时间大于24h的砂浆，可适当延长时间，但不应超过2d。试件试模后应立即放入温度为（20±2）℃、相对湿度为90%以上的标准养护室中养护。养护期间，试件彼此间隔不得小于10mm，混合砂浆、湿拌砂浆试件上面应覆盖，以防止试件上有水滴。

（5）从搅拌加水开始计时，标准养护龄期应为28d，也可根据相关标准要求增加7d或14d。

### 6.7.4 实验步骤

（1）试件从养护地点取出后，应尽快进行试验，以免试件内部的温湿度发生显著变化。实验前先将试件擦拭干净，测量尺寸，并检查其外观。试件尺寸测量精确至1mm，并据此计算试件的承压面积。如实测尺寸与公称尺寸之差不超过1mm，可按公称尺寸计算。

（2）将试件安放在试验机的下压板上，试件的承压面应与成型时的顶面垂直，试件中心应与试验机下压板中心对准。开动试验机，当上压板与试件接近时，调整球座，使接触面均衡受压。承压实验应连续而均匀地加荷，加荷速度应为0.25～1.5kN/s；砂浆强度不大于2.5MPa时取下限为宜，当试件接近破坏而开始迅速变形时，停止调整试验机油门，直至试件破坏，然后记录破坏荷载。

### 6.7.5 结果计算

（1）砂浆立方体抗压强度按式（6.4）计算（精确至0.1MPa），即

$$f_{m,cu}=K\frac{N_u}{A} \tag{6.4}$$

式中 $f_{m,cu}$——砂浆立方体抗压强度，MPa；

$N_u$——立方体破坏压力，N；

$A$——试件承压面积，$mm^2$；

$K$——换算系数，取1.35。

（2）应以3个试件测值的算术平均值作为该组试件的砂浆立方体抗压强度平均值（精确至0.1MPa）；当3个测值的最大值或最小值中有一个与中间值的差值超过中间值的15%时，应把最大值及最小值一并舍去，取中间值作为该组试件的抗压强度值；当两个测值与中间值的差值均超过中间值的15%时，该组实验结果应为无效。

# 第7章

# 混凝土拌合物实验

## 7.1 概述

由胶凝材料、骨料和拌和水按一定比例与方法所配制的混合性材料，在凝结硬化前称为混凝土拌合物，硬化之后称为混凝土。表观密度在 1900～2500kg/m$^3$ 的混凝土称为普通混凝土，简称混凝土。本章主要介绍普通混凝土拌合物的有关实验原理和方法。

### 7.1.1 混凝土拌合物的和易性

和易性是指混凝土拌合物易于拌和、运输、浇灌、振实、成型等各项施工操作，并能获得质量均匀、成型密实的性能。显然，混凝土拌合物和易性是一个综合性的性能指标，包括3个方面的含义，即流动性、黏聚性和保水性。流动性是指混凝土拌合物在自重或机械振捣作用下，能够产生流动并均匀密实地填充模板的性能；黏聚性是指混凝土拌合物在施工过程中各组成材料之间具有一定的黏聚力，不致产生分层和离析现象的性能；保水性是指混凝土拌合物在施工过程中具有一定的保水性能，不致产生严重的泌水现象的性能。流动性的大小，反映混凝土拌合物的稀稠程度，直接影响着混凝土浇筑施工的难易和施工质量；黏聚性不良的混凝土拌合物，不但难以获得组分均匀的混凝土，而且混凝土的强度也难以保证；保水性较差的混凝土拌合物，将有一部分水分泌出，水化反应的完全程度会降低，水分从内部到表面将留下泌水通道，使得混凝土的密实度不高，从而降低混凝土的强度和耐久性。

鉴于混凝土拌合物和易性内涵的多向性、综合性和复杂性，很难用单一指标与方法对混凝土拌合物的和易性作出全面的表达和评定。目前，采用坍落度法和维勃稠度法来定量测量混凝土拌合物的流动性；用直观经验的定性方法来评定混凝土拌合物的黏聚性和保水性。

混凝土拌合物的性能除了和易性以外，还有表观密度、凝结时间等，其物理意义和质量标准应符合有关规定。

### 7.1.2 混凝土拌合物制备

混凝土拌合物的拌和制备可采用人工拌和法与机械搅拌法。

**1. 人工拌和法**

(1) 按照事先确定的混凝土配合比，计算各组成材料的用量，称量后备用。

(2) 将面积为1.5m×2m的拌板和拌铲润湿，先把砂倒在拌板上，后加入水泥，用拌铲将其从拌板的一端翻拌到另一端。如此重复，直至砂和水泥充分混合(从表观上看颜色均匀)。然后加入粗骨料，同样翻拌到均匀为止。

(3) 将以上混合均匀的干料堆成中间留有凹槽的锅形状，把称量好的拌合水先倒入凹槽中一半，然后仔细翻拌，再缓慢加入另一半拌合水，继续翻拌，直至拌和均匀。根据拌合量的大小，从加水开始计算，拌和时间应符合表7.1的规定。

**表7.1　混凝土不同拌合量所需的拌和时间**

| 混凝土拌合物体积/L | 拌和时间/min | 备注 |
|---|---|---|
| <30 | 4～5 | 混凝土拌和完成后，根据试验项目要求，应立即进行测试或成型试件，从加水开始计算，全部时间须在30min内完成 |
| 30～50 | 5～9 | |
| 31～75 | 9～12 | |

**2. 机械搅拌法**

(1) 按照事先确定的混凝土配合比，计算各组成材料的用量，称量后备用。

(2) 为了保证试验结果的准确性，在正式拌和开始前，一般要预拌一次(刷膛)。预拌选用的配合比与正式拌和的配合比相同，刷膛后的混凝土拌合物要全部倒出，刮净多余的砂浆。

(3) 正式拌和。启动混凝土搅拌机，向搅拌机料槽内依次加入粗骨料、细骨料和水泥，进行干拌，使其均匀后再缓慢加入拌合水，全部加水时间不超过2min，加水结束后再继续拌和2min。

(4) 关闭搅拌机并切断电源，将混凝土拌合物从搅拌机中倒出，堆放在拌板上，再人工拌和2min即可进行项目测试或成型试件。从加水开始计算，所有操作用时须在30min内完成。

### 7.1.3 实验取样

(1) 混凝土拌合物实验用料应根据不同要求，从同一搅拌锅或同一车运送的混凝土拌合物中取出，或在实验室单独拌制。混凝土拌合物的取样要具有代表性，宜采用多次采样的方法，一般在同一搅拌锅或同一车混凝土拌合物中约1/4处、1/2处和3/4处分别取样，然后人工搅拌均匀。从第一次取样到最后一次取样不宜超过15min。

(2) 在实验室拌制混凝土拌合物进行实验时，所用骨料应提前运入室内，拌和时实验室的温度应保持在(20±5)℃，所用材料的温度应与实验室的温度保持一致。

(3) 拌制混凝土拌合物的材料用量以质量计，骨料的称量精度为±1%，水泥、水和外加剂的称量精度均为±0.5%。

(4) 从试样制备完毕到开始做各项性能实验的时间不宜超过5min。同一组混凝土拌合物的取样应从同一搅拌锅或同一车运送的混凝土中取样，取样量应多于试验所需量的1.5倍，且不宜小于20L。

## 7.2　混凝土拌合物稠度实验

不同工程条件下的混凝土拌合物稠稀程度有不同的要求，且相差较大。测定混凝土拌合物稠度的方法有坍落度法和维勃稠度法。两种测试方法的使用条件、测试原理和表征方法都各有不同，不能并行使用。坍落度法所用的设备简单，主要用于坍落度不小于 10mm 的塑形混凝土拌合物的稠度测定；维勃稠度法则使用专用的维勃稠度测定仪，主要用于干硬性混凝土拌合物的稠度测定。

### 7.2.1　坍落度法测定混凝土拌合物稠度

混凝土拌合物坍落度是和易性技术性能的定量化指标，其大小反映了混凝土拌合物的稠稀程度，据此可直接表明混凝土拌合物流动性的好坏及工程施工的难易程度。工程中对混凝土坍落度值的选择依据是建筑结构的种类、构件截面尺寸大小、配筋的疏密、拌合物输送方式以及施工振实法等，混凝土浇筑时的坍落度值按表 7.2 选用。本实验适用于骨料最大粒径不大于 40mm、混凝土拌合物坍落度值不小于 10mm 的混凝土拌合物稠度测定，因为当混凝土拌合物坍落度值较小（小于 10mm）时，此方法的测量相对误差较大，实验结果的可靠度较低。

表 7.2　混凝土类型及浇筑时的坍落度选择

| 结构种类 | 坍落度值/mm |
|---|---|
| 基础或地面垫层，无配筋的挡土墙、基础等大体积结构或配筋稀疏的结构 | 10～30 |
| 梁、板和大中型截面的柱子等 | 30～50 |
| 配筋密列的结构，如薄壁、斗仓、细柱等 | 50～70 |
| 配筋特密的结构 | 70～90 |

**1. 主要仪器设备**

（1）坍落度筒。如图 7.1（a）所示，它是由薄钢板或其他金属制成的圆台形筒，底面和顶面互相平行并与锥体的轴线垂直，底部直径为（200±2）mm，顶部直径为（100±2）mm，高度为（300±2）mm，筒壁厚度不小于 1.5mm，在桶外 2/3 高度处安有两个手把，桶外下端安有两个脚踏板。

（2）振捣棒。直径 16mm，长 600mm，端部磨圆，如图 7.1（b）所示。

（3）小铲、直尺、拌板、镘刀等。

**2. 实验步骤与结果判定**

（1）首先润湿坍落度筒及其用具，并把筒放在不吸水的刚性水平底板上，然后用脚踩住两边的脚踏板，使其在装

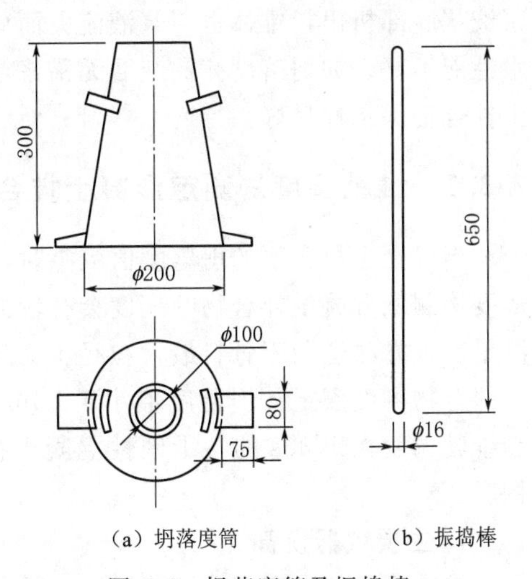


图 7.1　坍落度筒及振捣棒

料时保持固定位置。

(2) 把混凝土拌合物试样用小铲分 3 层均匀装入坍落度筒内，使捣实后每层高度为筒高的 1/3 左右。用捣棒对每层试样沿螺旋方向由外向中心插捣 25 次，且在截面上均匀分布。插捣底层时，捣棒应贯穿整个深度，插捣第二层和顶层时，应插穿本层至下层的表面，清除筒边底板上的混凝土拌合物。顶层捣实后，刮去多余的混凝土拌合物，并用抹刀抹平。浇灌顶层时，应使混凝土拌合物高出筒口，在捣实过程中，当混凝土拌合物沉落到低于筒口时，应随时添加混凝土拌合物。

(3) 清除筒边和底板上的混凝土拌合物后，垂直平稳地提起坍落度筒，提离过程应在 5～10s 内完成。从开始装料到提筒的整个过程应不间断进行，并在 150s 内完成。提起筒后，量测筒高与坍落后混凝土拌合物试体最高点之间的差值，即为坍落度值，如图 7.2 所示。以 mm 为单位，精确至 5mm。

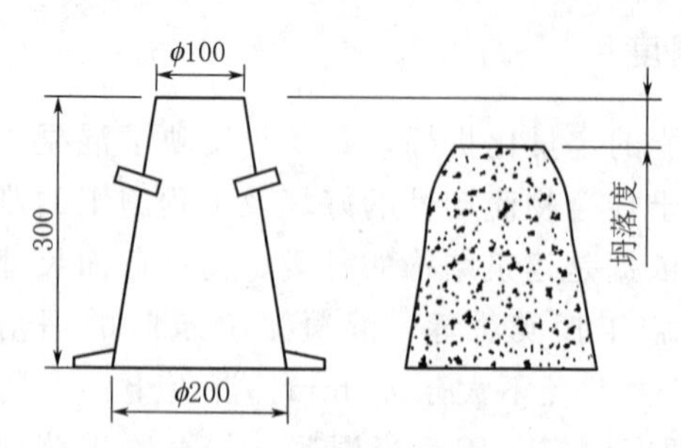

图 7.2 坍落度测量示意图

坍落度筒提离后，如果发现混凝土拌合物试体崩塌或一边出现剪切破坏现象，应重新取样进行测试。若第二次仍出现上述现象，则判定该混凝土拌合物和易性不良。当混凝土拌合物的坍落度大于 220mm 时，用钢尺测量混凝土扩展后最终的最大直径和最小直径，在这两个直径之差小于 50mm 的条件下，用算术平均值作为坍落扩展度值；否则此次试验无效。对坍落度值不大于 50mm 或干硬性混凝土，应采用维勃稠度法进行试验。

(4) 观察并评价混凝土拌合物试体的黏聚性和保水性。用捣棒轻轻敲打已坍落的混凝土拌合物，如果锥体逐渐整体性下沉，则表示混凝土拌合物黏聚性良好；如果锥体倒坍、部分崩裂或出现离析等现象，则表示混凝土拌合物黏聚性不好。

保水性用混凝土拌合物中稀浆的析出程度来评定，如坍落度筒提起后有较多的浆液从底部析出，锥体也因浆液流失而局部骨料外露，则表明此混凝土拌合物的保水性能不好。如坍落度筒提起后无稀浆或仅有少量稀浆自底部析出，则表示此混凝土拌合物保水性良好。

### 7.2.2 维勃稠度法测定混凝土拌合物稠度

当混凝土拌合物的坍落度值较小时，由于测量工具和测量方法的局限性，用坍落度法测量混凝土拌合物的稠度会有较大的测量误差，因此需要用维勃稠度法进行测量。本方法适用于骨料最大粒径不大于 40mm，维勃稠度在 5～30s 之间的混凝土拌合物稠度测定。坍落度值小于 50mm 的混凝土拌合物、干硬性混凝土拌合物和维勃稠度大于 30s 的特干硬性混凝土拌合物的稠度可采用增实因数法来测定其稠度。

**1. 主要仪器设备**

维勃稠度仪由容器、坍落度筒、圆盘、旋转架和振动台等部件组成，其构造如

图 7.3 所示。

(1) 容器。它由钢板材料制成，内径为 (240±3)mm，高为 (200±2)mm，壁厚 3mm，底厚 7.5mm，两侧设有手柄，底部可固定在振动台上，固定时应牢固可靠，容器的内壁与地面应垂直，其垂直度误差不大于 1.0mm，容器的内表面应光滑、平整、无凹凸、无刻痕。

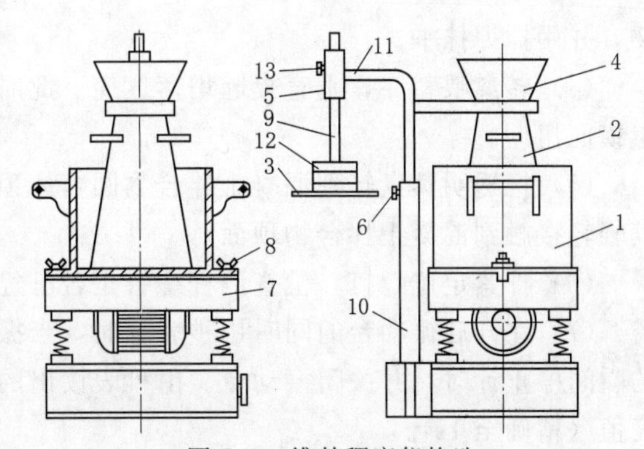


图 7.3　维勃稠度仪构造

1—容器；2—坍落度筒；3—圆盘；4—漏斗；5—套筒；6—定位器；7—振动台；8—固定螺钉；9—测杆；10—支柱；11—旋转架；12—荷重块；13—测杆螺钉

(2) 坍落度筒。除两侧无脚踏板外，其余的要求均与坍落度试验中的坍落度筒相同。

(3) 圆盘。直径为 (230±2)mm，厚度为 (10±2)mm，圆盘要求平整透明，可视性良好，平面度误差不大于 0.30mm。

(4) 旋转架。旋转架安装在支柱上，用十字凹槽或其他可靠方法固定方向，旋转架的一侧安装有套筒、测杆、荷重块和圆盘，另一侧安设漏斗，测杆穿过套筒垂直滑动，并用螺钉固定位置。

(5) 滑动部分。由测杆、圆盘及荷重块组成，总质量为 (2750±50)g。

(6) 当旋转架转动到漏斗就位后，漏斗的轴线与容器的轴线应重合，同轴度误差不应大于 3.0mm；当转动到圆盘就位后，测杆的轴线与容器的轴线应重合，其同轴度误差不应大于 2.0mm。

(7) 测杆与圆盘工作面应垂直，垂直度误差不大于 1.0mm。测杆表面应光滑、平直，在套筒内滑动灵活，并具有最小分度为 1.0mm 的刻度标尺，可测读混凝土拌合物的坍落度。当圆盘置于坍落度筒上端时，刻度标尺应在零刻度线上。

(8) 振动台。台面长 (380±5)mm、宽 (260±5)mm，支承在 4 个减振弹簧上。振动台应定向垂直振动，频率为 (50±3)Hz，在装有空容器时，台面各点的振幅为 (0.5±0.5)mm，水平振幅应小于 0.15mm。

(9) 秒表、小铲、拌板、镘刀等。

**2. 实验步骤与结果**

(1) 把维勃稠度仪放置在坚实的水平面上，用湿布把容器、坍落度筒、喂料斗内壁及其他用具润湿。

(2) 将喂料斗提到坍落度筒上方扣紧，校正容器位置，使其中心与喂料中心重合，然后拧紧固定螺钉。

(3) 把混凝土拌合物试样用小铲分 3 层均匀装入筒内，使捣实后每层高度为筒高的 1/3 左右，每层用捣棒插捣 25 次，插捣应沿螺旋方向由外向中心进行，各次插捣应在截面上均匀分布，插捣筒边混凝土拌合物时，捣棒可以稍稍倾斜。插捣底层时，捣棒应贯穿整个深度，插捣第二层和顶层时，捣棒应插透本层并至下一层表面。浇灌顶层时，混凝土拌合物应灌至高出筒口。在插捣过程中，如混凝土拌合物沉落到低于筒口时，应随时添加试样。顶层插捣完成后，刮去多余的混凝土拌合物，并用抹刀抹平。

(4) 转离喂料斗，垂直提起坍落度筒。此时应注意不能使混凝土拌合物试体产生横向扭动。

(5) 把透明圆盘转到混凝土拌合物圆台体顶面，放松测杆螺钉，降下圆盘，使其轻轻接触到混凝土拌合物顶面。

(6) 拧紧定位螺钉，检查测杆螺钉是否已经完全放松。

(7) 在开启振动台的同时用秒表计时，当振动到透明圆盘的底面被水泥浆布满的瞬间停止计时，并关闭振动台。由秒表读出的时间即为该混凝土拌合物的维勃稠度值（精确至 1s）。

混凝土拌合物流动性按维勃稠度大小，可分为超干硬性（≥31s）、特干硬性（30～21s）、干硬性（20～11s）和半干硬性（10～5s）四级。

## 7.3　混凝土拌合物表观密度实验

本方法适用于混凝土拌合物捣实后的表观密度测定。

### 7.3.1　主要仪器设备

(1) 容量筒。对骨料最大粒径不大于 40mm 的混凝土拌合物采用容积为 5L 的容量筒；对骨料最大粒径大于 40mm 的混凝土拌合物，容量筒的内径与筒高均应大于骨料最大粒径的 4 倍。

(2) 台秤。称量 100kg，感量 50g。

(3) 振动台。频率为 (50±3)Hz。

(4) 捣棒。直径 16mm，长 600mm，端部磨圆。

### 7.3.2　试验步骤

(1) 测试前，用湿布把容量筒擦净，称出筒重 $m_1$（精确至 50g）。

(2) 根据混凝土拌合物的稠度确定混凝土拌合物的装料及捣实方法。坍落度小于 70mm 的混凝土拌合物用振动台振实；坍落度大于 70mm 的混凝土拌合物用捣棒捣实。

当使用 5L 容量筒并采用捣棒捣实时，混凝土拌合物应分两次装入，每层插捣次数为 25 次。当使用大于 5L 的容量筒时，每层拌合物的高度应不大于 100mm，每次插捣次数按每 100cm$^2$ 截面上不少于 12 次计算。每一层捣完后，用橡皮锤轻轻沿容器外壁敲打 5～10 次，进行振实，直至混凝土拌合物表面插孔消失并不见大气泡为止。

当采用振动台振实时，应一次将混凝土拌合物装到高出容量筒口，在振动工程中随时添加混凝土拌合物，振至表面化浆为止。

(3) 用刮尺刮去多余的混凝土拌合物，称出混凝土拌合物与筒的质量 $m_2$（精确至 50g）。

### 7.3.3　结果计算

混凝土拌合物的表观密度按式（7.1）计算（精确至 10kg/m$^3$），即

$$\rho_{0c}=\frac{m_2-m_1}{V}\times 1000 \tag{7.1}$$

式中 $\rho_{0c}$——混凝土拌合物表观密度，$kg/m^3$；

$m_1$——容量筒质量，kg；

$m_2$——容量筒及试样总重，kg；

$V$——容量筒容积，L。

## 7.4 混凝土拌合物凝结时间实验

本方法适用于从混凝土拌合物中筛出的砂浆用贯入阻力法来确定坍落度值不为零的混凝土拌合物凝结时间的测定。

### 7.4.1 主要仪器设备

（1）贯入阻力仪。由加荷装置（最大测量值不小于 1000N，精度为±10N）、测针（长 100mm，承压面积有 $100mm^2$、$50mm^2$ 和 $20mm^2$ 的 3 种测针，在距贯入端 25mm 处刻有一圈标记）、砂浆试样筒（刚性不透水的金属圆筒并配有盖子，上口径 160mm，下口径 150mm，净高 150mm）和标准筛（筛孔为 5mm 的金属圆孔筛）等组成。

（2）振动台。频率为（50±3）Hz，空载时振幅为（0.5±0.1）mm。

（3）捣棒。直径 16mm、长 600mm 的钢棒，端部应磨平。

### 7.4.2 试验步骤

（1）从混凝土拌合物试样中，用孔径 5mm 的标准筛筛出砂浆，将其一次性装入 3 个试样筒中，做 3 个平行试验。坍落度小于 70mm 的混凝土拌合物，宜用振动台振实；坍落度大于 70mm 的混凝土拌合物，宜用捣棒人工捣实。用振动台振实砂浆时，振动应持续到表面出浆为止，不得过振；用捣棒人工捣实时，应沿螺旋方向由外向中心均匀插捣 25 次，然后用橡皮锤轻轻敲打筒壁，直至插捣孔消失为止。振实或插捣后，砂浆表面应低于砂浆试样筒口约 10mm，然后加盖。

（2）砂浆试样制备完成并编号后，将其置于（20±2）℃的环境中待试，并在以后的整个测试过程中，环境温度应始终保持在（20±2）℃。现场同条件测试时，应与现场条件保持一致。在整个测试过程中，除在吸取泌水或进行贯入试验外，试样筒应始终加盖。

（3）凝结时间测定从水泥与水接触瞬间开始计时，每隔 0.5h 测试一次，在临近初、终凝时可增加测试次数。

（4）在每次测试前 2min，将一片 20mm 厚的垫块垫入筒底一侧使其倾斜，用吸管吸去表面的泌水，吸水后平稳地复原。

（5）测试时将砂浆试样筒置于贯入阻力仪上，使测钉端部与砂浆表面接触，然后在（10±2）s 内均匀地使测针贯入砂浆（25±2）mm 深度，记录贯入压力（精确至 10N）、测试时间（精确至 1min）和环境温度（精确至 0.5℃）。

（6）各测点的间距应大于测针直径的两倍且不小于 15mm，测点与试样筒壁的距离不应小于25mm。

(7) 贯入阻力测试在0.2～28MPa之间至少应进行6次，直至贯入阻力大于28MPa时为止。

(8) 在测试过程中应根据砂浆凝结状况，适时更换测针，更换测针宜按表7.3选用。

表7.3 测针选用规定表

| 贯入阻力/MPa | 0.2～3.5 | 3.5～20 | 20～28 |
|---|---|---|---|
| 测针面积/mm² | 100 | 50 | 20 |

### 7.4.3 贯入阻力计算与初凝、终凝时间的确定

(1) 贯入阻力按式(7.2)计算，即

$$f_{PR}=\frac{p}{A} \tag{7.2}$$

式中 $f_{PR}$——贯入阻力，MPa；

$p$——贯入压力，N；

$A$——测针面积，$mm^2$。

(2) 凝结时间使用线性回归方法确定。将贯入阻力$f_{PR}$和时间取自然对数，即$\ln f_{PR}$、$\ln t$，然后把$\ln f_{PR}$当作自变量、$\ln t$当作因变量进行线性回归，得回归方程式为

$$\ln t=A+B\ln f_{PR} \tag{7.3}$$

式中 $t$——时间，min；

$f_{PR}$——贯入阻力，MPa；

$A$，$B$——线性回归系数。

根据式(7.3)，得到贯入阻力3.5MPa时为初凝时间$t_s$；贯入阻力为28MPa时为终凝时间$t_e$，有

$$t_s=e^{A+B\ln 3.5} \tag{7.4}$$

$$t_e=e^{A+B\ln 28} \tag{7.5}$$

式中 $t_s$——初凝时间，min；

$t_e$——终凝时间，min；

$A$，$B$——线性回归系数。

取3次初凝时间、终凝时间的算术平均值作为此次试验的初凝时间和终凝时间。如果3个测值的最大值或最小值中有一个与中间值之差超过中间值的10%，则以中间值为试验结果；如两个都超出10%时，则此次实验无效。

凝结时间也可用绘图拟合方法确定。即以贯入阻力为纵坐标，经过的时间为横坐标（精确至1min)，绘制出贯入阻力与时间之间的关系曲线，以3.5MPa和28MPa为纵坐标画两条平行于横坐标的直线，分别与曲线相交的两个交点的横坐标即为混凝土拌合物的初凝时间和终凝时间。

## 7.5 混凝土拌合物泌水实验

本方法适用于粗骨料最大粒径不大于40mm的混凝土拌合物的泌水测定。

### 7.5.1 主要仪器设备

（1）试样筒。容积为5L的容量筒并配有盖子。

（2）台秤。称量为50kg，感量50g。

（3）量筒。容量为10mL、50mL、100mL的量筒及吸管。

（4）振动台。台面尺寸为$1m^2$、$0.8m^2$或$0.5m^2$，振动频率为2860次/min，振幅为0.3～0.6mm。

（5）捣棒等。

### 7.5.2 实验步骤

（1）用湿布湿润试样筒内壁后立即称重，记录试样筒的质量，再将混凝土拌合物试样装入试样筒。混凝土拌合物的装料及捣实方法有以下两种。

1）振动台振实法。将试样一次性装入试样筒内，开启振动台，振动持续到表面出浆为止，且避免过振，并使混凝土拌合物表面低于试样筒的筒口（30±3）mm，用抹刀抹平。抹平后立即计时并称量，记录试样筒与试样的总质量。

2）捣棒捣实法。采用捣棒捣实时，混凝土拌合物应分两层装入，每层的插捣次数为25次，捣棒由边缘向中心均匀地插捣，插捣底层时捣棒应贯穿整个深度，插捣第二层时，捣棒应插透本层至下一层的表面。每一层捣完后用橡皮锤轻轻沿容量筒外壁敲打5～10次，进行振实，直至拌合物表面插捣孔消失并不见大气泡为止，并使混凝土拌合物表面低于试样筒筒口（30±3）mm，用抹刀抹平。抹平后立即计时并称量，记录试样筒与试样的总质量。

（2）在吸取混凝土拌合物表面泌水的整个过程中，应使试样筒保持水平，不受振动。除了吸水操作外，应始终盖好盖子，室温保持在（20±2）℃。

（3）从计时开始后60min内，每隔10min吸取1次试样表面渗出的水。60min后，每隔30min吸1次水，直至不再泌水为止。为了便于吸水，每次吸水前2min，将一片35mm厚的垫块垫入筒底一侧使其倾斜，吸水后平稳地复原。吸出的水放入量筒中，记录每次吸水的水量并计算累计吸水量（精确至1mL）。

### 7.5.3 计算与结果评定

泌水量和泌水率的计算及结果判定按下列方法进行。

（1）泌水量按式（7.6）计算（精确至$0.01mL/mm^2$），即

$$B_w=\frac{V}{A} \tag{7.6}$$

式中 $B_w$——泌水量，$mL/mm^2$；

$V$——最后一次吸水后的泌水累计，mL；

$A$——试样外露的表面面积，$mm^2$。

泌水量取3个试样测值的平均值作为实验结果。3个测值中的最大值或最小值，如果有一个与中间值之差超过中间值的15%，则以中间值为实验结果；如果最大值和最小值与中间值之差均超过中间值的15%时，则此次实验无效。

(2) 泌水率按式 (7.7) 计算 (精确至1%), 即

$$B=\frac{V_w}{\frac{V_0}{m_0}m}\times 100\%=\frac{V_w m_0}{V_0(m_1-m')}\times 100\% \tag{7.7}$$

式中 $B$——泌水率,%;

$V_w$——泌水总量,mL;

$m$——试样质量,g;

$V_0$——混凝土拌合物总用水量,mL;

$m_0$——混凝土拌合物总质量,g;

$m_1$——试样筒及试样总质量,g;

$m'$——试样筒质量,g。

泌水率取3个试样测值的平均值作为实验结果。3个测值中的最大值或最小值,如果有一个与中间值之差超过中间值的15%,则以中间值为实验结果;如果最大值和最小值与中间值之差均超过中间值的15%时,则此次实验无效。

### 7.5.4 压力泌水实验简介

**1. 主要仪器设备**

压力泌水仪如图7.4所示,其主要部件包括压力表(最大量程6MPa,最小分度值不大于0.1MPa)、缸体[内径(125±0.02)mm、内高(200±0.2)mm]、工作活塞(压强3.2MPa)、筛网(孔径0.315mm)等。

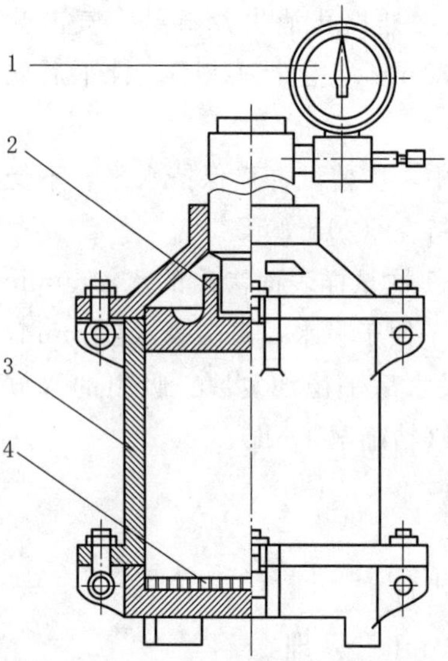

图7.4 压力泌水仪
1—压力表;2—工作活塞;3—缸体;4—筛网

**2. 实验步骤**

(1) 将混凝土拌合物分两层装入压力泌水仪的缸体容器内,每层的插捣次数为20次。捣棒由边缘向中心均匀地插捣,插捣底层时捣棒应贯穿整个深度,插捣第二层时,捣棒应插透本层至下一层的表面。每一层捣完后用橡皮锤轻轻沿容器外壁敲打5~10次,进行振实,直至拌合物表面插捣孔消失并不见大气泡为止,并使拌合物表面低于容器口以下约30mm处,用抹刀将表面抹平。

(2) 将容器外表面擦干净,压力泌水仪安装完毕后,应立即给混凝土拌合物试样施加压力至3.2MPa,并打开泌水阀门同时开始计时,保持恒压,泌出的水接入200mL量筒里。加压至10s时读取泌水量 $V_{10}$,加压至140s时读取泌水量 $V_{140}$。

**3. 结果计算**

压力泌水率按式 (7.8) 计算 (精确至1%), 即

$$B_V=\frac{V_{10}}{V_{140}}\times 100\% \tag{7.8}$$

式中 $B_V$——压力泌水率，%；

$V_{10}$——加压至10s时的泌水量，mL；

$V_{140}$——加压至140s时的泌水量，mL。

## 7.6 混凝土拌合物含气量实验

### 7.6.1 主要仪器设备

（1）含气量测定仪。由容器及盖体两部分组成。容器及盖体之间设置密封垫圈，用螺栓连接，连接处不得有空气存留，保证密闭。容器由硬质、不易被水泥浆腐蚀的金属制成，其内表面粗糙度应不大于3.21μm，内径与深度相等，容积为7L，盖体由与容器相同的材料制成，盖体部分包括气室、水找平室、加水阀、排水阀、操作阀、进气阀、排气阀及压力表，压力表的量程为0～0.25MPa，精度为0.01MPa。

（2）振动台。应符合《机械振动台技术条件》（GB/T 13309—2007）中的技术要求。

（3）台秤。称量50kg，感量50g。

（4）橡皮锤。带有质量约250g的橡皮锤头。

### 7.6.2 含气量测定仪的容积标定与率定

**1. 容器容积的标定**

（1）擦净容器，安装含气量仪，测定含气量仪的总质量（精确至50g）。

（2）向容器内注水至上缘，然后将盖体安装好，关闭操作阀和排气阀，打开排水阀和加水阀，通过加水阀，向容器内注入水。当排水阀流出的水流不含气泡时，在注水的状态下，同时关闭加水阀和排水阀，再测定其总质量（精确至50g）。

（3）容器的容积按式（7.9）计算（精确至0.01L），即

$$V=\frac{m_2-m_1}{\rho_w}\times 1000 \tag{7.9}$$

式中 $V$——含气量仪的容积，L；

$m_1$——干燥含气量仪的总质量，kg；

$m_2$——水、含气量仪的总质量，kg；

$\rho_w$——容器内水的密度，kg/m³。

**2. 含气量测定仪的率定**

（1）按混凝土拌合物含气量试验步骤，测得含气量为零时的压力值。

（2）开启排气阀，压力示值器示值回零，关闭操作阀和排气阀，打开排水阀，在排水阀口用量筒接水。用气泵缓缓地向气室内打气，当排出的水恰好是含气量仪体积的1%时，再测得含气量为1%时的压力值。

（3）如此继续，测取含气量分别为2%、3%、4%、5%、6%、7%、8%时的压力值。

（4）以上试验均应进行两次，各次所测压力值均应精确至0.01MPa。

（5）对以上的各次试验均应进行检验，其相对误差均应小于0.2%；否则应重

新率定。

(6) 据此，检验以上含气量为0、1%、…、8%（共9次）的测量结果，绘制含气量与气体压力之间的关系曲线。

### 7.6.3 测试前准备

在进行拌合物含气量测定之前，应先按下列步骤测定拌合物所用骨料的含气量。

(1) 按式（7.10）计算每个试样中粗、细骨料的质量，即

$$\left.\begin{aligned} m_g &= \frac{V}{1000} m'_g \\ m_s &= \frac{V}{1000} m'_s \end{aligned}\right\} \tag{7.10}$$

式中 $m_g$，$m_s$——每个试样中的粗、细骨料质量，kg；

$m'_g$，$m'_s$——每立方米混凝土拌合物中粗、细骨料质量，kg；

$V$——含气量测定仪器的容积，L。

(2) 在容器中先注入1/3高度的水，然后把通过40mm网筛的质量为$m_g$、$m_s$的粗、细骨料称好、拌匀，慢慢倒入容器。水面每升高25mm，轻轻插捣10次，并略予搅动，以排除夹杂进去的空气。加料过程中应始终保持水面高出骨料的顶面，骨料全部加入后，浸泡约5min，再用橡皮锤轻敲容器外壁，排净气泡，除去水面泡沫，加水至满，擦净容器上口边缘，装好密封圈，加盖拧紧螺栓。

(3) 关闭操作阀和排气阀，打开排水阀和加水阀，通过加水阀向容器内注水。当排水阀流出的水流不含气泡时，在注水的状态下同时关闭加水阀和排水阀。

(4) 开启进气阀，用气泵向气室内注入空气，使气室内的压力略大于0.1MPa，待压力表显示值稳定，微开排气阀，调整压力至0.1MPa，然后关紧排气阀。

(5) 开启操作阀，使气室里的压缩空气进入容器，待压力表显示值稳定后记录示值，然后开启排气阀，压力仪表的示值应回零。

(6) 重复以上第（4）步和第（5）步，对容器内的试样再检测一次记录表值。

(7) 若$p_{g1}$和$p_{g2}$的相对误差小于0.2%，则取$p_{g1}$和$p_{g2}$的算术平均值，按压力与含气量关系曲线查得骨料的含气量（精确0.1%）；若不满足，则应进行第三次实验，测得压力值$p_{g3}$（MPa）。当$p_{g3}$与$p_{g1}$、$p_{g2}$中较接近一个值的相对误差不大于0.2%时，则取此二值的算术平均值；当仍大于0.2%时，则此次实验无效，应重做实验。

### 7.6.4 实验步骤

(1) 用湿布擦净容器和盖的内表面，装入混凝土拌合物试样。

(2) 采用手工或机械方法捣实，当拌合物坍落度大于70mm时，宜采用手工

插捣；当拌合物坍落度不大于70mm时，宜采用机械振捣。用捣棒捣实时，应将混凝土拌合物分3层装入，每层捣实后高度约为1/3容器高度。每层装料后由边缘向中心均匀插捣25次，捣棒应插透本层高度，再用木槌沿容器外壁重击10～15次，使插捣留下的插孔填满。最后一层装料时应避免过满，表面出浆即止，不得过度振捣。若使用插入式振动器捣实，应避免振动器触及容器内壁和底面。在施工现场测定混凝土拌合物含气量时，应采用与施工振动频率相同的机械方法捣实。

(3) 捣实完毕后立即用刮尺刮平，表面如有凹陷应予填平抹光。如需同时测定拌合物表观密度，可在此时称量和计算，然后在正对操作阀孔的混凝土拌合物表面贴一小片塑料薄膜，擦净容器上口边缘，装好密封垫圈，加盖并拧紧螺栓。

(4) 关闭操作阀和排气阀，打开排水阀和加水阀，通过加水阀向容器内注水。当排水阀流出的水流不含气泡时，在注水的状态下同时关闭加水阀和排水阀。

(5) 然后开启进气阀，用气泵注入空气至气室内压力略大于0.1MPa，待压力示值仪表示值稳定后，微微开启排气阀，调整压力至0.1MPa，关闭排气阀。

(6) 开启操作阀，待压力示值稳定后，测得压力值$p_{01}$。

(7) 开启排气阀，压力仪示值回零，重复上述(5)～(6)的步骤，对容器内试样再测一次压力值$p_{02}$。

(8) 若$p_{01}$和$p_{02}$的相对误差小于0.2%，则取$p_{01}$和$p_{02}$的算术平均值，按压力与含气量关系曲线查得含气量（精确至0.1%）；若不满足，则应进行第三次试验，测得压力值$p_{03}$ (MPa)。

当$p_{03}$与$p_{01}$、$p_{02}$中较接近一个值的相对误差不大于0.2%时，则取此二值的算术平均值查得；当仍大于0.2%时，此次试验无效。

### 7.6.5 结果计算

混凝土拌合物含气量按式(7.11)计算（精确至0.1%），即

$$A=\overline{A}-A_g \tag{7.11}$$

式中 $A$——混凝土拌合物含气量，%；

$\overline{A}$——两次含气量测定的平均值，%；

$A_g$——骨料含气量，%。

## 7.7 混凝土拌合物配合比分析实验

本方法适用于水洗分析法测定普通混凝土拌合物中的四大组分（水泥、水、砂、石）含量，不适用于骨料含泥量波动较大以及用特细砂、山砂和机制砂配制的混凝土拌合物。

### 7.7.1 主要仪器设备

(1) 广口瓶。容积为2000mL的玻璃瓶，并配有玻璃盖板。

(2) 台秤。称量50kg、感量50g和称量10kg、感量5g的台秤各一台。

(3) 托盘天平。称量5kg，感量5g。

(4) 试样筒。容积为 5L 和 10L 的容量筒并配有玻璃盖板。金属制成的圆筒，两旁装有提手。对骨料最大粒径不大于 40mm 的拌合物采用容积为 5L 的容量筒，其内径与内高均为 (186±2)mm，筒壁厚为 3mm。骨料最大粒径大于 40mm 时，容量筒的内径与内高均应大于骨料最大粒径的 4 倍。容量筒上缘及内壁应光滑平整，顶面与底面应平行并与圆柱体的轴垂直。

容量筒容积应予以标定，标定方法可采用一块能覆盖住容量筒顶面的玻璃板，先称出玻璃板和空桶的质量，然后向容量筒中灌入清水，当水接近上口时，一边不断加水，一边把玻璃板沿筒口徐徐推入盖严，应注意使玻璃板下不带入任何气泡。然后擦净玻璃板面及筒壁外的水分，将容量筒连同玻璃板放在台秤上称其质量，两次质量之差 (kg) 即为容量筒的容积 (L)。

(5) 标准筛。孔径为 5mm、0.16mm 的标准筛各一个。

### 7.7.2　混凝土拌合物原材料表观密度的测定

水泥、粗骨料、细骨料的表观密度，按前述有关方法进行测定，其中对细骨料需进行系数修正，方法为：向广口瓶中注水至筒口，再一边加水一边徐徐推进玻璃板，玻璃板下不要带有任何气泡，如玻璃板下有气泡，必须排除。盖严后擦净板面和广口瓶壁的余水。测定广口瓶、玻璃板和水的总质量，取具有代表性的两个细骨料试样（每个试样的质量为 2kg，精确至 5g），分别倒入盛水的广口瓶中，充分搅拌、排气后浸泡约半小时。然后向广口瓶中注水至筒口，再一边加水一边徐徐推进玻璃板，盖严后擦净板面和瓶壁的余水，称量广口瓶、玻璃板、水和细骨料的总质量，细骨料在水中的质量则为

$$m_{ys}=m_{ks}-m_{p} \tag{7.12}$$

式中　$m_{ys}$——细骨料在水中的质量，g；

$m_{ks}$——细骨料和广口瓶、水及玻璃板的总质量，g；

$m_{p}$——广口瓶、玻璃板和水的总质量，g。

然后用 0.16mm 的标准筛将细骨料过筛，用以上同样的方法测得大于 0.16mm 细骨料在水中的质量：

$$m_{ys1}=m_{ks1}-m_{p} \tag{7.13}$$

式中　$m_{ys1}$——大于 0.16mm 的细骨料在水中的质量，g；

$m_{ks1}$——大于 0.16mm 的细骨料和广口瓶、水及玻璃板的总质量，g；

$m_{p}$——广口瓶、玻璃板和水的总质量，g。

因此，细骨料的修正系数为

$$C_{s}=\frac{m_{ys}}{m_{ys1}} \tag{7.14}$$

式中　$C_{s}$——细骨料修正系数，精确至 0.01；

$m_{ys}$——细骨料在水中的质量，g；

$m_{ys1}$——大于 0.16mm 的细骨料在水中的质量，g。

### 7.7.3　混凝土拌合物的取样规定

(1) 当混凝土中粗骨料的最大粒径不大于 40mm 时，混凝土拌合物的取样量

不小于20L；当混凝土中粗骨料最大粒径大于40mm时，混凝土拌合物的取样量不小于40L。

（2）进行混凝土配合比分析。当混凝土中粗骨料最大粒径不大于40mm时，每份取12个试样；当混凝土中粗骨料的最大粒径大于40mm时，每份取15个试样。

### 7.7.4 混凝土配合比实验步骤

（1）整个实验过程的环境温度应在15～25℃之间，从最后加水至实验结束，温差不应超过2℃。

（2）称取质量为$m_0$的混凝土拌合物试样（精确至50g），按式（7.15）计算混凝土拌合物试样的体积，即

$$V=\frac{m_0}{\rho} \tag{7.15}$$

式中 $V$——试样的体积，L；

$m_0$——试样的质量，g；

$\rho$——混凝土拌合物的表观密度，$g/cm^3$，计算精确至$1g/cm^3$。

（3）把试样全部移到5mm筛上，水洗过筛。水洗时，要用水将筛上粗骨料仔细冲洗干净，粗骨料上不得黏有砂浆，筛下面应备有不透水的底盘，以收集全部冲洗过筛的砂浆与水的混合物。

（4）将冲洗过筛的砂浆与水的混合物全部移到试样筒中，加水至试样筒2/3高度，用棒搅拌，以排除其中的空气。如水面上有不能破裂的气泡，可以加入少量的异丙醇试剂以消除气泡，让试样静止10min，以使固体物质沉积于容器底部。加水至满，再一边加水一边徐徐推进玻璃板，注意玻璃板下不得带有任何气泡，盖严后应擦净板面和筒壁的余水，称出砂浆与水的混合物和试样筒、水及玻璃板的总质量。按式（7.16）计算砂浆在水中的质量（精确至1g），即

$$m'_m=m_k-m_D \tag{7.16}$$

式中 $m'_m$——砂浆在水中的质量，g；

$m_k$——砂浆与水的混合物和试样筒、水及玻璃板的总质量，g；

$m_D$——试样筒、玻璃板和水的总质量，g。

（5）将试样筒中的砂浆与水的混合物在0.16mm筛上冲洗，然后在0.16mm筛上洗净的细骨料全部移至广口瓶中，加水至满。再一边加水一边徐徐推进玻璃板，注意玻璃板下不得带有任何气泡，盖严后应擦净板面和瓶壁的余水，称出细骨料试样、试样筒、水及玻璃板总质量。按式（7.17）计算细骨料在水中的质量（精确至1g），即

$$m'_s=C_s(m_{cs}-m_p) \tag{7.17}$$

式中 $m'_s$——细骨料在水中的质量，g；

$C_s$——细骨料修正系数；

$m_{cs}$——细骨料试样、广口瓶、水及玻璃板的总质量，g；

$m_p$——广口瓶、玻璃板和水的总质量，g。

### 7.7.5 混凝土拌合物中4种组分的结果计算

(1) 混凝土拌合物试样中4种组分的质量按下列各式计算（精确至1g）。

1) 水泥的质量$m_c$，即

$$m_c=(m'_m-m'_s)\frac{\rho_c}{\rho_c-1} \tag{7.18}$$

式中 $m_c$——试样中的水泥质量，g；

$m'_m$——砂浆在水中的质量，g；

$m'_s$——细骨料在水中的质量，g；

$\rho_c$——水泥的表观密度，g/cm$^3$。

2) 细骨料的质量$m_s$，即

$$m_s=m'_s\frac{\rho_s}{\rho_s-1} \tag{7.19}$$

式中 $m_s$——试样中细骨料的质量，g；

$m'_s$——细骨料在水中的质量，g；

$\rho_s$——饱和面干状态下细骨料的表观密度，g/cm$^3$。

3) 粗骨料的质量$m_g$。把试样全部移到5mm筛上，水洗过筛。水洗时，用水将筛上粗骨料仔细冲洗干净，不得黏有砂浆，筛下备有不透水的底盘，以收集全部冲洗过筛的砂浆与水的混合物，称量洗净的粗骨料试样在饱和面干状态下的质量$m_c$。

4) 水的质量$m_w$，即

$$m_w=m_0-(m_g+m_s+m_c) \tag{7.20}$$

式中 $m_w$——试样中水的质量，g；

$m_0$——拌合物试样质量，g；

$m_g$，$m_s$，$m_c$——试样中粗骨料、细骨料和水泥的质量，g。

(2) 混凝土拌合物中4种组分（水泥、水、粗骨料、细骨料）的单位用量，分别按式（7.21）至式（7.24）计算，即

$$C=\frac{m_c}{V}\times1000 \tag{7.21}$$

$$W=\frac{m_w}{V}\times1000 \tag{7.22}$$

$$G=\frac{m_g}{V}\times1000 \tag{7.23}$$

$$S=\frac{m_s}{V}\times1000 \tag{7.24}$$

式中 $C$，$W$，$G$，$S$——水泥、水、粗骨料、细骨料的单位用量，kg/cm$^3$；

$m_c$，$m_w$，$m_g$，$m_s$——试样中水泥、水、粗骨料、细骨料的质量，g；

$V$——混凝土拌合物试样体积，L。

(3) 以两个试样试验结果的算术平均值作为测定值，两次试验结果差值的绝对值应符合下列规定：水泥不大于6kg/m$^3$、水不大于4kg/m$^3$、砂不大于20kg/m$^3$、石不大于30kg/m$^3$；否则，此次试验无效。

# 附录 A 混凝土拌合物实验报告

组别________________ 同组实验者________________

日期________________ 指导教师________________

## 一、实验目的

## 二、实验记录与计算

### 1. 试拌材料状况

| | | | | |
|---|---|---|---|---|
| 水泥 | 品种 | | 出厂日期 | |
| | 标号 | | 密度/(g/cm³) | |
| 细骨料 | 细度模数 | | 堆积密度/(g/cm³) | |
| | 级配情况 | | 空隙率/% | |
| | 表观密度/(g/cm³) | | 含水率/% | |
| 粗骨料 | 最大粒径/mm | | 堆积密度/(g/cm³) | |
| | 级配情况 | | 空隙率/% | |
| | 表观密度/(g/cm³) | | 含水率/% | |
| 拌合水 | | | | |

### 2. 混凝土拌合物表观密度测定

| 测试次数 | 容量筒容积/L | 容量筒质量/kg | 容量筒+混凝土总质量/kg | 拌合物质量/kg | 表观密度/(kg/L) | |
|---|---|---|---|---|---|---|
| | | | | | 测试值 | 平均值 |
| 1 | | | | | | |
| 2 | | | | | | |

### 3. 混凝土拌合物和易性实验

| 流动性测量(坍落度或维勃稠度法) | | 黏聚性评价 | 保水性评价 | 和易性综合评价 |
|---|---|---|---|---|
| 坍落度值/mm | 维勃稠度值/s | | | |
| | | | | |

### 4. 混凝土拌合物凝结时间测定

| 测试编号 | 贯入压力/N | 测针面积/mm | 贯入阻力/MPa | 初凝时间/min | | 终凝时间/min | | 结果判定 |
|---|---|---|---|---|---|---|---|---|
| | | | | 测试值 | 平均值 | 测试值 | 平均值 | |
| 1 | | | | | | | | |
| 2 | | | | | | | | |
| 3 | | | | | | | | |

### 5. 混凝土拌合物泌水实验

| 试样编号 | 第一次泌水/mL | 累计泌水/mL | 试样外露表面积/$mm^2$ | 泌水量/mL | | 试样质量/g | 拌合物总用水量/mL | 拌合物总质量/g | 泌水量/% | |
|---|---|---|---|---|---|---|---|---|---|---|
| | | | | 测值 | 平均值 | | | | 测值 | 平均值 |
| 1 | | | | | | | | | | |
| 2 | | | | | | | | | | |
| 3 | | | | | | | | | | |

## 三、分析与讨论

# 第8章 混凝土力学性能实验

## 8.1 概述

混凝土的强度虽然可以通过理论分析和公式计算进行评价，但是由于混凝土材料是按一定方法和工艺，通过多种材料配制而成的，其中有很多不确定因素。因此，对混凝土进行强度实验仍是客观评价混凝土力学性能的重要方法。混凝土凝结硬化后产生的力学强度是混凝土最主要的性能指标，本章主要介绍普通混凝土抗压强度、弹性模量、抗折强度、劈裂抗拉强度等力学性能的实验原理与实验方法。

### 8.1.1 实验项目与试件形状尺寸

由混凝土强度理论分析可知，混凝土的强度虽然主要取决于水泥标号、水灰比和骨料的性质等因素。但在实验时，试件的形状与尺寸因素对实验测试结果也有一定影响。例如，进行抗压强度测定时，由于试验机承压板的环箍效应，对不同尺寸混凝土受压试件的影响程度不同，实验测量值就不同。因此，混凝土强度实验规定了试件的标准尺寸，若采用非标准尺寸试件，其测量结果应进行尺寸系数换算。混凝土的强度实验项目及试件尺寸见表8.1。

表8.1 混凝土强度实验项目与试件尺寸

| 试验项目 | 试件的形状与尺寸 | |
|---|---|---|
| | 标准试件 | 非标准试件 |
| 抗压强度<br>劈裂抗拉强度 | 边长为150mm的立方体，特殊情况下可采用$\phi$150mm×300mm的圆柱体标准试件 | 边长为100mm或200mm的立方体，特殊情况下可采用100mm×200mm和200mm×400mm的圆柱体非标准试件 |
| 轴心抗压强度<br>静力受压弹性模量 | 150mm×150mm×300mm的棱柱体，特殊情况下可采用$\phi$150mm×300mm的圆柱体标准试件 | 100mm×100mm×300mm或200mm×200mm×400mm的棱柱体，特殊情况下可采用$\phi$100mm×200mm和$\phi$200mm×400mm的圆柱体非标准试件 |
| 抗折强度 | 150mm×150mm×600mm(或550mm)的棱柱体 | 边长为100mm×100mm×400mm的棱柱体 |

### 8.1.2 混凝土的取样

混凝土强度试样应在混凝土的浇筑地点随机抽取。试件的取样频率和数量应符合下列规定。

（1）每 100 盘，但不超过 100m³ 的同配合比混凝土，取样次数不应少于一次。

（2）每一工作班（一个工作班指 8h）拌制的同配合比混凝土，不足 100 盘（一盘指搅拌混凝土的搅拌机一次搅拌的混凝土）和 100m³ 时其取样次数不应少于一次。

（3）当一次连续浇筑的同配合比混凝土超过 1000m³ 时，每 200m³ 取样不应少于一次。

（4）对房屋建筑，每一楼层、同一配合比的混凝土，取样不应少于一次。

每批混凝土试样应制作的试件总组数，除满足混凝土强度评定所必需的组数外，还应留置为检验结构或构件施工阶段混凝土强度所必需的试件。

### 8.1.3　试件制作及养护

（1）每次取样应至少制作一组标准养护试件。混凝土力学性能实验以 3 个试件为一组，每组试件所用的混凝土拌和物应根据不同要求从同一盘搅拌或同一车运送的混凝土中取出，或在实验室用机械单独拌制。拌和方法与混凝土拌合物实验方法相同。

（2）制作试件用的试模由铸铁或钢制成，应有足够的刚度并拆装方便。试模的内表面应机械加工，其不平度为每 100mm 不超过 0.05mm。组装后各相邻面的不垂直度不超过±0.5°。制作试件前，将试模清擦干净，并在其内壁涂上一层矿物油脂或其他脱模剂。

（3）采用振动台振动成型时，应将混凝土拌合物一次装入试模，装料时用抹刀沿试模内壁略加插捣，并使混凝土拌合物高出试模上口。振动时要防止试模在震动台上自由跳动，振动持续到混凝土表面出浆为止，刮除多余的混凝土并用抹刀抹平。实验室振动台的振动频率应为（50±3）Hz，空载时振幅约为 0.5mm。

（4）采用人工插捣时，混凝土拌合物应分两层装入试模，每层的装料厚度大致相等。插捣用的钢制棒长 600mm、直径 25mm，端部应磨圆。插捣按螺旋方向从边缘向中心均匀进行。插捣底层时，捣棒应达到试模表面，插捣上层时，捣棒应穿入下层深度 10～20mm。插捣时捣棒应保持垂直，不得倾斜，同时还得用抹刀沿试模内壁插入数次。每层插捣次数应根据试件的截面而定，一般 100cm² 截面积不应少于 12 次，插捣完毕后刮除多余的混凝土，并用抹刀抹平。

（5）根据实验项目的不同，试件可采用标准养护或构件同条件养护。当确定混凝土特征值、强度等级或进行材料性能实验研究时，试件应采用标准养护。检验现浇混凝土工程或预制构件中混凝土强度时，试件应采用同条件养护。试件一般养护到 28d 龄期（从搅拌加水开始计时）进行实验，但也可以按要求（如需确定拆模、起吊、施加预应力或承受施工荷载等时的力学性能）养护所需的龄期。采用蒸汽养护的构件，其试件应先随构件同条件养护，然后应置入标准养护条件下继续养护，两段养护时间的总和应为设计规定龄期。

（6）采用标准养护的试件成型后应覆盖其表面，防止水分蒸发，并在温度为（20±5）℃的情况下静置 1～2 昼夜，然后编号拆模。

（7）拆模后的试件应立即放在温度为（20±2）℃、湿度在 95％以上的标准养护室中养护。在标准养护室内试件应放在篦板上，彼此间隔 10～20mm，并避免用水直接冲淋试件。当无标准养护室时，混凝土试件可在温度为（20±2）℃的不流动$Ca(OH)_2$饱和溶液中养护。同条件养护的时间成型后应覆盖表面。试件的拆模时间可与实际构件的拆模时间相同。拆模后，试件仍需保持同条件养护。

### 8.1.4 混凝土试件的实验

混凝土试件的立方体抗压强度实验应根据现行国家标准《普通混凝土力学性能试验方法标准》（GB/T 50081—2002）的规定执行。每组混凝土试件强度代表值的确定，应符合下列规定：取3个试件强度的算术平均值作为每组试件的强度代表值；当一组试件中强度的最大值或最小值与中间值之差超过中间值的15%时，取中间值作为该组试件的强度代表值；当一组试件中强度的最大值和最小值与中间值之差均超过中间值的15%时，该组试件的强度不应作为评定的依据。对掺矿物掺合料的混凝土进行强度评定时，根据设计规定，可采用大于28d龄期的混凝土强度。

当采用非标准尺寸试件时，应将其抗压强度乘以尺寸折算系数，折算成边长为150mm的标准尺寸试件抗压强度。尺寸折算系数按下列规定采用：当混凝土强度等级低于C60时，对边长为100mm的立方体试件取0.95，对边长为200mm的立方体试件取1.05；当混凝土强度等级不低于C60时，宜采用标准尺寸试件；使用非标准尺寸试件时，尺寸折算系数应由试验确定，其试件数量不应少于30组。

### 8.1.5 混凝土强度的检验评定

**1. 统计方法评定**

（1）采用统计方法评定时，应按下列规定进行：当连续生产的混凝土，生产条件在较长时间内保持一致，且同一品种、同一强度等级混凝土的强度变异性保持稳定时，应按下文第（2）条的规定进行评定；其他情况应按下文第（3）条的规定进行评定。

（2）一个检验批的样本容量应为连续的3组试件，其强度应同时符合下列规定，即

$$m_{f_{cu}} \geqslant f_{cu,k} + 0.7\sigma_0 \quad (8.1)$$

$$f_{cu,min} \geqslant f_{cu,k} - 0.7\sigma_0 \quad (8.2)$$

检验批混凝土立方体抗压强度的标准差应按式（8.3）计算，即

$$\sigma_0 = \sqrt{\frac{\sum_{i=1}^{n} f_{cu,i}^2 - n m_{f_{cu}}^2}{n-1}} \quad (8.3)$$

当混凝土强度等级不高于C20时，其强度的最小值还应满足式（8.4）的要求，即

$$f_{cu,min} \geqslant 0.85 f_{cu,k} \quad (8.4)$$

当混凝土强度等级高于C20时，其强度的最小值还应满足式（8.5）的要求，即

$$f_{cu,min} \geqslant 0.9 f_{cu,k} \quad (8.5)$$

式中 $m_{f_{cu}}$——同一检验批混凝土立方体抗压强度的平均值，$N/mm^2$，精确到

$0.1N/mm^2$；

$f_{cu,k}$——混凝土立方体抗压强度标准值，$N/mm^2$，精确到 $0.1N/mm^2$；

$\sigma_0$——检验批混凝土立方体抗压强度的标准差，$N/mm^2$，精确到 $0.01N/mm^2$；当检验批混凝土强度标准差 $\sigma_0$ 计算值小于 $2.5N/mm^2$ 时，应取 $2.5N/mm^2$；

$f_{cu,i}$——前一个检验期内同一品种、同一强度等级的第 $i$ 组混凝土时间的立方体抗压强度代表值，$N/mm^2$，精确到 $0.1N/mm^2$；该检验期不应少于 60d，也不得大于 90d；

$n$——前一检验期内的样本容量，在该期间内样本容量不应少于 45 组；

$f_{cu,min}$——同一检验批混凝土立方体抗压强度的最小值，$N/mm^2$，精确到 $0.1N/mm^2$。

(3) 当样本容量不少于 10 组时，其强度应同时满足下列要求，即

$$m_{f_{cu}} \geqslant f_{cu,k} + \lambda_1 S_{f_{cu}} \tag{8.6}$$

$$f_{cu,min} \geqslant \lambda_2 f_{cu,k} \tag{8.7}$$

同一检验批混凝土立方体抗压强度的标准差应按式（8.8）计算，即

$$S_{f_{cu}} = \sqrt{\frac{\sum_{i=1}^{n} f_{cu,i}^2 - n m_{f_{cu}}^2}{n-1}} \tag{8.8}$$

式中 $S_{f_{cu}}$——同一检验批混凝土立方体抗压强度的标准差，$N/mm^2$，精确到 $0.01N/mm^2$；当检验批混凝土强度标准差 $S_{f_{cu}}$ 计算值小于 $2.5N/mm^2$ 时，应取 $2.5N/mm^2$；

$\lambda_1$，$\lambda_2$——合格评定系数，按表 8.2 取用；

$n$——本检验期内的样本容量。

**表 8.2 混凝土强度的合格评定系数**

| 试件组数 | 10～14 | 15～19 | ≥20 |
|---|---|---|---|
| $\lambda_1$ | 1.15 | 1.05 | 0.94 |
| $\lambda_2$ | 0.90 | 0.85 | |

### 2. 非统计方法评定

当用于评定的样本容量小于 10 组时，应采用非统计方法评定混凝土强度。按非统计方法评定混凝土强度时，其强度应同时符合下列规定，即

$$m_{f_{cu}} \geqslant \lambda_3 S_{f_{cu}} \tag{8.9}$$

$$f_{cu,min} \geqslant \lambda_4 f_{cu,k} \tag{8.10}$$

式中 $\lambda_3$，$\lambda_4$——合格评定系数，按表 8.3 取用。

**表 8.3 混凝土强度的非统计法合格评定系数**

| 混凝土强度等级 | <C60 | ≥C60 |
|---|---|---|
| $\lambda_3$ | 1.15 | 1.10 |
| $\lambda_4$ | 0.95 | |

**3. 混凝土强度的合格性评定**

当检验结果满足第 1 中的（2）条、第 1 中的（3）条或第（2）条的规定时，则该批混凝土强度应评定为合格；当不能满足上述规定时，该批混凝土强度应评定为不合格。对评定为不合格批的混凝土，可按国家现行的有关标准进行处理。

## 8.2 混凝土抗压强度实验

混凝土抗压强度测定是最基本也是最主要的混凝土力学性能实验项目，工程中大量使用混凝土作为结构材料，也正是利用了混凝土具有较大抗压强度的性能特点。

### 8.2.1 混凝土立方体抗压强度测定

混凝土立方体抗压强度实验是混凝土最基本的强度实验项目，其实验结果是确定混凝土强度等级的主要依据，本实验以尺寸 150mm×150mm×150mm 的立方体试件为标准试件。

**1. 主要仪器设备**

压力试验机：测力范围为 0～2000kN，精度不低于±2%。试件破坏荷载应大于压力机全量程的 20%，且小于压力机全量程的 80%。压力试验机应有加荷速度指示和控制装置，并能均匀、连续地加荷。为保证测量数据的准确性，试验机应定期检测，具有在有效期内的计量检定证书。

**2. 实验步骤**

（1）先将试件擦拭干净，测量其尺寸并检查外观。试件尺寸测量精确至 1mm，并据此计算试件的承压面积。如果实测尺寸与试件的公称尺寸之差不超过 1mm，可按公称尺寸进行计算。试件承压面的不平度应为 100mm，不超过 0.05mm，承压面与相邻面的不垂直度不超过±1°。

（2）将试件安放在试验机的下压板上，试件的承压面与成型时的顶面垂直，试件的中心应与试验机下压板中心对准。

（3）选定、调整压力机的加荷速度。当混凝土强度等级低于 C30 时，加荷速度取每秒 0.3～0.5MPa；当混凝土强度等级不低于 C30 且低于 C60 时，加荷速度取每秒 0.5～0.8MPa。

（4）开动压力试验机施荷。当上压板与试件接近时，调整球座使接触均衡，连续而均匀地加荷。当试件接近破坏而开始迅速变形时，停止调整试验机油门，直至试件破坏，记录破坏荷载。

注意：试件从养护地点取出后，应尽快进行实验，以免试件内部的温湿度发生显著变化而影响实验结果的准确性。

**3. 计算与结果判定**

混凝土立方体抗压强度 $f_{cu}$ 按式（8.11）计算（精确至 0.01MPa），即

$$f_{cu}=\frac{P}{A} \tag{8.11}$$

式中　$f_{cu}$——混凝土立方体抗压强度，MPa；

$P$——破坏荷载，N；

$A$——试件受压面积，$mm^2$。

本结果是基于实验时采用了标准尺寸试件的计算值。实验中，如果采用了其他尺寸的非标准试件，测得的强度值均应乘以强度换算系数，见表8.4。

**表8.4　强度换算系数**

| 试件尺寸/mm | 骨料最大粒径/mm | 抗压强度换算系数 |
|---|---|---|
| 150×150×150 | 40 | 1 |
| 100×100×100 | 30 | 0.95 |
| 200×200×200 | 60 | 1.05 |

以3个试件测值的算术平均值作为该组试件的抗压强度值。3个测值中的最大值或最小值，如有一个与中间值的差超过中间值的15%，则把最大值及最小值一并舍除，取中间值作为该组试件的抗压强度值；如有两个测值与中间值的差超过中间值的15%，则该组试件的实验无效。

**4. 实验过程中发生异常情况的处理方法**

试件在抗压强度实验的加荷过程中，当发生停电和试验机出现意外故障，而所施加的荷载远未达到破坏荷载时，则卸下荷载，记下荷载值，保存样品待恢复正常后继续实验（但不能超过规定的龄期）。如果施加的荷载未达到破坏荷载，则试件作废，检测结果无效；如果施加荷载已达到或超过破坏荷载，则检测结果有效。其他强度实验项目出现类同情况时，参照本方法处理。

## 8.2.2　混凝土轴心抗压强度测定

混凝土立方体抗压强度实验为确定混凝土的强度等级提供了依据，但在实际工程中，混凝土结构构件很少是立方体的，大多是棱柱体形或圆柱体形。为了使测得的混凝土强度接近于混凝土结构构件的实际情况，需对混凝土轴心抗压强度进行测定。本实验以尺寸150mm×150mm×300mm的棱柱体试件为标准试件。

**1. 主要仪器设备**

压力试验机：技术指标同混凝土立方体抗压强度实验。当混凝土强度等级不小于C60时，试件周围应设防崩裂网罩。钢垫板的平面尺寸应不小于试件的承压面积，厚度不小于25mm。钢垫板应机械加工，承压面的平面度公差为0.04mm，表面硬度不小于55HRC，硬化层厚度约为5mm。当压力试验机上、下压板不符合承压面的平面度公差规定时，压力试验机上、下压板与试件之间应各垫符合上述要求的钢垫板。

**2. 实验步骤**

(1) 从养护地点取出试件后应及时进行实验，用干毛巾将试件表面与上、下承压板面擦干净。

(2) 将试件直立放置在试验机的下压板或钢垫板上，并使试件轴心与下压板中心对准。

(3) 开动试验机，当上压板与试件或钢垫板接近时，调整球座，使接触均衡。

(4) 连续均匀地加荷，不得有冲击。试验机的加荷速度应符合下列规定：当混凝土强度等级小于C30时，加荷速度取每秒0.3～0.5MPa；当混凝土强度等级不小于C30且小于C60时，加荷速度取每秒0.5～0.8MPa；当混凝土强度等级不小于C60时，加荷速度取每秒0.8～1.0MPa。

(5) 试件接近破坏而开始急剧变形时，应停止调整试验机油门，直至试件破坏，记录破坏荷载。

**3. 计算与结果判定**

混凝土试件轴心抗压强度按式(8.12)计算(精确至0.1MPa)，即

$$f_{cp}=\frac{F}{A} \tag{8.12}$$

式中 $f_{cp}$——混凝土轴心抗压强度，MPa；

$F$——试件破坏荷载，N；

$A$——试件承压面积，$mm^2$。

如果在实验中采用了非标准试件，在结果评定时，测得的强度值均应乘以尺寸换算系数。混凝土强度等级小于C60时，对200mm×200mm×400mm试件，换算系数为1.05；对100mm×100mm×300mm试件，换算系数为0.95。当混凝土强度等级不小于C60时，宜采用标准试件。对于其他非标准试件，尺寸换算系数由实验确定。

混凝土轴心抗压强度以3个试件测值的算术平均值作为该组试件的强度值，3个测值中的最大值或最小值中，如果有一个与中间值的差值超过中间值的15%，则把最大值及最小值一并舍除，取中间值作为该组试件的抗压强度值；如果最大值和最小值与中间值的差均超过中间值的15%，则该组试件的实验结果无效。

### 8.2.3 混凝土圆柱体抗压强度测定

混凝土圆柱体抗压试件的直径($d$)尺寸有100mm、150mm、200mm 3种，其高度($h$)是直径的2倍，粗骨料的最大粒径应小于试件直径的1/4倍。本实验以150mm($d$)×300mm($h$)的圆柱体为标准试件，试模由刚性金属制成的圆筒形和底板构成，试模组装后不能有变形和漏水现象，试模的直径误差应小于1/200d、高度误差应小于1/100h，试模底板的平面度公差不应超过0.02mm。组装试模时，圆筒形模纵轴与底板应成直角，其允许公差为0.5°。

**1. 主要仪器设备**

压力试验机：要求同立方体抗压强度实验用机器。

**2. 实验步骤**

(1) 试件从养护地点取出后应及时进行实验，将试件表面与上、下承压板面擦干净，然后测量试件的两个直径，分别记为$d_1$、$d_2$，精确至0.02mm。再分别测量相互垂直的两个直径端部的4个高度，试件的承压面的平面度公差不得超过0.0005$d$($d$为边长)，试件的相邻面间的夹角应为90°，其公差不得超过0.5°。试件各边长、直径和高的尺寸公差不得超过1mm。

(2) 将试件置于试验机上、下压板之间，使试件的纵轴与加压板的中心一致。开动压力试验机，当上压板与试件或钢垫板接近时，调整球座，使接触均衡。试验

机的加压板与试件的端面之间要紧密接触，中间不得夹入有缓冲作用的其他物质。

(3) 连续均匀地加荷，加荷速度应符合以下规定：混凝土强度等级小于C30时，加荷速度取每秒0.3～0.5MPa；混凝土强度等级不小于C30且小于C60时，加荷速度取每秒0.5～0.8MPa；混凝土强度等级不小于C60时，加荷速度取每秒0.8～1.0MPa。当试件接近破坏，开始迅速变形时，停止调整试验机油门直至试件破坏，记录破坏荷载。

**3. 计算与结果判定**

(1) 试件直径按式 (8.13) 计算（精确至0.1mm），即

$$d=\frac{d_1+d_2}{2} \tag{8.13}$$

式中 $d$——试件计算直径，mm；

$d_1$，$d_2$——试件两个垂直方向的直径，mm。

(2) 混凝土圆柱体抗压强度按式 (8.14) 计算（精确至0.1mm），即

$$f_{cc}=\frac{4F}{\pi d^2} \tag{8.14}$$

式中 $f_{cc}$——混凝土的抗压强度，MPa；

$F$——试件破坏荷载，N；

$d$——试件计算直径，mm。

当实验采用非标准尺寸试件时，测得的强度值均应乘以尺寸换算系数。对200mm($d$)×400mm($h$)试件，换算系数为1.05；对100mm($d$)×200mm($h$)试件，换算系数为0.95。

以3个试件测值的算术平均值作为该组试件的强度值，精确至0.1MPa。当3个测值中的最大值或最小值中，如有一个与中间值的差值超过中间值的15%时，则把最大值及最小值一并舍除，取中间值作为该组试件的抗压强度值。如果最大值和最小值与中间值的差均超过中间值的15%，则该组试件的实验结果无效。

## 8.3 混凝土静力受压弹性模量实验

混凝土静力受压弹性模量（以下简称弹性模量）是混凝土重要的力学和工程性能指标，掌握混凝土的弹性模量对深刻了解混凝土的强度、变形和结构安全稳定性能具有重要意义。

### 8.3.1 混凝土棱柱体静力受压弹性模量测定

混凝土弹性模量测定以150mm×150mm×300mm的棱柱体作为标准试件，每次实验制备6个试件。在实验过程中应连续均匀加荷，当混凝土强度等级小于C30时，加荷速度取每秒0.3～0.5MPa；当混凝土强度等级不小于C30且小于C60时，加荷速度取每秒0.5～0.8MPa；当混凝土强度等级不小于C60时，加荷速度取每秒0.8～1.0MPa。

**1. 主要仪器设备**

(1) 压力试验机。测力范围为0～2000kN，精度1级，其他要求同立方体抗压

强度实验用机。

(2) 微变形测量仪。测量精度不低于 0.001mm，微变形测量固定架的标距为 150mm。

**2. 实验步骤**

(1) 从养护地点取出试件后，把试件表面及试验机上、下承压板的板面擦干净。取 3 个试件测定混凝土的轴心抗压强度，另 3 个试件用于测定混凝土的弹性模量。

(2) 把变形测量仪安装在试件两侧的中线上，并对称于试件的两端。

(3) 调整试件在压力试验机上的位置，使其轴心与下压板的中心线对准。开动压力试验机，当上压板与试件接近时，调整球座，使其接触均衡。

(4) 加荷至基准应力 0.5MPa 的初始荷载，恒载 60s，在以后的 30s 内，记录每测点的变形 $\varepsilon_0$。立即连续、均匀加荷至应力为轴心抗压强度的 1/3 荷载值，恒载 60s，并在以后的 30s 内记录每一测点的变形 $\varepsilon_a$。

(5) 当以上变形值之差与其平均值之比大于 20%时，应使试件对中，重复上述第 (4) 步操作。如果无法使其减少到低于 20%时，则此次实验无效。

(6) 在确认试件对中后，以加荷时相同的速度卸荷至基准应力 0.5MPa，恒载 60s。然后用同样的加荷与卸荷速度并保持 60s 恒载，至少进行两次反复预压。最后一次预压完成后，在基准应力 0.5MPa 持荷 60s，并在以后的 30s 内记录每一测点的变形读数 $\varepsilon_0$。再用同样的加荷速度加荷至应力为 1/3 轴心抗压强度时的荷载，持荷 60s，并在以后 30s 内记录每一测点的变形读数 $\varepsilon_a$，如图 8.1 所示。

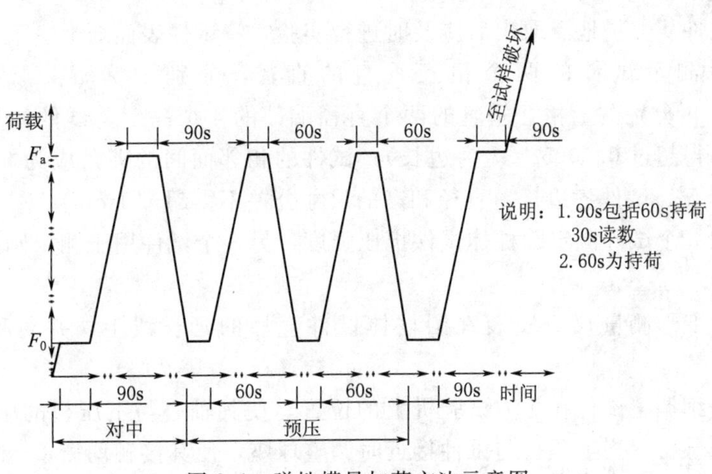


图 8.1 弹性模量加荷方法示意图

(7) 卸除变形测量仪，以同样的速度加荷至破坏，记录破坏荷载。如果试件的抗压强度与轴心抗压强度之差超过轴心抗压强度的 20%，应在报告中注明。

**3. 计算与结果判定**

混凝土弹性模量值按式 (8.15) 计算，即

$$E_c=\frac{F_a-F_0}{A}\times\frac{L}{\Delta n} \tag{8.15}$$

$$\Delta n=\varepsilon_a-\varepsilon_0 \tag{8.16}$$

式中 $E_c$——混凝土弹性模量，MPa，精确至100MPa；

$F_a$——应力为1/3轴心抗压强度时的荷载，N；

$F_0$——应力为0.5MPa时的初始荷载，N；

$A$——试件承压面积，$mm^2$；

$L$——测量标距，mm；

$\Delta n$——测最后一次从加荷至破坏时时间两侧变形的平均值，mm；

$\varepsilon_a$——$F_a$时试件两侧变形的平均值，mm；

$\varepsilon_0$——$F_0$时试件两侧变形的平均值，mm。

弹性模量以3个试件测值的算术平均值进行计算。如果其中有一个试件的轴心抗压强度值与用以确定检验控制荷载的轴心抗压强度值相差超过后者的20%，则弹性模量值按另两个试件测值的算术平均值计算；如有两个试件超过上述规定时，则此次实验无效。

### 8.3.2 混凝土圆柱体静力受压弹性模量测定

混凝土圆柱体试件弹性模量的测定，每次实验应制备6个试件。

**1. 主要仪器设备**

(1) 压力试验机。要求同立方体抗压强度实验用机。

(2) 微变形测量仪。微变形测量仪的测量精度不得低于0.001mm，微变形测量固定架的标距应为150mm。

**2. 实验步骤**

(1) 试件从养护地点取出后应及时进行实验，将试件表面与上、下承压板面擦干净，然后测量试件的两个相互垂直的直径，分别记为$d_1$、$d_2$（精确至0.02mm)，再分别测量相互垂直的两个直径端部的4个高度。试件的承压面的平面度公差不得超过0.0005$d$($d$为边长)；试件的相邻面间的夹角应为90°，其公差不得超过0.5°。试件各边长、直径和高的尺寸公差不得超过1mm。

(2) 取3个试件测定圆柱体试件抗压强度，另3个试件用于测定圆柱体试件弹性模量。

(3) 微变形测量仪应安装在圆柱体试件直径的延长线上，并对称于试件的两端。

(4) 仔细调整试件在压力试验机上的位置，使其轴心与下压板的中心线对准。开动压力试验机，当上压板与试件接近时调整球座，使其接触均衡。

(5) 加荷至基准应力为0.5MPa的初始荷载值$F_0$，保持恒载60s，并在以后的30s内记录每测点的变形读数$\varepsilon_0$。立即连续、均匀地加荷至应力为轴心抗压强度1/3的荷载值$F_a$，保持恒载60s，并在以后的30s内记录每一测点的变形读数$\varepsilon_a$。在实验过程中应连续、均匀地加荷，当混凝土强度等级小于C30时，加荷速度取每秒0.3～0.5MPa；当混凝土强度等级不小于C30且小于C60时，加荷速度取每秒0.5～0.8MPa；当混凝土强度等级不小于C60时，加荷速度取每秒0.8～1.0MPa。

(6) 当以上变形值之差与它们平均值之比大于20%时，应重新进行实验。如果无法使其减少到低于 20%，则此次实验无效。

(7) 在确认试件对中后，以与加荷时相同的速度卸荷至基准应力 0.5MPa，恒载 60s，然后用同样的加荷和卸荷速度以及 60s 的保持恒载（$F_0$ 及 $F_a$），至少进行两次反复预压。最后一次预压完成后，在基准应力 0.5MPa 持荷 60s，并在以后的 30s 内记录每一测点的变形读数 $\varepsilon_0$。再用同样的加荷速度加荷至应力为 1/3 轴心抗压强度时的荷载，持荷 60s，并在以后的 30s 内记录每一测点的变形读数 $\varepsilon_a$。

(8) 卸除变形测量仪，以同样的速度加荷至破坏，记录破坏荷载 $f_{cp}$。

**3. 计算与结果判定**

(1) 试件直径按式（8.17）计算（精确至 0.1mm），即

$$d=\frac{d_1+d_2}{2} \tag{8.17}$$

式中 $d$——试件计算直径，mm；

$d_1$，$d_2$——试件两个垂直方向的直径，mm。

(2) 圆柱体试件混凝土受压弹性模量值按式（8.18）计算（精确至 100MPa），即

$$E_c=\frac{4(F_a-F_0)}{\pi d^2}\frac{L}{\Delta n}=1.273\frac{(F_a-F_0)L}{d^2\Delta n} \tag{8.18}$$

$$\Delta n=\varepsilon_a-\varepsilon_0 \tag{8.19}$$

式中 $E_c$——圆柱体试件混凝土静力受压弹性模量，MPa；

$F_a$——应力为 1/3 轴心抗压强度时的荷载，N；

$F_0$——应力为 0.5MPa 时的初始荷载，N；

$d$——圆柱体试件的计算直径，mm；

$L$——测量标距，mm；

$\varepsilon_a$——$F_a$ 时试件两侧变形的平均值，mm；

$\varepsilon_0$——$F_0$ 时试件两侧变形的平均值，mm。

圆柱体试件弹性模量按 3 个试件的算术平均值计算确定。如果其中有一个试件的轴心抗压强度值与用以确定检验控制荷载的轴心抗压强度值相差超过后者的 20%时，则弹性模量值按另两个试件测值的算术平均值计算；如有两个试件超过上述规定时，则此次实验无效。

## 8.4 混凝土抗折强度实验

在确定混凝土抗压强度的同时，有时还需要了解混凝土的抗折强度，如进行路面结构设计时就需要以混凝土的抗折强度作为主要强度指标。混凝土抗折强度实验一般采用 150mm×150mm×600mm 棱柱体小梁作为标准试件，制作标准试件所用骨料的最大粒径不大于 40mm。必要时可采用 100mm×100mm×400mm 试件，但混凝土中骨料的最大粒径应不大于 31.5mm。试件从养护地点取出后应及时进行实验，实验前试件应保持与原养护地点相似的干湿状态。

### 8.4.1 主要仪器设备

压力试验机：除应符合《液压式万能试验机》（GB/T 3159—2008）及《试验

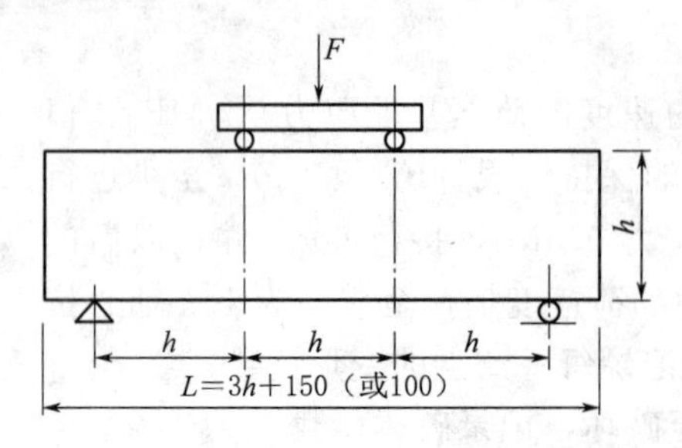

图8.2 抗折试验装置（单位：mm）

机通用技术要求》（GB/T 2611—2007）外，还应满足测量精度为±1%，并带有能使两个相等荷载同时作用在试件跨度3分点处的抗折试验装置，如图8.2所示。试验机与试件接触的两个支座和两个加压头应具有直径为20～40mm，长度不小于$b+10$mm的硬钢圈柱，其中的3个（1个支座及2个加压头）应尽量做到能滚动并前后倾斜。

### 8.4.2 实验步骤

（1）将试件擦拭干净，测量其尺寸并检查外观，试件尺寸测量精确至1min，并据此进行强度计算。试件不得有明显缺损，在跨1/3梁的受拉区内，不得有直径超过5mm、深度超过2mm的表面孔洞，试件承压区及支承区接触线的不平度应为每100mm不超过0.05mm。

（2）调整支承架及压头的位置，所有间距的尺寸偏差不大于±1mm。

（3）将试件在试验机的支座上放稳对中，承压面应为试件成型的侧面。

（4）开动试验机，当加压头与试件接近时，调整加压头及支座，使其接触均衡。如果加压头及支座均不能前后倾斜，应在接触不良处予以垫平。施加荷载应保持连续、均匀，当混凝土强度等级小于C30时，加荷速度取每秒0.02～0.05MPa；当混凝土强度等级不小于C30且小于C60时，加荷速度取每秒0.05～0.08MPa；当混凝土强度等级不小于C60时，加荷速度取每秒0.08～0.10MPa。至试件接近破坏时，停止调整试验机油门，直至试件破坏，记录破坏荷载。

### 8.4.3 结果计算

试件破坏时，如果折断面位于两个集中荷载之间，则抗折强度按式（8.20）计算，即

$$f_f=\frac{Fl}{bh^2} \tag{8.20}$$

式中 $f_f$——混凝土抗折强度，kPa；

$F$——破坏荷载，N；

$l$——支座间距，即跨距，mm；

$b$——试件截面宽度，mm；

$h$——试件截面高度，mm。

当采用100mm×100mm×400mm非标准试件时，取得的抗折强度值应乘以尺寸换算系数0.85；当混凝土强度等级不小于C60时，宜采用标准试件。使用其他非标准试件时，尺寸换算系数由实验确定。

### 8.4.4 结果判定

以3个试件测值的算术平均值作为该组试件的抗折强度值。3个测值中的最大

值或最小值，如有一个与中间值的差值超过中间值的 15%，则把最大值及最小值一并舍除，取中间值作为该组试件的抗折强度值；如有两个试件与中间值的差均超过中间值的 15%，则该组试件的实验无效。3 个试件中如有一个试件的折断面位于两个集中荷载之外（以受拉区为准），则该试件的实验结果应予以舍弃，混凝土抗折强度按另两个试件抗折实验结果计算；如有两个试件的折断面均超出两集中荷载之外，则该组实验无效。

## 8.5 混凝土劈裂抗拉强度实验

混凝土的抗拉强度虽然很小，但是混凝土的抗拉强度性能却对混凝土的开裂现象具有重要意义，抗拉强度是确定混凝土开裂度的重要指标，也是间接衡量钢筋混凝土中混凝土与钢筋黏结度的重要依据。

### 8.5.1 混凝土立方体劈裂抗拉强度测定

混凝土立方体劈裂抗拉强度试验以尺寸为 150mm×150mm×150mm 的立方体试件为标准试件。

**1. 主要仪器设备**

（1）压力试验机。要求同立方体抗压强度实验用机。

（2）垫块、垫条及支架。应采用半径为 75mm 的钢制弧形垫块、其横截面尺寸如图 8.3 所示，垫块的长度与试件相同。垫块由 3 层胶合板制成，宽度为 20mm、厚度为 3～4mm、长度不小于试件长度，垫条不得重复使用。支架为钢支架，如图 8.4 所示。

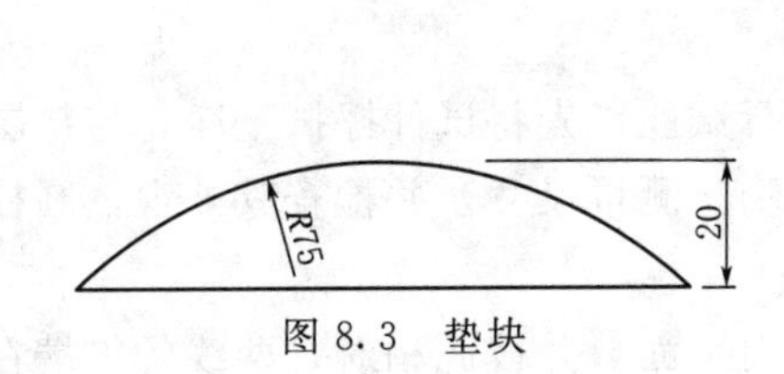

图 8.3 垫块

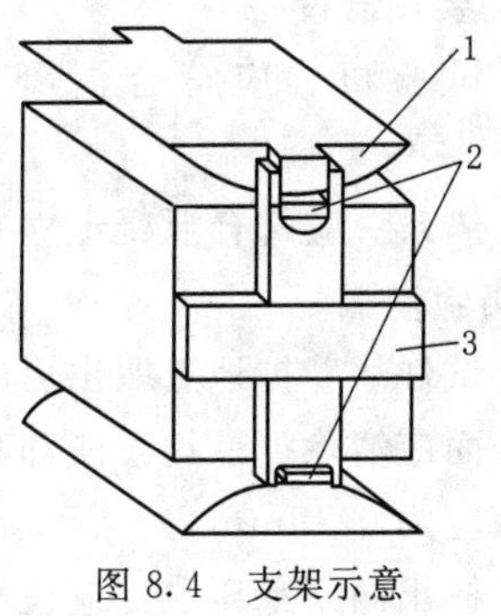

图 8.4 支架示意

1—垫块；2—垫条；3—支架

**2. 实验步骤**

（1）试件从养护地点取出后应及时进行实验，将试件表面与上、下承压板面擦干净。

（2）将试件放在试验机下压板的中心位置，劈裂承压面和劈裂面应与试件成型时的顶面垂直。在上、下压板与试件之间垫以圆弧形垫块及垫条，垫块与垫条应与试件上、下承压面的中心线对准，并与成型时的顶面垂直。最好把垫条及试件安装在定位架上使用，如图 8.4 所示。

（3）开动试验机，当上压板与圆弧形垫块接近时，调整球座，使之接触均衡。加荷应连续、均匀，当混凝土强度等级小于C30时，加荷速度取每秒0.02～0.05MPa；当混凝土强度等级不小于C30且小于C60时，加荷速度取每秒0.05～0.08MPa；当混凝土强度等级不小于C60时，加荷速度取每秒0.08～0.10MPa。至试件接近破坏时，停止调整试验机油门，直至试件破坏，记录破坏荷载。

**3. 计算与结果判定**

混凝土劈裂抗拉强度按式（8.21）计算（精确至0.01MPa），即

$$f_{ts}=\frac{2F}{\pi A}=0.637\frac{F}{A} \tag{8.21}$$

式中 $f_{ts}$——混凝土劈裂抗拉强度，MPa；

$F$——试件破坏荷载，N；

$A$——试件劈裂面面积，$mm^2$。

当混凝土强度等级不小于C60时，宜采用标准试件。当采用100mm×100mm×100mm非标准试件时，测得的劈裂抗拉强度值应乘以尺寸换算系数0.85。使用其他非标准试件时，尺寸换算系数应由实验确定。

以3个试件测值的算术平均值作为该组试件的劈裂抗拉强度值，精确至0.01MPa。在3个测值的最大值或最小值中，如有一个与中间值的差值超过中间值的15%，则把最大值及最小值一并舍除，取中间值作为该组试件的强度值；如果最大值和最小值与中间值的差均超过中间值的15%，则该组试件的实验结果无效。

## 8.5.2 混凝土圆柱体劈裂抗拉强度测定

**1. 主要仪器设备**

（1）试验机。应符合混凝土立方体试件的劈裂抗拉强度实验中的有关规定。

（2）垫条。应符合混凝土立方体试件的劈裂抗拉强度实验中的规定。

**2. 实验步骤**

（1）试件从养护地点取出后应及时进行试验，先将试件擦拭干净，与垫层接触的试件表面应清除掉一切浮渣和其他附着物。测量尺寸，并检查其外观，圆柱体的母线公差应为0.15mm。

（2）标出两条承压线，应位于同一轴向平面，并彼此相对，两线的末端在试件的端面上相连，以便能明确地表示出承压面。

（3）擦净试验机上、下压板的加压面，将圆柱体试件置于试验机中心，在上、下压板与试件承压线之间各垫一条垫条，圆柱体轴线应在上、下垫条之间保持水平，垫条的位置应上下对准，如图8.5所示，宜把垫条安放在定位架上使用，如图8.6所示。

（4）连续、均匀地加荷，当混凝土强度等级小于C30时，加荷速度取每秒0.3～0.5MPa；当混凝土强度等级不小于C30且小于C60时，加荷速度取每秒0.5～0.8MPa；当混凝土强度等级不小于C60时，加荷速度取每秒0.8～1.0MPa。

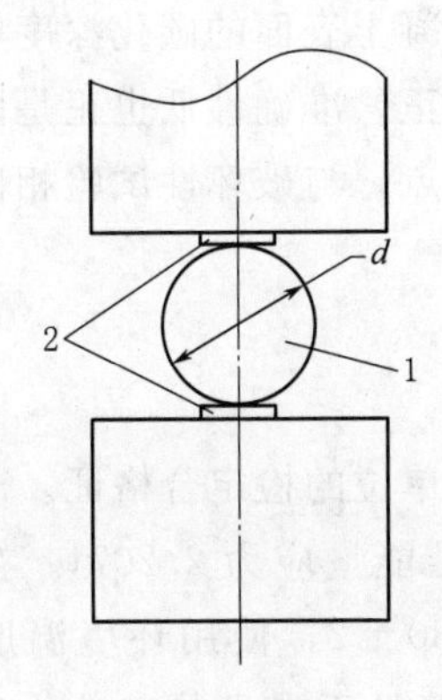


图 8.5 劈裂抗拉实验

1—试件；2—垫条

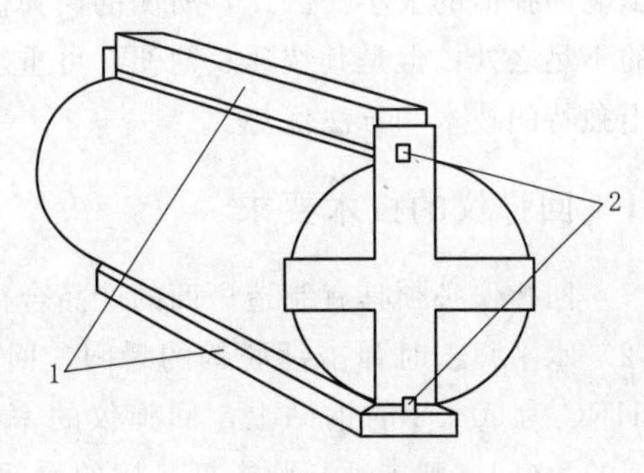


图 8.6 定位架

1—定位架；2—垫条

**3. 计算与结果判定**

圆柱体劈裂抗拉强度按式（8.22）计算（精确至 0.01MPa），即

$$f_{ct}=\frac{2F}{\pi dl}=0.637\frac{F}{A} \tag{8.22}$$

式中 $f_{ct}$——圆柱体劈裂抗拉强度，MPa；

$F$——试件破坏荷载，N；

$d$——劈裂面的试件直径，mm；

$l$——试件的高度，mm。

以 3 个试件测值的算术平均值作为该组试件的强度值（精确至 0.1MPa）。当 3 个测值中的最大值或最小值中如有一个与中间值的差值超过中间值的 15%时，则把最大值及最小值一并舍除，取中间值作为该组试件的抗压强度值；如果最大值和最小值与中间值的差值均超过中间值的 15%，则该组试件的实验结果无效。

## 8.6 回弹法检测混凝土强度简介

在混凝土强度的测定方法中，前述的实验方法都是对混凝土试件施加各种荷载直至破坏，测得最大破坏荷载后，依据一定的计算公式而求得混凝土强度，这类实验方法称为破坏性实验。破坏性实验的优点是结果准确、对实验方向的控制性较强，但也存在明显不足，如实验周期较长、成本较高等。非破坏性实验则在一定程度上弥补了破坏性实验的不足，目前可应用于混凝土无损检测的方法有回弹法、超声波法、谐振法、电测法等。在实际测试工作中，应根据实验目的、实验要求、实验条件、设备状况等进行综合考虑，选择确定实验方法。有条件时，可采用两类实验方法进行对比实验。本章主要介绍用回弹仪测量混凝土强度的非破坏性实验方法。

回弹法测量强度的原理是基于混凝土的强度与其表面硬度具有特定关系，通过测量混凝土表层的硬度，换算推定混凝土的强度。回弹法使用的回弹仪是利用一定重量的钢锤，在一定大小冲击力作用下，根据混凝土表面冲击后的回弹值，从而确定混凝土的强度。由于测试方向、养护条件与龄期、混凝土表面的碳化深度等因素都会影响回弹值的大小。因此，所测的回弹值应予以修正。准确性低也正是回弹测强法的不足之处，但是其快速、简便、可重复的试验特点，与破坏性试验相比，则表现出独特的技术和方法优势。

### 8.6.1　回弹仪的技术要求

（1）回弹仪必须具有制造厂商的产品合格证及检定单位的检定合格证。

（2）水平弹击时弹击锤脱钩的瞬间，回弹仪的标准能量应为 2.207J。在洛氏硬度 HRC 为 60±2 的钢砧上，回弹仪的率定值应为 80±2，使用环境温度应在 −4～40℃之间。弹击锤与弹击杆碰撞的瞬间，弹击拉簧处于自由状态，此时弹击锤起跳点应在指针指示刻度尺上“0”处。

（3）回弹仪在工程检测前后，应在钢砧上做率定试验。

（4）回弹仪有下列情况之一时，应送检定单位检定：①新回弹仪启用前；②超过检定有效期限（有效期为半年）；③累计弹击次数超过 6000 次；④经常规保养后，钢砧率定值不合格；⑤遭受严重撞击或其他伤害。

（5）回弹仪率定应在室温 5～36℃的条件下进行。率定时，钢砧应稳固地平放在刚度大的混凝土实体上。回弹仪向下弹击时，取连续抨击 3 次的稳定回弹值进行平均，弹击杆分 4 次旋转，每次旋转约 90°。弹击杆每旋转一次的率定平均值均应符合 80±2 的要求。

（6）当回弹仪弹击超过 2000 次、对检测值有怀疑或在钢砧上的率定值不合格时，应按下列要求进行常规性保养：①使弹击锤脱钩后取出机芯，然后卸下弹击杆，取出里面的缓冲压簧，并取出弹击锤、弹击拉簧和拉簧座；②机芯各零部件应进行清洗，重点清洗中心导杆、弹击锤和弹击杆的内孔和冲击面，清洗后应在中心导杆上涂抹一层薄薄的钟表油，其他零部件均不得抹油；③清理机壳内壁，卸下刻度尺并检查指针，其摩擦力应为 0.5～0.8N；④对数字式回弹仪，还应按产品要求的维护程序进行维护；⑤不得旋转尾盖上已定位紧固的调零螺钉；⑥不得自制或更换零部件；⑦保养后应进行率定。

（7）回弹仪使用完毕后应使弹击杆伸出机壳，清除弹击杆、杆前端球面、刻度尺表面以及外壳上的污垢和尘土。回弹仪不用时，应将抨击杆压入仪器内，经弹击后方可按下按钮锁住机芯，将回弹仪装入仪器箱，平放在干燥阴凉处。数字式回弹仪长期不用时，应取出电池。

### 8.6.2　检测结构或构件强度时应具备的资料

（1）工程名称、检测部位，设计与施工单位、监理单位和建设单位名称。

（2）结构或构件名称、外形尺寸、数量及混凝土强度等级。

（3）水泥的品种、强度等级、安定性，砂石种类、粒径，外加剂或掺合料品种、掺量，混凝土配合比。

（4）施工时材料计量情况，模板、浇筑、养护情况及成型日期等。

（5）必要的设计图纸和施工记录以及检测原因等。

### 8.6.3 抽样方法及样本的技术规定

(1) 检测混凝土强度有单个检测和批量检测两种方式，其适用范围及构件数量见表8.5。

表8.5 回弹仪检测混凝土强度方式与适用范围

| 检测方法 | 适用范围 |
|---|---|
| 单个检测 | 用于单独的结构或构件检测 |
| 批量检测 | 对于混凝土生产工艺，强度等级相同，原材料、配合比、养护条件基本一致且龄期相近的一批同类构件的检测应采用批量检测。按批量进行检测时，应随机抽取构件，抽检数量不宜少于同批构件总数的30%且不宜少于10件，当检验批构件数量大于30个时，抽样构件数量可适当调整，并不得少于国家现行有关标准规定的最少抽样数量 |

(2) 对每一构件的测区来讲，应符合下列要求。

1) 对于一般构件，测区数不宜少于10个。当受检构件数量大于30个且不需提供单个构件推定强度或受检构件一方向尺寸不大于4.5m且另一方向尺寸不大于0.3m时，每个构件的测区数量可适当减少，但不应少于5个。

2) 相邻两测区的间距应控制在2m以内，测区离构件边缘或施工缝边缘的距离不大于0.5m，且不小于0.2m。

3) 测区应选在使回弹仪处于水平方向的混凝土浇筑侧面。当不能满足这一要求时，方可选在使回弹仪处于非水平方向的混凝土浇筑表面或底面。

4) 测区宜选在构件的两个对称可到面上，也可选在一个可测面上，且应均匀分布。在构件的受力部位及薄弱部位必须布置测区，并应避开埋件。

5) 测区的面积不大于0.04$m^2$。

6) 检测面应为原状混凝土表面，并应清洁、平整，不应有疏松层、浮泵、油垢以及蜂窝、麻面，必要时可用砂轮清除疏松层和杂物，且保留残留的粉末或碎屑。

7) 对于弹击时会产生颤动的薄壁、小型构件应进行固定。

(3) 结构或构件的测区应有布置方案，各测区应标有清晰的编号，必要时应在记录纸上描述测区布置示意图和外观质量情况。

(4) 当检测条件与测强曲线的适用条件有较大差异时，可采用同条件试件或钻取混凝土芯样进行修正，对同一强度等级混凝土修正时，芯样数量不应少于6个，公称直径宜为100mm，高径比应为1。芯样应在测区内钻取，每个芯样应只加工一个试件。同条件试块修正时，试块数量不应少于6个，试块边长应为150mm。计算时，测区混凝土强度修正量及测区混凝土强度换算值的修正应符合下列规定。

1) 修正量应按下列公式计算，即

$$\Delta_{tot}=f_{cor,m}-f^{c}_{cu,m0} \tag{8.23}$$

$$\Delta_{tot}=f_{cu,m}-f^{c}_{cu,m0} \tag{8.24}$$

$$f_{cor,m}=\frac{1}{n}\sum_{i=1}^{n}f_{cor,i} \tag{8.25}$$

$$f_{cu,m}=\frac{1}{n}\sum_{i=1}^{n}f_{cu,i} \tag{8.26}$$

$$f_{\mathrm{cu,m0}}^{\mathrm{c}}=\frac{1}{n}\sum_{i=1}^{n}f_{\mathrm{cu},i}^{\mathrm{c}} \tag{8.27}$$

式中 $\Delta_{\mathrm{tot}}$——测区混凝土强度修正量，MPa，精确至0.1MPa；

$f_{\mathrm{cor,m}}$——芯样试件混凝土强度平均值，MPa，精确至0.1MPa；

$f_{\mathrm{cu,m}}$——150mm同条件立方体试块混凝土强度平均值，MPa，精确至0.1MPa；

$f_{\mathrm{cu,m0}}^{\mathrm{c}}$——对应于钻芯部位或同条件立方体试块回弹测区混凝土强度换算值的平均值，MPa，精确至0.1MPa；

$f_{\mathrm{cor},i}$——第 $i$ 个混凝土芯样试件的抗压强度；

$f_{\mathrm{cu},i}$——第 $i$ 个混凝土立方体试件的抗压强度；

$f_{\mathrm{cu},i}^{\mathrm{c}}$——对应于第 $i$ 个芯样部位或同条件立方体试块测区回弹值和碳化深度值的混凝土强度换算值，可按附录A或附录B取值；

$n$——芯样或试件数量。

2）测区混凝土强度换算值的修正应按式（8.28）计算，即

$$f_{\mathrm{cu},i1}^{\mathrm{c}}=f_{\mathrm{cu},i0}^{\mathrm{c}}+\Delta_{\mathrm{tot}} \tag{8.28}$$

式中 $f_{\mathrm{cu},i0}^{\mathrm{c}}$——第 $i$ 个测区修正前的混凝土强度换算值，MPa，精确至0.1MPa；

$f_{\mathrm{cu},i1}^{\mathrm{c}}$——第 $i$ 个测区修正后的混凝土强度换算值，MPa，精确至0.1MPa。

（5）当碳化深度值不大于2.0mm时，每一测区混凝土强度换算值应按《回弹法检测混凝土抗压强度技术规程》（JGJ/T 23—2011）进行修正。

（6）检测时，回弹仪的轴线应始终垂直于结构或构件的混凝土检测面，缓慢施压，准确读数，快速复位。检测泵送混凝土强度时，测区应选在混凝土浇筑侧面。

（7）测点宜在测区范围内均匀分布，相邻两测点的净距一般不小于20mm，测点距构件边缘或外露钢筋、预埋件的距离一般不小于30mm。测点不应在气孔或外露石子上，同一测点只允许弹击一次。每一测区应记取16个回弹值，每一测点的回弹值读数估读至1。

（8）回弹值测量完毕后，应选择不少于构件30%的测区数在有代表性的位置上测量碳化深度值，取其平均值作为该构件每测区的碳化深度值。当碳化深度值极差大于2.0mm时，应在每一测区测量碳化深度值。

（9）测量碳化深度值时，可用合适的工具在测区表面形成直径约15mm的孔洞，其深度大于混凝土的碳化深度。然后除净孔洞中的粉末和碎屑，不得用水冲洗。立即用浓度为1%～2%的酚酞酒精溶液滴在孔洞内壁的边缘处，当已碳化与未碳化界线清晰时，再用深度测量工具测量已碳化与未碳化混凝土交界面到混凝土表面的垂直距离，测量不应少于3次，每次读数应精确至0.25mm，应取3次测量的平均值作为检测结果，并应精确至0.5mm。

### 8.6.4 回弹值的计算

（1）计算测区平均回弹值时，应从该测区的16个回弹值中剔除3个最大值和3个最小值，余下的10个回弹值按式（8.29）计算，即

$$R_{\mathrm{m}}=\frac{\sum_{i=1}^{n}R_i}{10} \tag{8.29}$$

式中 $R_m$——测区平均回弹值，精确至0.1；

$R_i$——第$i$个测点的回弹值。

(2) 回弹仪非水平方向检测混凝土浇筑侧面时，应按式（8.30）修正，即

$$R_m = R_{m\alpha} + R_{a\alpha} \tag{8.30}$$

式中 $R_{m\alpha}$——非水平方向检测时测区的平均回弹值，精确至0.1；

$R_{a\alpha}$——非水平方向检测时回弹值的修正值，按附录表C采用。

(3) 回弹仪水平方向检测混凝土浇筑表面或底面时，应按下列公式修正，即

$$R_m = R_m^t + R_a^t \tag{8.31}$$

$$R_m = R_m^b + R_a^b \tag{8.32}$$

式中 $R_m^t$，$R_a^t$——水平方向检测混凝土浇筑表面、底面时，测区的平均回弹值，精确至0.1；

$R_m^b$，$R_a^b$——混凝土浇筑表面、底面回弹值的修正值，按本章附录D查用。

(4) 当检测时仪器为非水平方向且测试面为非混凝土浇筑侧面时，则应先按本章附录C对回弹值进行角度修正，然后再对修正后的值进行浇筑面修正。

### 8.6.5 测强曲线

混凝土强度换算值可采用统一测强曲线、地区测强曲线或专用测强曲线3类测强曲线进行计算。统一测强曲线是由全国具有代表性的材料、成型养护工艺配制的混凝土试件，通过试验所建立的曲线；地区测强曲线是由本地区常用的材料、成型养护工艺配制的混凝土试件，通过试验所建立的曲线；专用测强曲线是由与结构或构件混凝土相同的材料、成型养护工艺配制的混凝土试件，通过试验所建立的曲线。

对有条件的地区和部门，应制定本地区的测强曲线或专用测强曲线，经上级主管部门组织审定和批准后实施。各检测单位应按专用测强曲线、地区测强曲线、统一测强曲线的次序选用测强曲线。

**1. 统一测强曲线**

符合下列条件的非泵送混凝土，测区强度应按本章附录A进行强度换算。测区混凝土强度换算表所依据的统一测强曲线，其强度平均相对误差应不大于15.0%，相对标准差不大于18.0%。

(1) 混凝土采用的水泥、砂石、外加剂、掺和料、拌和用水符合国家现行有关标准。

(2) 采用普通成型工艺，不掺外加剂或仅掺非引气型外加剂。

(3) 采用符合国家标准的模板。

(4) 蒸汽养护出池经自然养护7d以上，且混凝土表层为干燥状态。

(5) 龄期为14～1000d。

(6) 抗压强度为10～60MPa。

符合上述要求的泵送混凝土，测区强度可按本章附录B的曲线方程计算或规定进行强度换算。

当混凝土粗骨料最大粒径大于60mm，泵送混凝土粗骨料最大公称粒径大于31.5mm；混凝土属于特种成型工艺制作；检测部位曲率半径小于250mm；潮湿

或浸水混凝土，测区混凝土强度值不能按本章附录 A 或附录 B 换算；可制定专用测强曲线或通过试验进行修正。

**2. 地区测强曲线和专用测强曲线**

当构件混凝土抗压强度大于 60MPa 时，可采用标准能量大于 2.207J 的混凝土回弹仪，并应另行制定检测方法及专用测强曲线进行检测。地区测强曲线和专用测强曲线的强度误差值应符合下列规定。

(1) 地区测强曲线。平均相对误差应不大于 14.0%，相对标准差不大于 17.0%。

(2) 专用测强曲线。平均相对误差应不大于 12.0%，相对标准差不大于 14.0%。

地区测强曲线和专用测强曲线应与制定该类测强曲线条件相同的混凝土相适应，不得超出该类测强曲线的适用范围，应经常抽取一定数量的同条件试件进行校核，当发现有显著差异时应及时查找原因并不得继续使用。

**3. 地区测强曲线和专用测强曲线的制定方法**

制定地区测强曲线和专用测强曲线的试块应与欲测构件在原材料（含品种、规格）、成型工艺、养护方法等方面条件相同。试块的制作、养护应符合下列规定：应按最佳配合比设计 5 个强度等级，且每一强度等级不同龄期应分别制作不少于 6 个 150mm 立方体试块；在成型 24h 后，应将试块移至与被测构件相同条件下养护，试块拆模日期宜与构件的拆模日期相同。

试块的测试应按下列步骤进行：擦净试块表面，以浇筑侧面的两个相对面置于压力机的上、下承压板之间，加压 60～100kN(低强度试件取低值)；在试块保持压力下，采用符合《回弹法检测混凝土抗压强度技术规程》(JGJ/T 23—2011) 规定的标准状态的回弹仪和规定的操作方法，在试块的两个侧面上分别弹击 8 个点；从每一试块的 16 个回弹值中分别剔除 3 个最大值和 3 个最小值，以余下的 10 个回弹值的平均值（计算精确至 0.1）作为该试块的平均回弹值 $R_m$；将试块加荷直至破坏，计算试块的抗压强度值 $f_{cu}$(精确至 0.1MPa)；在破坏后的试块边缘测量该试块的平均碳化深度值。

地区测强曲线和专用测强曲线的计算应符合下列规定：地区测强曲线和专用测强曲线的回归方程式，应按每一试件求得的 $R_m$、$d_m$ 和 $f_{cu}$ 采用最小二乘法原理计算；回归方程宜采用以下函数关系式，即

$$f_{cu}^{c}=\alpha R_{m}^{b}10^{cdm} \tag{8.33}$$

用式 (8.34)、式 (8.35) 计算回归方程式的强度平均相对误差 δ 和强度相对标准差 $e_r$，且当 δ 和 $e_r$ 均符合规定时，可报请上级主管部门审批，即

$$\delta=\pm\frac{1}{n}\sum_{i=1}^{n}\left|\frac{f_{cu,i}}{f_{cu,i}^{c}}-1\right|\times 100\ \% \tag{8.34}$$

$$e_r=\sqrt{\frac{1}{n-1}\sum_{i=1}^{n}\left(\frac{f_{cu,i}}{f_{cu,i}^{c}}-1\right)^2}\times 100\% \tag{8.35}$$

式中 $\delta$——回归方程式的强度平均相对误差,%，精确至 0.1；

$e_r$——回归方程式的强度相对标准差,%，精确至 0.1；

$f_{cu,i}$——由第 $i$ 个试块抗压试验得出的混凝土抗压强度值，MPa，精确至 0.1MPa；

$f_{cu,i}^{c}$——由同一试块的平均回弹值 $R_m$ 及平均碳化深度值 $d_m$ 按回归方程式计算出的混凝土的强度换算值，MPa，精确至 0.1MPa；

$n$——制定回归方程式的试件数。

### 8.6.6 混凝土强度的计算

(1) 结构或构件的第 $i$ 个测区混凝土强度换算值，可根据求得的平均回弹值 $R_m$ 和平均碳化深度值 $d_m$，按统一测强曲线换算表（见附表）得出。

(2) 构件的测区混凝土强度平均值应根据各测区的混凝土强度换算值计算。当测区数为 10 个及以上时，还应计算强度标准差。平均值及标准差应按下列公式计算，即

$$m_{f_{cu}^{c}}=\frac{\sum_{i=1}^{n} f_{cu,i}^{c}}{n} \tag{8.36}$$

$$S_{f_{cu}^{c}}=\sqrt{\frac{\sum_{i=1}^{n}(f_{cu,i}^{c})^{2}-n(m_{f_{cu}^{c}})^{2}}{n-1}} \tag{8.37}$$

式中 $m_{f_{cu}^{c}}$——构件混凝土强度平均值，MPa，精确至 0.1MPa；

$n$——单个检测的构件，取一个构件的测区数；批量检测的构件取被抽去构件测区数之和；

$S_{f_{cu}^{c}}$——结构或构件测区混凝土的强度标准差，MPa，精确至 0.01MPa。

注：测区混凝土强度换算值是指按《回弹法检测混凝土抗压强度技术规程》(JGJ/T 23—2011) 检测的回弹值和碳化深度值，换算成相当于被测结构或构件的测区在该龄期下的混凝土抗压强度值。

(3) 构件混凝土强度推定值指相应于强度换算值总体分布中保证率不低于 95%的结构或构件中的混凝土抗压强度值。结构或构件混凝土强度推定值 $f_{cu,e}$ 应按下列公式确定。

1) 当按单个构件检测时，且构件测区数少于 10 个，以最小值作为该构件的混凝土强度推定值，即

$$f_{cu,e}=f_{cu,min}^{c} \tag{8.38}$$

式中 $f_{cu,min}^{c}$——构件中最小的测区混凝土强度换算值，MPa，精确至 0.1MPa。

当该结构或构件的测区强度值中出现小于 10.0MPa 时，$f_{cu,e}<10.0$MPa。

2) 当构件测区数不小于 10 个时或当按批量检测时，应按式 (8.39) 计算，即

$$f_{cu,e}=m_{f_{cu}^{c}}-1.645S_{f_{cu}^{c}} \tag{8.39}$$

3) 当批量检测时，应按式 (8.40) 计算，即

$$f_{cu,e}=m_{f_{cu}^{c}}-kS_{f_{cu}^{c}} \tag{8.40}$$

式中 $k$——单推定系数，宜取 1.645。当需要进行推定强度区间时，可按国家现行有关标准的规定取值。

注：构件的混凝土强度推定值是指相应于强度换算总体分布中保证率不低于95%的构件中混凝土抗压强度值。

(4) 对于按批量检测的构件，当该批构件混凝土强度标准差出现下列情况之一时，则该批构件应全部按单个构件检测。

1) 当该批构件混凝土强度平均值小于25MPa、$S_{f_{cu}^c}>4.5$MPa时。

2) 当该批构件混凝土强度平均值不小于25MPa且不大于60MPa、$S_{f_{cu}^c}>5.5$MPa时。

## 8.6.7　注意事项

(1) 确保回弹仪处于标准状态，测区布置力求均匀并有代表性。当回弹仪检测后进行率定发现其不在标准状态时，应另用处于标准状态的回弹仪对已测构件进行复检对比。

(2) 操作回弹仪时要用力均匀缓慢，扶正垂直对准测面，不晃动，严格按"四步法"（指针复零，能量操作，弹击操作，回弹值读取）程序进行。

(3) 当发现构件混凝土的匀质性较差，构件表面硬度与混凝土强度不相符时，应用钻芯法加以验证和修正。

# 附录A　测区混凝土强度换算表

| 平均回弹值 $R_m$ | 测区混凝土强度换算值 $f_{cu,i}^c$/MPa | | | | | | | | | | | | |
|---|---|---|---|---|---|---|---|---|---|---|---|---|---|
| | 平均碳化深度值 $d_m$/mm | | | | | | | | | | | | |
| | 0 | 0.5 | 1.0 | 1.5 | 2.0 | 2.5 | 3.0 | 3.5 | 4.0 | 4.5 | 5.0 | 5.5 | ≥6.0 |
| 20.0 | 10.3 | 10.1 | — | — | — | — | — | — | — | — | — | — | — |
| 20.2 | 10.5 | 10.3 | 10.0 | — | — | — | — | — | — | — | — | — | — |
| 20.4 | 10.7 | 10.5 | 10.2 | — | — | — | — | — | — | — | — | — | — |
| 20.6 | 11.0 | 10.8 | 10.4 | 10.1 | — | — | — | — | — | — | — | — | — |
| 20.8 | 11.2 | 11.0 | 10.6 | 10.3 | — | — | — | — | — | — | — | — | — |
| 21.0 | 11.4 | 11.2 | 10.8 | 10.5 | 10.0 | — | — | — | — | — | — | — | — |
| 21.2 | 11.6 | 11.4 | 11.0 | 10.7 | 10.2 | — | — | — | — | — | — | — | — |
| 21.4 | 11.8 | 11.6 | 11.2 | 10.9 | 10.4 | 10.0 | — | — | — | — | — | — | — |
| 21.6 | 12.0 | 11.8 | 11.4 | 11.0 | 10.6 | 10.2 | — | — | — | — | — | — | — |
| 21.8 | 12.3 | 12.1 | 11.7 | 11.3 | 10.8 | 10.5 | 10.1 | — | — | — | — | — | — |
| 22.0 | 12.5 | 12.2 | 11.9 | 11.5 | 11.0 | 10.6 | 10.2 | — | — | — | — | — | — |
| 22.2 | 12.7 | 12.4 | 12.1 | 11.7 | 11.2 | 10.8 | 10.4 | 10.0 | — | — | — | — | — |
| 22.4 | 13.0 | 12.7 | 12.4 | 12.0 | 11.4 | 11.0 | 10.7 | 10.3 | 10.0 | — | — | — | — |
| 22.6 | 13.2 | 12.9 | 12.5 | 12.1 | 11.6 | 11.2 | 10.8 | 10.4 | 10.2 | — | — | — | — |
| 22.8 | 13.4 | 13.1 | 12.7 | 12.3 | 11.8 | 11.4 | 11.0 | 10.6 | 10.3 | — | — | — | — |
| 23.0 | 13.7 | 13.4 | 13.0 | 12.6 | 12.0 | 11.6 | 11.2 | 10.8 | 10.5 | 10.1 | — | — | — |

续表

| 平均回弹值 $R_m$ | 测区混凝土强度换算值 $f^{c}_{cu,i}$/MPa | | | | | | | | | | | | |
|---|---|---|---|---|---|---|---|---|---|---|---|---|---|
| | 平均碳化深度值 $d_m$/mm | | | | | | | | | | | | |
| | 0 | 0.5 | 1.0 | 1.5 | 2.0 | 2.5 | 3.0 | 3.5 | 4.0 | 4.5 | 5.0 | 5.5 | ≥6.0 |
| 23.2 | 13.9 | 13.6 | 13.2 | 12.8 | 12.2 | 11.8 | 11.4 | 11.0 | 10.7 | 10.3 | 10.0 | — | — |
| 23.4 | 14.1 | 13.8 | 13.4 | 13.0 | 12.4 | 12.0 | 11.6 | 11.2 | 10.9 | 10.4 | 10.2 | — | — |
| 23.6 | 14.4 | 14.1 | 13.7 | 13.2 | 12.7 | 12.2 | 11.8 | 11.4 | 11.1 | 10.7 | 10.4 | 10.1 | — |
| 23.8 | 14.6 | 14.3 | 13.9 | 13.4 | 12.8 | 12.4 | 12.0 | 11.6 | 11.2 | 10.8 | 10.5 | 10.2 | — |
| 24.0 | 14.9 | 14.6 | 14.2 | 13.7 | 13.1 | 12.7 | 12.2 | 11.8 | 11.5 | 11.0 | 10.7 | 10.4 | 10.1 |
| 24.2 | 15.1 | 14.8 | 14.4 | 13.9 | 13.3 | 12.8 | 12.4 | 11.9 | 11.6 | 11.2 | 10.9 | 10.6 | 10.3 |
| 24.4 | 15.4 | 15.1 | 14.6 | 14.2 | 13.6 | 13.1 | 12.6 | 12.2 | 11.9 | 11.4 | 11.1 | 10.8 | 10.4 |
| 24.6 | 15.6 | 15.3 | 14.8 | 14.4 | 13.7 | 13.3 | 12.8 | 12.3 | 12.0 | 11.5 | 11.2 | 10.9 | 10.6 |
| 24.8 | 15.9 | 15.6 | 15.1 | 14.6 | 14.0 | 13.5 | 13.0 | 12.6 | 12.2 | 11.8 | 11.4 | 11.1 | 10.7 |
| 25.0 | 16.2 | 15.9 | 15.4 | 14.9 | 14.3 | 13.8 | 13.3 | 12.8 | 12.5 | 12.0 | 11.7 | 11.3 | 10.9 |
| 25.2 | 16.4 | 16.1 | 15.6 | 15.1 | 14.4 | 13.9 | 13.4 | 13.0 | 12.6 | 12.1 | 11.8 | 11.5 | 11.0 |
| 25.4 | 16.7 | 16.4 | 15.9 | 15.4 | 14.7 | 14.2 | 13.7 | 13.2 | 12.9 | 12.4 | 12.0 | 11.7 | 11.2 |
| 25.6 | 16.9 | 16.6 | 16.1 | 15.7 | 14.9 | 14.4 | 13.9 | 13.4 | 13.0 | 12.5 | 12.2 | 11.8 | 11.4 |
| 25.8 | 17.2 | 16.9 | 16.3 | 15.8 | 15.1 | 14.6 | 14.1 | 13.6 | 13.2 | 12.7 | 12.4 | 12.0 | 11.5 |
| 26.0 | 17.5 | 17.2 | 16.6 | 16.1 | 15.4 | 14.9 | 14.4 | 13.8 | 13.5 | 13.0 | 12.6 | 12.2 | 11.6 |
| 26.2 | 17.8 | 17.4 | 16.9 | 16.4 | 15.7 | 15.1 | 14.6 | 14.0 | 13.7 | 13.2 | 12.8 | 12.4 | 11.8 |
| 26.4 | 18.0 | 17.6 | 17.1 | 16.6 | 15.8 | 15.3 | 14.8 | 14.2 | 13.9 | 13.3 | 13.0 | 12.6 | 12.0 |
| 26.6 | 18.3 | 17.9 | 17.4 | 16.8 | 16.1 | 15.6 | 15.0 | 14.4 | 14.1 | 13.5 | 13.2 | 12.8 | 12.1 |
| 26.8 | 18.6 | 18.2 | 17.7 | 17.1 | 16.4 | 15.8 | 15.3 | 14.6 | 14.3 | 13.8 | 13.4 | 12.9 | 12.3 |
| 27.0 | 18.9 | 18.5 | 18.0 | 17.4 | 16.6 | 16.1 | 15.5 | 14.8 | 14.6 | 14.0 | 13.6 | 13.1 | 12.4 |
| 27.2 | 19.1 | 18.7 | 18.1 | 17.6 | 16.8 | 16.2 | 15.7 | 15.0 | 14.7 | 14.1 | 13.8 | 13.3 | 12.6 |
| 27.4 | 19.4 | 19.0 | 18.4 | 17.8 | 17.0 | 16.4 | 15.9 | 15.2 | 14.9 | 14.3 | 14.0 | 13.4 | 12.7 |
| 27.6 | 19.7 | 19.3 | 18.7 | 18.0 | 17.2 | 16.6 | 16.1 | 15.4 | 15.1 | 14.5 | 14.1 | 13.6 | 12.9 |
| 27.8 | 20.0 | 19.6 | 19.0 | 18.2 | 17.4 | 16.8 | 16.3 | 15.6 | 15.3 | 14.7 | 14.2 | 13.7 | 13.0 |
| 28.0 | 20.3 | 19.7 | 19.2 | 18.4 | 17.6 | 17.0 | 16.5 | 15.8 | 15.4 | 14.8 | 14.4 | 13.9 | 13.2 |
| 28.2 | 20.6 | 20.0 | 19.5 | 18.6 | 17.8 | 17.2 | 16.7 | 16.1 | 15.6 | 15.0 | 14.6 | 14.0 | 13.3 |
| 28.4 | 20.9 | 20.3 | 19.7 | 18.8 | 18.0 | 17.4 | 16.9 | 16.2 | 15.8 | 15.2 | 14.8 | 14.2 | 13.5 |
| 28.6 | 21.2 | 20.6 | 20.0 | 19.1 | 18.2 | 17.6 | 17.1 | 16.4 | 16.0 | 15.4 | 15.0 | 14.3 | 13.6 |
| 28.8 | 21.5 | 20.9 | 20.0 | 19.4 | 18.5 | 17.8 | 17.3 | 16.6 | 16.2 | 15.6 | 15.2 | 14.5 | 13.8 |
| 29.0 | 21.8 | 21.1 | 20.5 | 19.6 | 18.7 | 18.1 | 17.5 | 16.8 | 16.4 | 15.8 | 15.4 | 14.6 | 13.9 |
| 29.2 | 22.1 | 21.4 | 20.8 | 19.9 | 19.0 | 18.3 | 17.7 | 17.0 | 16.6 | 16.0 | 15.6 | 14.8 | 14.1 |
| 29.4 | 22.4 | 21.7 | 21.1 | 20.2 | 19.3 | 18.6 | 17.9 | 17.2 | 16.8 | 16.2 | 15.8 | 15.0 | 14.2 |
| 29.6 | 22.7 | 22.0 | 21.3 | 20.4 | 19.5 | 18.8 | 18.2 | 17.5 | 17.0 | 16.4 | 16.0 | 15.1 | 14.4 |
| 29.8 | 23.0 | 22.3 | 21.6 | 20.7 | 19.8 | 19.1 | 18.4 | 17.7 | 17.2 | 16.6 | 16.2 | 15.3 | 14.5 |
| 30.0 | 23.3 | 22.6 | 21.9 | 21.0 | 20.0 | 19.3 | 18.6 | 17.9 | 17.4 | 16.8 | 16.4 | 15.4 | 14.7 |

续表

| 平均回弹值 $R_m$ | 测区混凝土强度换算值 $f_{cu,i}^{c}$/MPa | | | | | | | | | | | | |
|---|---|---|---|---|---|---|---|---|---|---|---|---|---|
| | 平均碳化深度值 $d_m$/mm | | | | | | | | | | | | |
| | 0 | 0.5 | 1.0 | 1.5 | 2.0 | 2.5 | 3.0 | 3.5 | 4.0 | 4.5 | 5.0 | 5.5 | ≥6.0 |
| 30.2 | 23.6 | 22.9 | 22.2 | 21.2 | 20.3 | 19.6 | 18.9 | 18.2 | 17.6 | 17.0 | 16.6 | 15.6 | 14.9 |
| 30.4 | 23.9 | 23.2 | 22.5 | 21.5 | 20.6 | 19.8 | 19.1 | 18.4 | 17.8 | 17.2 | 16.8 | 15.8 | 15.1 |
| 30.6 | 24.3 | 23.6 | 22.8 | 21.9 | 20.9 | 20.2 | 19.4 | 18.7 | 18.0 | 17.5 | 17.0 | 16.0 | 15.2 |
| 30.8 | 24.6 | 23.9 | 23.1 | 22.1 | 21.2 | 20.4 | 19.7 | 18.9 | 18.2 | 17.7 | 17.2 | 16.2 | 15.4 |
| 31.0 | 24.9 | 24.2 | 23.4 | 22.4 | 21.4 | 20.7 | 19.9 | 19.2 | 18.4 | 17.9 | 17.4 | 16.4 | 15.5 |
| 31.2 | 25.2 | 24.4 | 23.7 | 22.7 | 21.7 | 20.9 | 20.2 | 19.4 | 18.6 | 16.1 | 17.6 | 16.6 | 15.7 |
| 31.4 | 25.6 | 24.8 | 24.1 | 23.0 | 22.0 | 21.2 | 20.5 | 19.7 | 18.9 | 18.4 | 17.8 | 16.9 | 15.8 |
| 31.6 | 25.9 | 25.1 | 24.3 | 23.3 | 22.3 | 21.5 | 20.7 | 19.9 | 19.2 | 18.6 | 18.0 | 17.1 | 16.0 |
| 31.8 | 26.2 | 25.4 | 24.6 | 23.6 | 22.5 | 21.7 | 21.0 | 20.2 | 19.4 | 18.9 | 18.2 | 17.3 | 16.2 |
| 32.0 | 26.5 | 25.7 | 24.9 | 23.9 | 22.8 | 22.0 | 21.2 | 20.4 | 19.6 | 19.1 | 18.4 | 17.5 | 16.4 |
| 32.2 | 26.9 | 26.1 | 25.3 | 24.2 | 23.1 | 22.3 | 21.6 | 20.7 | 19.9 | 19.4 | 18.6 | 17.7 | 16.8 |
| 32.4 | 27.2 | 26.4 | 25.6 | 24.5 | 23.4 | 22.6 | 21.8 | 20.9 | 20.1 | 19.6 | 18.8 | 17.9 | 17.0 |
| 32.6 | 27.6 | 26.8 | 25.9 | 24.8 | 23.7 | 22.9 | 22.1 | 21.3 | 20.4 | 19.9 | 19.0 | 18.1 | 17.2 |
| 32.8 | 27.9 | 27.1 | 26.2 | 25.1 | 24.0 | 23.2 | 22.3 | 21.5 | 20.6 | 20.1 | 19.2 | 18.3 | 17.4 |
| 33.0 | 28.2 | 27.4 | 26.5 | 25.4 | 24.3 | 23.4 | 22.6 | 21.7 | 20.9 | 20.3 | 19.4 | 18.5 | 17.4 |
| 33.2 | 28.6 | 27.7 | 26.8 | 25.7 | 24.6 | 23.7 | 22.9 | 22.0 | 21.2 | 20.5 | 19.6 | 18.7 | 17.6 |
| 33.4 | 28.9 | 28.0 | 27.1 | 26.0 | 24.9 | 24.0 | 23.1 | 22.3 | 21.4 | 20.7 | 19.8 | 18.9 | 17.8 |
| 33.6 | 29.3 | 28.4 | 27.4 | 26.4 | 25.0 | 24.2 | 23.3 | 22.6 | 21.7 | 20.9 | 20.0 | 19.1 | 18.0 |
| 33.8 | 29.6 | 28.7 | 27.7 | 26.6 | 25.2 | 24.4 | 23.5 | 22.8 | 21.9 | 21.1 | 20.2 | 19.3 | 18.2 |
| 34.0 | 30.0 | 29.1 | 28.0 | 26.8 | 25.4 | 24.6 | 23.7 | 23.0 | 22.1 | 21.3 | 20.4 | 19.5 | 18.3 |
| 34.2 | 30.3 | 29.4 | 28.3 | 27.0 | 25.6 | 24.8 | 23.9 | 23.2 | 22.3 | 21.5 | 20.6 | 19.7 | 18.4 |
| 34.4 | 30.7 | 29.8 | 28.6 | 27.2 | 25.8 | 25.0 | 24.1 | 23.4 | 22.5 | 21.7 | 20.8 | 19.8 | 18.6 |
| 34.6 | 31.1 | 30.2 | 28.9 | 27.4 | 26.0 | 25.2 | 24.3 | 23.6 | 22.7 | 21.9 | 21.0 | 20.0 | 18.8 |
| 34.8 | 31.4 | 30.5 | 29.2 | 27.6 | 26.2 | 25.4 | 24.5 | 23.8 | 22.9 | 22.1 | 21.2 | 20.2 | 19.0 |
| 35.0 | 31.8 | 30.8 | 29.6 | 28.0 | 26.4 | 25.8 | 24.8 | 24.0 | 23.2 | 22.3 | 21.4 | 20.4 | 19.2 |
| 35.2 | 32.1 | 31.1 | 29.9 | 28.2 | 26.7 | 26.0 | 25.0 | 24.2 | 23.4 | 22.5 | 21.6 | 20.6 | 19.4 |
| 35.4 | 32.5 | 31.5 | 30.2 | 28.6 | 27.0 | 26.3 | 25.4 | 24.4 | 23.7 | 22.8 | 21.8 | 20.8 | 19.6 |
| 35.6 | 32.9 | 31.9 | 30.6 | 29.0 | 27.3 | 26.6 | 25.7 | 24.7 | 24.0 | 23.0 | 22.0 | 21.0 | 19.8 |
| 35.8 | 33.3 | 32.3 | 31.0 | 29.3 | 27.6 | 27.0 | 26.0 | 25.0 | 24.3 | 23.3 | 22.2 | 21.2 | 20.0 |
| 36.0 | 33.6 | 32.6 | 31.2 | 29.6 | 28.0 | 27.2 | 26.2 | 25.2 | 24.5 | 23.5 | 22.4 | 21.4 | 20.2 |
| 36.2 | 34.0 | 33.0 | 31.6 | 29.9 | 28.2 | 27.5 | 26.5 | 25.4 | 24.8 | 23.8 | 22.6 | 21.6 | 20.4 |
| 36.4 | 34.4 | 33.4 | 32.0 | 30.3 | 28.6 | 27.9 | 26.8 | 25.8 | 25.1 | 24.1 | 22.8 | 21.8 | 20.6 |
| 36.6 | 34.8 | 33.8 | 32.4 | 30.6 | 28.9 | 28.2 | 27.1 | 26.1 | 25.4 | 24.4 | 23.0 | 22.0 | 20.9 |
| 36.8 | 35.4 | 34.1 | 32.7 | 31.0 | 29.2 | 28.5 | 27.5 | 26.4 | 25.7 | 24.6 | 23.2 | 22.2 | 21.1 |
| 37.0 | 35.6 | 34.4 | 33.0 | 31.2 | 29.6 | 28.8 | 27.7 | 26.6 | 25.9 | 24.8 | 23.4 | 22.4 | 21.3 |

续表

| 平均回弹值 $R_m$ | 测区混凝土强度换算值 $f_{cu,i}^{c}$/MPa | | | | | | | | | | | | |
|---|---|---|---|---|---|---|---|---|---|---|---|---|---|
| | 平均碳化深度值 $d_m$/mm | | | | | | | | | | | | |
| | 0 | 0.5 | 1.0 | 1.5 | 2.0 | 2.5 | 3.0 | 3.5 | 4.0 | 4.5 | 5.0 | 5.5 | ≥6.0 |
| 37.2 | 35.8 | 34.8 | 33.4 | 31.6 | 29.8 | 29.1 | 28.0 | 26.9 | 26.2 | 25.1 | 23.7 | 22.6 | 21.5 |
| 37.4 | 36.3 | 35.2 | 33.8 | 31.9 | 30.2 | 29.4 | 28.3 | 27.2 | 26.6 | 25.4 | 24.0 | 22.9 | 21.8 |
| 37.6 | 36.7 | 35.6 | 34.1 | 32.3 | 30.5 | 29.7 | 28.6 | 27.5 | 26.8 | 25.7 | 24.2 | 23.1 | 22.0 |
| 37.8 | 37.1 | 36.0 | 34.5 | 32.6 | 30.8 | 30.0 | 28.9 | 27.8 | 27.1 | 26.0 | 24.5 | 23.4 | 22.3 |
| 38.0 | 37.5 | 36.4 | 34.9 | 33.0 | 31.2 | 30.3 | 29.2 | 28.1 | 27.4 | 26.2 | 24.8 | 23.6 | 22.5 |
| 38.2 | 37.9 | 36.8 | 35.2 | 33.4 | 31.5 | 30.6 | 29.5 | 28.4 | 27.7 | 26.5 | 25.0 | 23.9 | 22.7 |
| 38.4 | 38.3 | 37.2 | 35.6 | 33.7 | 31.8 | 30.9 | 29.8 | 28.7 | 28.0 | 29.8 | 25.3 | 24.1 | 23.0 |
| 38.6 | 38.7 | 37.5 | 36.0 | 34.1 | 32.1 | 31.2 | 30.1 | 29.0 | 28.3 | 27.0 | 25.5 | 24.4 | 23.2 |
| 38.8 | 39.1 | 37.9 | 36.4 | 34.4 | 32.4 | 31.5 | 30.4 | 29.3 | 28.5 | 27.2 | 25.8 | 24.6 | 23.5 |
| 39.0 | 39.5 | 38.2 | 36.7 | 34.7 | 32.7 | 31.8 | 30.6 | 29.6 | 28.8 | 27.4 | 26.0 | 24.8 | 23.7 |
| 39.2 | 39.9 | 38.5 | 37.0 | 35.0 | 33.0 | 32.1 | 30.8 | 29.8 | 29.0 | 27.6 | 26.2 | 25.0 | 25.0 |
| 39.4 | 40.3 | 38.8 | 37.3 | 35.3 | 33.3 | 32.4 | 31.0 | 30.0 | 29.2 | 27.8 | 26.4 | 25.2 | 24.2 |
| 39.6 | 40.7 | 39.1 | 37.6 | 35.6 | 33.6 | 32.7 | 31.2 | 30.2 | 29.4 | 28.0 | 29.6 | 25.4 | 24.4 |
| 39.8 | 41.2 | 39.6 | 38.0 | 35.9 | 33.9 | 33.0 | 31.4 | 30.5 | 29.7 | 28.2 | 29.8 | 25.6 | 24.7 |
| 40.0 | 41.6 | 39.9 | 38.3 | 36.2 | 34.5 | 33.3 | 31.7 | 30.8 | 30.0 | 28.4 | 27.0 | 25.8 | 25.0 |
| 40.2 | 42.0 | 40.3 | 38.6 | 36.5 | 34.8 | 33.6 | 32.0 | 31.1 | 20.2 | 28.6 | 27.3 | 26.0 | 25.2 |
| 40.4 | 42.2 | 40.7 | 39.0 | 36.9 | 35.1 | 33.9 | 32.3 | 31.4 | 30.5 | 28.8 | 27.6 | 26.2 | 25.4 |
| 40.6 | 42.8 | 41.1 | 39.4 | 37.2 | 35.4 | 34.2 | 32.6 | 31.7 | 30.8 | 29.1 | 27.8 | 26.5 | 25.7 |
| 40.8 | 43.3 | 41.6 | 39.8 | 37.7 | 35.7 | 34.5 | 32.9 | 32.0 | 31.2 | 29.4 | 28.1 | 26.8 | 26.0 |
| 41.0 | 43.7 | 42.0 | 40.2 | 38.0 | 36.0 | 34.8 | 33.2 | 32.3 | 31.5 | 29.7 | 28.4 | 27.1 | 26.2 |
| 41.2 | 44.1 | 42.3 | 40.6 | 38.4 | 36.3 | 35.1 | 33.5 | 32.6 | 31.8 | 30.0 | 28.7 | 27.3 | 26.5 |
| 41.4 | 44.5 | 42.7 | 40.9 | 38.7 | 36.6 | 35.4 | 33.8 | 32.9 | 32.0 | 30.3 | 28.9 | 37.6 | 26.7 |
| 41.6 | 45.0 | 43.2 | 41.4 | 39.2 | 35.9 | 35.7 | 34.2 | 3.33 | 32.4 | 30.6 | 29.2 | 27.9 | 27.0 |
| 41.8 | 45.4 | 43.6 | 41.8 | 39.5 | 37.2 | 36.0 | 34.5 | 33.6 | 32.7 | 30.9 | 29.5 | 28.1 | 27.2 |
| 42.0 | 45.9 | 44.1 | 42.2 | 39.9 | 37.6 | 36.3 | 34.9 | 34.0 | 33.0 | 31.2 | 29.8 | 28.5 | 27.5 |
| 42.2 | 46.3 | 44.4 | 42.6 | 40.3 | 38.0 | 36.6 | 35.2 | 34.3 | 33.3 | 31.5 | 30.1 | 28.7 | 27.8 |
| 42.4 | 46.7 | 44.8 | 43.0 | 40.6 | 38.3 | 36.9 | 35.5 | 34.6 | 33.6 | 31.8 | 30.4 | 29.0 | 28.0 |
| 42.6 | 47.2 | 45.3 | 43.4 | 41.1 | 38.7 | 37.3 | 35.9 | 34.9 | 34.0 | 32.1 | 30.7 | 29.3 | 28.3 |
| 42.8 | 47.6 | 45.7 | 43.8 | 41.4 | 39.0 | 37.6 | 36.2 | 35.2 | 34.3 | 32.4 | 30.9 | 29.5 | 28.6 |
| 43.0 | 48.1 | 46.2 | 44.2 | 41.8 | 39.4 | 38.0 | 36.6 | 35.6 | 34.6 | 32.7 | 31.3 | 29.8 | 28.9 |
| 43.2 | 48.5 | 46.6 | 44.6 | 42.2 | 39.8 | 38.3 | 36.9 | 35.9 | 34.9 | 33.0 | 31.5 | 30.1 | 29.1 |
| 43.4 | 49.0 | 47.0 | 45.1 | 42.6 | 40.2 | 38.7 | 37.2 | 36.3 | 35.3 | 33.3 | 31.8 | 30.4 | 29.4 |
| 43.6 | 49.4 | 47.4 | 45.4 | 43.0 | 40.5 | 39.0 | 37.5 | 36.6 | 35.6 | 33.6 | 32.1 | 30.6 | 29.6 |
| 43.8 | 49.9 | 47.9 | 45.9 | 43.4 | 40.9 | 39.4 | 37.9 | 36.9 | 35.9 | 33.9 | 32.4 | 30.9 | 29.9 |
| 44.0 | 50.4 | 48.4 | 46.4 | 43.8 | 41.3 | 39.8 | 38.3 | 37.3 | 36.3 | 34.3 | 32.8 | 31.2 | 30.2 |

续表

| 平均回弹值 $R_m$ | 测区混凝土强度换算值 $f^c_{cu,i}$/MPa | | | | | | | | | | | | |
|---|---|---|---|---|---|---|---|---|---|---|---|---|---|
| | 平均碳化深度值 $d_m$/mm | | | | | | | | | | | | |
| | 0 | 0.5 | 1.0 | 1.5 | 2.0 | 2.5 | 3.0 | 3.5 | 4.0 | 4.5 | 5.0 | 5.5 | ≥6.0 |
| 45.4 | 53.6 | 51.5 | 49.4 | 46.6 | 44.0 | 42.3 | 40.7 | 39.7 | 38.6 | 36.4 | 34.8 | 33.2 | 32.2 |
| 45.6 | 54.1 | 51.9 | 49.8 | 47.1 | 44.4 | 42.7 | 41.1 | 40.0 | 39.0 | 36.8 | 35.2 | 33.5 | 32.5 |
| 45.8 | 54.6 | 52.4 | 50.2 | 47.5 | 44.8 | 43.1 | 41.5 | 40.4 | 39.3 | 37.1 | 35.5 | 33.9 | 32.8 |
| 46.0 | 55.0 | 52.8 | 50.6 | 47.9 | 45.2 | 43.5 | 41.9 | 40.8 | 39.7 | 37.5 | 35.8 | 34.2 | 33.1 |
| 46.2 | 55.5 | 53.3 | 51.1 | 48.3 | 45.5 | 43.8 | 42.2 | 41.1 | 40.0 | 37.7 | 36.1 | 34.4 | 33.3 |
| 46.4 | 56.0 | 53.8 | 51.5 | 48.7 | 45.9 | 44.2 | 42.6 | 41.4 | 40.3 | 38.1 | 36.4 | 34.7 | 33.6 |
| 46.6 | 56.5 | 54.2 | 52.0 | 49.2 | 46.3 | 44.6 | 42.9 | 41.8 | 40.7 | 38.4 | 36.7 | 35.0 | 33.9 |
| 46.8 | 57.0 | 54.7 | 52.4 | 49.6 | 46.7 | 45.0 | 43.3 | 42.2 | 41.0 | 38.8 | 37.0 | 35.3 | 34.2 |
| 47.0 | 57.5 | 55.2 | 52.9 | 50.0 | 47.2 | 45.2 | 43.7 | 42.6 | 41.4 | 39.1 | 37.4 | 35.6 | 34.5 |
| 47.2 | 58.0 | 55.7 | 53.4 | 50.5 | 47.6 | 45.8 | 44.1 | 42.9 | 41.8 | 39.4 | 37.7 | 36.0 | 34.8 |
| 47.4 | 58.5 | 56.2 | 53.8 | 50.9 | 48.0 | 46.2 | 44.5 | 43.3 | 42.1 | 39.8 | 38.0 | 36.3 | 35.1 |
| 47.6 | 59.0 | 56.6 | 54.3 | 51.3 | 48.4 | 46.6 | 44.8 | 43.7 | 42.5 | 40.1 | 40.0 | 36.6 | 35.4 |
| 47.8 | 59.5 | 57.1 | 54.7 | 51.8 | 48.8 | 47.0 | 45.2 | 44.0 | 42.8 | 40.5 | 38.7 | 36.9 | 35.7 |
| 48.0 | 60.0 | 57.6 | 55.2 | 52.2 | 49.2 | 47.4 | 45.6 | 44.4 | 43.2 | 40.8 | 39.0 | 37.2 | 36.0 |
| 48.2 | — | 58.0 | 55.7 | 52.6 | 49.6 | 47.8 | 46.0 | 44.8 | 43.6 | 41.1 | 39.3 | 37.5 | 36.3 |
| 48.4 | — | 58.6 | 56.1 | 53.1 | 50.0 | 48.2 | 46.4 | 45.1 | 43.9 | 41.5 | 39.6 | 37.8 | 36.6 |
| 48.6 | — | 59.0 | 56.6 | 53.5 | 50.4 | 48.6 | 46.7 | 45.5 | 44.3 | 41.8 | 40.0 | 38.1 | 36.9 |
| 48.8 | — | 59.5 | 57.1 | 54.0 | 50.9 | 49.0 | 47.1 | 45.9 | 44.6 | 42.2 | 40.3 | 38.4 | 37.2 |
| 49.0 | — | 60.0 | 57.5 | 54.4 | 51.3 | 49.4 | 47.5 | 46.2 | 45.0 | 42.5 | 40.6 | 38.8 | 37.5 |
| 49.2 | — | — | 58.0 | 54.8 | 51.7 | 49.8 | 47.9 | 46.6 | 45.4 | 42.8 | 41.0 | 39.1 | 37.8 |
| 49.4 | — | — | 58.5 | 55.3 | 52.1 | 50.2 | 48.3 | 47.1 | 45.8 | 43.2 | 41.3 | 39.4 | 38.2 |
| 49.6 | — | — | 58.9 | 55.7 | 52.5 | 50.6 | 48.7 | 47.4 | 46.2 | 43.6 | 41.7 | 39.7 | 38.5 |
| 49.8 | — | — | 59.4 | 56.2 | 53.0 | 51.0 | 49.1 | 47.8 | 46.5 | 43.9 | 42.0 | 40.1 | 38.8 |
| 50.0 | — | — | 59.9 | 56.7 | 53.4 | 51.4 | 49.5 | 48.2 | 46.9 | 44.3 | 42.3 | 40.4 | 39.1 |
| 50.2 | — | — | 60.0 | 57.1 | 53.8 | 51.9 | 49.9 | 48.5 | 47.2 | 44.6 | 42.6 | 40.7 | 39.4 |
| 50.4 | — | — | — | 57.6 | 54.3 | 52.3 | 50.3 | 49.0 | 47.7 | 45.0 | 43.0 | 41.0 | 39.7 |
| 50.6 | — | — | — | 58.0 | 54.7 | 52.7 | 50.7 | 49.4 | 48.0 | 45.4 | 43.4 | 41.4 | 40.0 |
| 50.8 | — | — | — | 58.5 | 55.1 | 53.1 | 51.1 | 49.8 | 48.4 | 45.7 | 43.7 | 41.7 | 40.3 |
| 51.0 | — | — | — | 59.0 | 55.6 | 53.5 | 51.5 | 50.1 | 48.8 | 46.1 | 44.1 | 42.0 | 40.7 |
| 51.2 | — | — | — | 59.4 | 56.0 | 54.0 | 51.9 | 50.5 | 49.2 | 46.4 | 44.4 | 42.3 | 41.0 |
| 51.4 | — | — | — | 59.9 | 56.4 | 54.4 | 52.3 | 50.9 | 49.6 | 46.8 | 44.7 | 42.7 | 41.3 |
| 51.6 | — | — | — | 60.0 | 56.9 | 54.8 | 52.7 | 51.3 | 50.0 | 47.2 | 45.1 | 43.0 | 41.6 |
| 51.8 | — | — | — | — | 57.3 | 55.2 | 53.1 | 51.7 | 50.3 | 47.5 | 45.4 | 43.3 | 41.8 |
| 52.0 | — | — | — | — | 57.8 | 55.7 | 53.6 | 52.1 | 50.7 | 47.9 | 45.8 | 43.7 | 42.3 |
| 52.2 | — | — | — | — | 58.2 | 56.1 | 54.0 | 52.5 | 51.1 | 48.3 | 46.2 | 44.0 | 42.6 |

续表

| 平均回弹值 $R_m$ | 测区混凝土强度换算值 $f^c_{cu,i}$/MPa | | | | | | | | | | | | |
|---|---|---|---|---|---|---|---|---|---|---|---|---|---|
| | 平均碳化深度值 $d_m$/mm | | | | | | | | | | | | |
| | 0 | 0.5 | 1.0 | 1.5 | 2.0 | 2.5 | 3.0 | 3.5 | 4.0 | 4.5 | 5.0 | 5.5 | ≥6.0 |
| 52.4 | — | — | — | — | 58.7 | 56.5 | 54.4 | 53.0 | 51.5 | 48.7 | 46.5 | 44.4 | 43.0 |
| 52.6 | — | — | — | — | 59.1 | 57.0 | 54.8 | 53.4 | 51.9 | 49.0 | 46.9 | 44.7 | 43.3 |
| 52.8 | — | — | — | — | 59.6 | 57.4 | 55.2 | 53.8 | 52.3 | 49.4 | 47.3 | 45.1 | 43.6 |
| 53.0 | — | — | — | — | 60.0 | 57.8 | 55.6 | 54.2 | 52.7 | 49.8 | 47.6 | 45.4 | 43.9 |
| 53.2 | — | — | — | — | — | 58.3 | 56.1 | 54.6 | 53.1 | 50.2 | 48.0 | 45.8 | 44.3 |
| 53.4 | — | — | — | — | — | 58.7 | 56.5 | 55.0 | 53.5 | 50.5 | 48.3 | 46.1 | 44.6 |
| 53.6 | — | — | — | — | — | 59.2 | 56.9 | 55.4 | 53.9 | 50.9 | 48.7 | 46.4 | 44.9 |
| 53.8 | — | — | — | — | — | 59.6 | 57.3 | 55.8 | 54.3 | 51.3 | 49.0 | 46.8 | 45.3 |
| 54.0 | — | — | — | — | — | 60.0 | 57.8 | 56.3 | 54.7 | 51.7 | 49.4 | 47.1 | 45.6 |
| 54.2 | — | — | — | — | — | — | 58.2 | 56.7 | 55.1 | 52.1 | 49.8 | 47.5 | 46.0 |
| 54.4 | — | — | — | — | — | — | 58.6 | 57.1 | 55.6 | 52.5 | 50.2 | 47.9 | 46.3 |
| 54.6 | — | — | — | — | — | — | 59.1 | 57.5 | 56.0 | 52.9 | 50.5 | 48.2 | 46.6 |
| 54.8 | — | — | — | — | — | — | 59.5 | 57.9 | 56.4 | 53.2 | 50.9 | 48.5 | 47.0 |
| 55.0 | — | — | — | — | — | — | 59.9 | 58.4 | 56.8 | 53.6 | 51.3 | 48.9 | 47.3 |
| 55.2 | — | — | — | — | — | — | 60.0 | 58.8 | 57.2 | 54.0 | 51.6 | 49.3 | 47.7 |
| 55.4 | — | — | — | — | — | — | — | 59.2 | 57.6 | 54.4 | 52.0 | 49.6 | 48.0 |
| 55.6 | — | — | — | — | — | — | — | 59.7 | 58.0 | 54.8 | 52.4 | 50.0 | 48.4 |
| 55.8 | — | — | — | — | — | — | — | 60.0 | 58.5 | 55.2 | 52.8 | 50.3 | 48.7 |
| 56.0 | — | — | — | — | — | — | — | — | 58.9 | 55.6 | 53.2 | 50.7 | 49.1 |
| 56.2 | — | — | — | — | — | — | — | — | 59.3 | 56.0 | 53.5 | 51.1 | 49.4 |
| 56.4 | — | — | — | — | — | — | — | — | 59.7 | 56.4 | 53.9 | 51.4 | 49.8 |
| 56.6 | — | — | — | — | — | — | — | — | 60.0 | 56.8 | 54.3 | 51.8 | 50.1 |
| 56.8 | — | — | — | — | — | — | — | — | — | 57.2 | 54.7 | 52.2 | 50.5 |
| 57.0 | — | — | — | — | — | — | — | — | — | 57.6 | 55.1 | 52.5 | 50.8 |
| 57.2 | — | — | — | — | — | — | — | — | — | 58.0 | 55.5 | 52.9 | 51.2 |
| 57.4 | — | — | — | — | — | — | — | — | — | 58.4 | 55.9 | 53.3 | 51.6 |
| 57.6 | — | — | — | — | — | — | — | — | — | 58.9 | 56.3 | 53.7 | 51.9 |
| 57.8 | — | — | — | — | — | — | — | — | — | 59.3 | 56.7 | 54.0 | 52.3 |
| 58.0 | — | — | — | — | — | — | — | — | — | 59.7 | 57.0 | 54.4 | 52.7 |
| 58.2 | — | — | — | — | — | — | — | — | — | 60.0 | 57.4 | 54.8 | 53.0 |
| 58.4 | — | — | — | — | — | — | — | — | — | — | 57.8 | 55.2 | 53.4 |
| 58.6 | — | — | — | — | — | — | — | — | — | — | 58.2 | 55.6 | 53.8 |
| 58.8 | — | — | — | — | — | — | — | — | — | — | 58.6 | 55.9 | 54.1 |
| 59.0 | — | — | — | — | — | — | — | — | — | — | 59.0 | 56.3 | 54.5 |
| 59.2 | — | — | — | — | — | — | — | — | — | — | 59.4 | 56.7 | 54.9 |

续表

| 平均回弹值 $R_m$ | 测区混凝土强度换算值 $f^c_{cu,i}$/MPa | | | | | | | | | | | | |
|---|---|---|---|---|---|---|---|---|---|---|---|---|---|
| | 平均碳化深度值 $d_m$/mm | | | | | | | | | | | | |
| | 0 | 0.5 | 1.0 | 1.5 | 2.0 | 2.5 | 3.0 | 3.5 | 4.0 | 4.5 | 5.0 | 5.5 | ≥6.0 |
| 59.4 | — | — | — | — | — | — | — | — | — | — | 59.8 | 57.1 | 55.2 |
| 59.6 | — | — | — | — | — | — | — | — | — | — | 60.0 | 57.5 | 55.6 |
| 59.8 | — | — | — | — | — | — | — | — | — | — | — | 57.9 | 56.0 |
| 60.0 | — | — | — | — | — | — | — | — | — | — | — | 58.3 | 56.4 |

**注** 表中未注明的测区混凝土强度换算值为小于 10MPa 或大于 60MPa。

# 附录 B 测区泵送混凝土强度换算值

| 平均回弹值 $R_m$ | 测区混凝土强度换算值 $f^c_{cu,i}$/MPa | | | | | | | | | | | | |
|---|---|---|---|---|---|---|---|---|---|---|---|---|---|
| | 平均碳化深度值 $d_m$/mm | | | | | | | | | | | | |
| | 0 | 0.5 | 1.0 | 1.5 | 2.0 | 2.5 | 3.0 | 3.5 | 4.0 | 4.5 | 5.0 | 5.5 | ≥6.0 |
| 18.6 | 10.0 | — | — | — | — | — | — | — | — | — | — | — | — |
| 18.8 | 10.2 | 10.0 | — | — | — | — | — | — | — | — | — | — | — |
| 19.0 | 10.4 | 10.2 | 10.0 | — | — | — | — | — | — | — | — | — | — |
| 19.2 | 10.6 | 10.4 | 10.2 | 10.0 | — | — | — | — | — | — | — | — | — |
| 19.4 | 10.9 | 10.7 | 10.4 | 10.2 | 10.0 | — | — | — | — | — | — | — | — |
| 19.6 | 11.1 | 10.9 | 10.6 | 10.4 | 10.2 | 10.0 | — | — | — | — | — | — | — |
| 19.8 | 11.3 | 11.1 | 10.9 | 10.6 | 10.4 | 10.2 | 10.0 | — | — | — | — | — | — |
| 20.0 | 11.5 | 11.3 | 11.1 | 10.9 | 10.6 | 10.4 | 10.2 | 10.0 | — | — | — | — | — |
| 20.2 | 11.8 | 11.5 | 11.3 | 11.1 | 10.9 | 10.6 | 10.4 | 10.2 | 10.0 | — | — | — | — |
| 20.4 | 12.0 | 11.7 | 11.5 | 11.3 | 11.1 | 10.8 | 10.6 | 10.4 | 10.2 | 10.0 | — | — | — |
| 20.6 | 12.2 | 12.0 | 11.7 | 11.5 | 11.3 | 11.0 | 10.8 | 10.6 | 10.4 | 10.2 | 10.0 | — | — |
| 20.8 | 12.4 | 12.2 | 12.0 | 11.7 | 11.5 | 11.3 | 11.0 | 10.8 | 10.6 | 10.4 | 10.2 | 10.0 | — |
| 21.0 | 12.7 | 12.4 | 12.2 | 11.9 | 11.7 | 11.5 | 11.2 | 11.0 | 10.8 | 10.6 | 10.4 | 10.2 | 10.0 |
| 21.2 | 12.9 | 12.7 | 12.4 | 12.2 | 11.9 | 11.7 | 11.5 | 11.2 | 11.0 | 10.8 | 10.6 | 10.4 | 10.2 |
| 21.4 | 13.1 | 12.9 | 12.6 | 12.4 | 12.1 | 11.9 | 11.7 | 11.4 | 11.2 | 11.0 | 10.8 | 10.6 | 10.3 |
| 21.6 | 13.4 | 13.1 | 12.9 | 12.6 | 12.4 | 12.1 | 11.9 | 11.6 | 11.4 | 11.2 | 11.0 | 10.7 | 10.5 |
| 21.8 | 13.6 | 13.4 | 13.1 | 12.8 | 12.6 | 12.3 | 12.1 | 11.9 | 11.6 | 11.4 | 11.2 | 10.9 | 10.7 |
| 22.0 | 13.9 | 13.6 | 13.3 | 13.1 | 12.8 | 12.6 | 12.3 | 12.1 | 11.8 | 11.6 | 11.4 | 11.1 | 10.9 |
| 22.2 | 14.1 | 13.8 | 13.6 | 13.3 | 13.0 | 12.8 | 12.5 | 12.3 | 12.0 | 11.8 | 11.6 | 11.3 | 11.1 |
| 22.4 | 14.4 | 14.1 | 13.8 | 13.5 | 13.3 | 13.0 | 12.7 | 12.5 | 12.2 | 12.0 | 11.8 | 11.5 | 11.3 |
| 22.6 | 14.6 | 14.3 | 14.0 | 13.8 | 13.5 | 13.2 | 13.0 | 12.7 | 12.5 | 12.2 | 12.0 | 11.7 | 11.5 |
| 22.8 | 14.9 | 14.6 | 14.3 | 14.0 | 13.7 | 13.5 | 13.2 | 12.9 | 12.7 | 12.4 | 12.2 | 11.9 | 11.7 |
| 23.0 | 15.1 | 14.8 | 14.5 | 14.2 | 14.0 | 13.7 | 13.4 | 13.1 | 12.9 | 12.6 | 12.4 | 12.1 | 11.9 |
| 23.2 | 15.4 | 15.1 | 14.8 | 14.5 | 14.2 | 13.9 | 13.6 | 13.4 | 13.1 | 12.8 | 12.6 | 12.3 | 12.1 |

续表

| 平均回弹值 $R_m$ | 测区混凝土强度换算值 $f^c_{cu,i}$/MPa | | | | | | | | | | | | |
|---|---|---|---|---|---|---|---|---|---|---|---|---|---|
| | 平均碳化深度值 $d_m$/mm | | | | | | | | | | | | |
| | 0 | 0.5 | 1.0 | 1.5 | 2.0 | 2.5 | 3.0 | 3.5 | 4.0 | 4.5 | 5.0 | 5.5 | ≥6.0 |
| 23.4 | 15.0 | 15.3 | 15.0 | 14.7 | 14.4 | 14.1 | 13.9 | 13.6 | 13.3 | 13.1 | 12.8 | 12.6 | 12.3 |
| 23.6 | 15.0 | 15.6 | 15.3 | 15.0 | 14.7 | 14.4 | 14.1 | 13.8 | 13.5 | 13.3 | 13.0 | 12.8 | 12.5 |
| 23.8 | 16.2 | 15.8 | 15.5 | 15.2 | 14.9 | 14.6 | 14.3 | 14.1 | 13.8 | 13.5 | 13.2 | 13.0 | 12.7 |
| 24.0 | 10.1 | 16.1 | 15.8 | 15.5 | 15.2 | 14.9 | 14.6 | 14.3 | 14 | 13.7 | 13.5 | 13.2 | 12.9 |
| 24.2 | 16.7 | 16.4 | 16.0 | 15.7 | 15.4 | 15.1 | 14.8 | 11.5 | 14.2 | 13.9 | 13.7 | 13.4 | 13.1 |
| 24.4 | 17.0 | 16.6 | 16.3 | 16.0 | 15.7 | 15.3 | 15.0 | 14.7 | 14.5 | 14.2 | 13.9 | 13.6 | 13.3 |
| 24.6 | 17.2 | 16.9 | 16.5 | 16.2 | 15.9 | 15.6 | 15.3 | 15.0 | 14.7 | 14.4 | 14.1 | 13.8 | 13.6 |
| 24.8 | 17.5 | 17.1 | 16.8 | 16.5 | 16.2 | 15.8 | 15.5 | 15.2 | 14.9 | 14.6 | 14.3 | 14.1 | 13.8 |
| 25.0 | 17.8 | 17.4 | 17.1 | 16.7 | 16.4 | 16.1 | 15.8 | 15.5 | 15.2 | 14.9 | 14.6 | 14.3 | 14.0 |
| 25.2 | 18.0 | 17.7 | 17.3 | 17.0 | 16.7 | 16.3 | 16.0 | 15.7 | 15.4 | 15.1 | 14.8 | 14.5 | 14.2 |
| 25.4 | 18.3 | 18.0 | 17.6 | 17.3 | 16.9 | 16.6 | 16.3 | 15.9 | 15.6 | 15.3 | 15.0 | 14.7 | 14.4 |
| 25.6 | 18.6 | 18.2 | 17.9 | 17.5 | 17.2 | 16.8 | 16.5 | 16.2 | 15.9 | 15.6 | 15.2 | 14.9 | 14.7 |
| 25.8 | 18.9 | 18.5 | 18.2 | 17.8 | 17.4 | 17.1 | 16.8 | 16.4 | 16.1 | 15.8 | 15.5 | 15.2 | 14.9 |
| 26.0 | 19.2 | 18.8 | 18.4 | 18.1 | 17.7 | 17.4 | 17.0 | 16.7 | 16.3 | 16.0 | 15.7 | 15.4 | 15.1 |
| 26.2 | 19.5 | 19.1 | 18.7 | 18.3 | 18.0 | 17.6 | 17.3 | 16.9 | 16.6 | 16.3 | 15.9 | 15.6 | 15.3 |
| 26.4 | 19.8 | 19.4 | 19.0 | 18.6 | 18.2 | 17.9 | 17.5 | 17.2 | 16.8 | 16.5 | 16.2 | 15.9 | 15.6 |
| 26.6 | 20.0 | 19.6 | 19.3 | 18.9 | 18.5 | 18.1 | 17.8 | 17.4 | 17.1 | 16.8 | 16.4 | 16.1 | 15.8 |
| 26.8 | 20.3 | 19.9 | 19.5 | 19.2 | 18.8 | 18.4 | 18.0 | 17.7 | 17.3 | 17.0 | 16.7 | 16.3 | 16.0 |
| 27.0 | 20.6 | 20.2 | 19.8 | 19.4 | 19.1 | 18.7 | 18.3 | 17.9 | 17.6 | 17.2 | 16.9 | 16.6 | 16.2 |
| 27.2 | 20.9 | 20.5 | 20.1 | 19.7 | 19.3 | 18.9 | 18.6 | 18.2 | 17.8 | 17.5 | 17.1 | 16.8 | 16.5 |
| 27.4 | 21.2 | 20.8 | 20.4 | 20.0 | 19.6 | 19.2 | 18.8 | 18.5 | 18.1 | 17.7 | 17.4 | 17.1 | 16.7 |
| 27.6 | 21.5 | 21.1 | 20.7 | 20.3 | 19.9 | 19.5 | 19.1 | 18.7 | 18.4 | 18.0 | 17.6 | 17.3 | 17.0 |
| 27.8 | 21.8 | 21.4 | 21.0 | 20.6 | 20.2 | 19.8 | 19.4 | 19.0 | 18.6 | 18.3 | 17.9 | 17.5 | 17.2 |
| 28.0 | 22.1 | 21.7 | 21.3 | 20.9 | 20.4 | 20.0 | 19.6 | 19.3 | 18.9 | 18.5 | 18.1 | 17.8 | 17.4 |
| 28.2 | 22.4 | 22.0 | 21.6 | 21.1 | 20.7 | 20.3 | 19.9 | 19.5 | 19.1 | 18.8 | 18.4 | 18.0 | 17.7 |
| 28.4 | 22.8 | 22.3 | 21.9 | 21.4 | 21.0 | 20.6 | 20.2 | 19.8 | 19.4 | 19.0 | 18.6 | 18.3 | 17.9 |
| 28.6 | 23.1 | 22.6 | 22.2 | 21.7 | 21.3 | 20.9 | 20.5 | 20.1 | 19.7 | 19.3 | 18.9 | 18.5 | 18.2 |
| 28.8 | 23.4 | 22.9 | 22.5 | 22.0 | 21.6 | 21.2 | 20.7 | 20.3 | 19.9 | 19.5 | 19.2 | 18.8 | 18.4 |
| 29.0 | 23.7 | 23.2 | 22.8 | 22.3 | 21.9 | 21.5 | 21.0 | 20.6 | 20.2 | 19.8 | 19.4 | 19.0 | 18.7 |
| 29.2 | 24.0 | 23.5 | 23.1 | 22.6 | 22.2 | 21.7 | 21.3 | 20.9 | 20.5 | 20.1 | 19.7 | 19.3 | 18.9 |
| 29.4 | 24.3 | 23.9 | 23.4 | 22.9 | 22.5 | 22.0 | 21.6 | 21.2 | 20.8 | 20.3 | 19.9 | 19.5 | 19.2 |
| 29.6 | 24.7 | 24.2 | 23.7 | 23.2 | 22.8 | 22.3 | 21.9 | 21.4 | 21.0 | 20.6 | 20.2 | 19.8 | 19.4 |
| 29.8 | 25.0 | 24.5 | 24.0 | 23.5 | 23.1 | 22.6 | 22.2 | 21.7 | 21.3 | 20.9 | 20.5 | 20.1 | 19.7 |
| 30.0 | 25.3 | 24.8 | 24.3 | 23.8 | 23.4 | 22.9 | 22.5 | 22.0 | 21.6 | 21.2 | 20.7 | 20.3 | 19.9 |
| 30.2 | 25.6 | 25.1 | 24.6 | 24.2 | 23.7 | 23.2 | 22.8 | 22.3 | 21.9 | 21.4 | 21.0 | 20.6 | 20.2 |

续表

| 平均回弹值 $R_m$ | 测区混凝土强度换算值 $f_{cu,i}^{c}$/MPa | | | | | | | | | | | | |
|---|---|---|---|---|---|---|---|---|---|---|---|---|---|
| | 平均碳化深度值 $d_m$/mm | | | | | | | | | | | | |
| | 0 | 0.5 | 1.0 | 1.5 | 2.0 | 2.5 | 3.0 | 3.5 | 4.0 | 4.5 | 5.0 | 5.5 | ≥6.0 |
| 30.4 | 26.0 | 25.5 | 25.0 | 24.5 | 24.0 | 23.5 | 23.0 | 22.6 | 22.1 | 21.7 | 21.3 | 20.9 | 20.4 |
| 30.6 | 26.3 | 25.8 | 25.3 | 24.8 | 24.3 | 23.8 | 23.3 | 22.9 | 22.4 | 22.0 | 21.6 | 21.1 | 20.7 |
| 30.8 | 26.6 | 26.1 | 25.6 | 25.1 | 24.6 | 24.1 | 23.6 | 23.2 | 22.7 | 22.3 | 21.8 | 21.4 | 21.0 |
| 31.0 | 27.0 | 26.4 | 25.9 | 25.4 | 24.9 | 24.1 | 23.9 | 23.5 | 23.0 | 22.5 | 22.1 | 21.7 | 21.2 |
| 31.2 | 27.3 | 26.8 | 20.2 | 25.7 | 25.2 | 24.7 | 24 | 23.8 | 23.3 | 22.8 | 22.4 | 21.9 | 21.5 |
| 31.4 | 27.7 | 27.1 | 26.6 | 26.0 | 25.5 | 25.0 | 24.5 | 24.1 | 23.6 | 23.1 | 22.7 | 22.2 | 21.8 |
| 31.6 | 28.0 | 27.4 | 26.9 | 26.4 | 25.9 | 25.3 | 24.8 | 24.4 | 23.9 | 23.4 | 22.9 | 22.5 | 22.0 |
| 31.8 | 28.3 | 27.8 | 27.2 | 26.7 | 26.2 | 25.7 | 25.1 | 24.7 | 24.2 | 23.7 | 23.2 | 22.8 | 22.3 |
| 32.0 | 28.7 | 28.1 | 27.6 | 27.0 | 26.5 | 26.0 | 25.5 | 25.0 | 24.5 | 24.0 | 23.5 | 23.0 | 22.6 |
| 32.2 | 29.0 | 28.5 | 27.9 | 27.4 | 26.8 | 26.3 | 25.8 | 25.3 | 24.8 | 24.3 | 23.8 | 23.3 | 22.9 |
| 32.4 | 29.4 | 28.8 | 28.2 | 27.7 | 27.1 | 26.6 | 26.1 | 25.6 | 25.1 | 24.6 | 24.1 | 23.6 | 23.1 |
| 32.6 | 29.7 | 29.2 | 28.6 | 28.0 | 27.5 | 26.9 | 26.4 | 25.9 | 25.4 | 24.9 | 24.4 | 23.9 | 23.4 |
| 32.8 | 30.1 | 29.5 | 28.9 | 28.3 | 27.8 | 27.2 | 26.7 | 26.2 | 25.7 | 25.2 | 24.7 | 24.2 | 23.7 |
| 33.0 | 30.4 | 29.8 | 29.3 | 28.7 | 28.1 | 27.6 | 27.0 | 26.5 | 26.0 | 25.5 | 25.0 | 24.5 | 24.0 |
| 33.2 | 30.8 | 30.2 | 29.6 | 29.0 | 28.4 | 27.9 | 27.3 | 26.8 | 26.3 | 25.8 | 25.2 | 24.7 | 24.3 |
| 33.4 | 31.2 | 30.6 | 30.0 | 29.4 | 28.8 | 28.2 | 27.7 | 27.1 | 26.6 | 26.1 | 25.5 | 25.0 | 24.5 |
| 33.6 | 31.5 | 30.9 | 30.3 | 29.7 | 29.1 | 28.5 | 28.0 | 27.4 | 26.9 | 26.4 | 25.8 | 25.3 | 24.8 |
| 33.8 | 31.9 | 31.3 | 30.7 | 30.0 | 29.5 | 28.9 | 28.3 | 27.7 | 27.2 | 26.7 | 26.1 | 25.6 | 25.1 |
| 34.0 | 32.3 | 31.6 | 31.0 | 30.4 | 29.8 | 29.2 | 28.6 | 28.1 | 27.5 | 27.0 | 26.4 | 25.9 | 25.4 |
| 34.2 | 32.6 | 32.0 | 31.4 | 30.7 | 30.1 | 29.5 | 29.0 | 28.4 | 27.8 | 27.3 | 26.7 | 26.2 | 25.7 |
| 34.4 | 33.0 | 32.4 | 31.7 | 31.1 | 30.5 | 29.9 | 29.3 | 28.7 | 28.1 | 27.6 | 27.0 | 26.5 | 26.0 |
| 34.6 | 33.4 | 32.7 | 32.1 | 31.4 | 30.8 | 30.2 | 29.6 | 29.0 | 28.5 | 27.9 | 27.4 | 26.8 | 26.3 |
| 34.8 | 33.8 | 33.1 | 32.4 | 31.8 | 31.2 | 30.6 | 30.0 | 29.4 | 28.8 | 28.2 | 27.7 | 27.1 | 26.6 |
| 35.0 | 34.1 | 33.5 | 32.8 | 32.2 | 31.5 | 30.9 | 30.3 | 29.7 | 29.1 | 28.5 | 28.0 | 27.4 | 26.9 |
| 35.2 | 34.5 | 33.8 | 33.2 | 32.5 | 31.9 | 31.2 | 30.6 | 30.0 | 29.4 | 28.8 | 28.3 | 27.7 | 27.2 |
| 35.4 | 34.9 | 34.2 | 33.5 | 32.9 | 32.2 | 31.6 | 31.0 | 30.4 | 29.8 | 29.2 | 28.6 | 28.0 | 27.5 |
| 35.6 | 35.3 | 34.6 | 33.9 | 33.2 | 32.6 | 31.9 | 31.3 | 30.7 | 30.1 | 29.5 | 28.9 | 28.3 | 27.8 |
| 35.8 | 35.7 | 35.0 | 34.3 | 33.6 | 32.9 | 32.3 | 31.6 | 31.0 | 30.4 | 29.8 | 29.2 | 28.6 | 28.1 |
| 36.0 | 36.0 | 35.3 | 34.6 | 34.0 | 33.3 | 32.6 | 32.0 | 31.4 | 30.7 | 30.1 | 29.5 | 29.0 | 28.4 |
| 36.2 | 36.4 | 35.7 | 35.0 | 34.3 | 33.6 | 33.0 | 32.3 | 31.7 | 31.1 | 30.5 | 29.9 | 29.3 | 28.7 |
| 36.4 | 36.8 | 36.1 | 35.4 | 34.7 | 34.0 | 33.3 | 32.7 | 32.0 | 31.4 | 30.8 | 30.2 | 29.6 | 29.0 |
| 36.6 | 37.2 | 36.5 | 35.8 | 35.1 | 34.4 | 33.7 | 33.0 | 32.4 | 31.7 | 31.1 | 30.5 | 29.9 | 29.3 |
| 36.8 | 37.6 | 36.9 | 36.2 | 35.4 | 34.7 | 34.1 | 33.4 | 32.7 | 32.1 | 31.4 | 30.8 | 30.2 | 29.6 |
| 37.0 | 38.0 | 37.3 | 36.5 | 35.8 | 35.1 | 34.4 | 33.7 | 33.1 | 32.4 | 31.8 | 31.2 | 30.5 | 29.9 |

续表

| 平均回弹值 $R_m$ | 测区混凝土强度换算值 $f^c_{cu,i}$/MPa | | | | | | | | | | | | |
|---|---|---|---|---|---|---|---|---|---|---|---|---|---|
| | 平均碳化深度值 $d_m$/mm | | | | | | | | | | | | |
| | 0 | 0.5 | 1.0 | 1.5 | 2.0 | 2.5 | 3.0 | 3.5 | 4.0 | 4.5 | 5.0 | 5.5 | ≥6.0 |
| 37.2 | 38.4 | 37.7 | 36.9 | 36.2 | 35.5 | 34.8 | 34.1 | 33.4 | 32.8 | 32.1 | 31.5 | 30.9 | 30.2 |
| 37.4 | 38.8 | 38.1 | 37.3 | 36.6 | 35.8 | 35.1 | 34.4 | 33.8 | 33.1 | 32.4 | 31.8 | 31.2 | 30.6 |
| 37.6 | 39.2 | 38.4 | 37.7 | 36.9 | 36.2 | 35.5 | 34.8 | 34.1 | 33.4 | 32.8 | 32.1 | 31.5 | 30.9 |
| 37.8 | 39.6 | 38.8 | 38.1 | 37.3 | 36.6 | 35.9 | 35.2 | 34.5 | 33.8 | 33.1 | 32.5 | 31.8 | 31.2 |
| 38.0 | 40.0 | 39.2 | 38.5 | 37.7 | 37.0 | 36.2 | 35.5 | 34.8 | 34.1 | 33.5 | 32.8 | 32.2 | 31.5 |
| 38.2 | 40.4 | 39.6 | 38.9 | 38.1 | 37.3 | 36.6 | 35.9 | 35.2 | 34.5 | 33.8 | 33.1 | 32.5 | 31.8 |
| 38.4 | 40.9 | 40.1 | 39.3 | 38.5 | 37.7 | 37.0 | 36.3 | 35.5 | 34.8 | 34.2 | 33.5 | 32.8 | 32.2 |
| 38.6 | 41.3 | 40.5 | 39.7 | 38.9 | 38.1 | 37.4 | 36.6 | 35.9 | 35.2 | 34.5 | 33.8 | 33.2 | 32.5 |
| 38.8 | 41.7 | 40.9 | 40.1 | 39.3 | 38.5 | 37.7 | 37.0 | 36.3 | 35.5 | 34.8 | 34.2 | 33.5 | 32.8 |
| 39.0 | 42.1 | 41.3 | 40.5 | 39.7 | 38.9 | 38.1 | 37.4 | 36.6 | 35.9 | 35.2 | 34.5 | 33.8 | 33.2 |
| 39.2 | 42.5 | 41.7 | 40.9 | 40.1 | 39.3 | 38.5 | 37.7 | 37.0 | 36.3 | 35.5 | 34.8 | 34.2 | 33.5 |
| 39.4 | 42.9 | 42.1 | 41.3 | 40.5 | 39.7 | 38.9 | 38.1 | 37.4 | 36.6 | 35.9 | 35.2 | 34.5 | 33.8 |
| 39.6 | 43.4 | 42.5 | 41.7 | 40.9 | 40.0 | 39.3 | 38.5 | 37.7 | 37.0 | 36.3 | 35.5 | 34.8 | 34.2 |
| 39.8 | 43.8 | 42.9 | 42.1 | 41.3 | 40.4 | 39.6 | 38.9 | 38.1 | 37.3 | 36.6 | 35.9 | 35.2 | 34.5 |
| 40.0 | 44.2 | 43.4 | 42.5 | 41.7 | 40.8 | 40.0 | 39.2 | 38.5 | 37.7 | 37.0 | 36.2 | 35.5 | 34.8 |
| 40.2 | 44.7 | 43.8 | 42.9 | 42.1 | 41.2 | 40.4 | 39.6 | 38.8 | 38.1 | 37.3 | 36.6 | 35.9 | 35.2 |
| 40.4 | 45.1 | 44.2 | 43.3 | 42.5 | 41.6 | 40.8 | 40.0 | 39.2 | 38.4 | 37.7 | 36.9 | 36.2 | 35.5 |
| 40.6 | 45.5 | 44.6 | 43.7 | 42.9 | 42.0 | 41.2 | 40.4 | 39.6 | 38.8 | 38.1 | 37.3 | 36.6 | 35.8 |
| 40.8 | 46.0 | 45.1 | 44.2 | 43.3 | 42.4 | 41.6 | 40.8 | 40.0 | 39.2 | 38.4 | 37.7 | 36.9 | 36.2 |
| 41.0 | 46.4 | 45.5 | 44.6 | 43.7 | 42.8 | 42.0 | 41.2 | 40.4 | 39.6 | 38.8 | 38.0 | 37.3 | 36.5 |
| 41.2 | 46.8 | 45.9 | 45.0 | 44.1 | 43.2 | 42.4 | 41.6 | 40.7 | 39.9 | 39.1 | 38.4 | 37.6 | 36.9 |
| 41.4 | 47.3 | 46.3 | 45.4 | 44.5 | 43.7 | 42.8 | 42.0 | 41.1 | 40.3 | 39.5 | 38.7 | 38.0 | 37.2 |
| 41.6 | 47.7 | 46.8 | 45.9 | 45.0 | 44.1 | 43.2 | 42.3 | 41.5 | 40.7 | 39.9 | 39.1 | 38.3 | 37.6 |
| 41.8 | 48.2 | 47.2 | 46.3 | 45.4 | 44.5 | 43.6 | 42.7 | 41.9 | 41.1 | 40.3 | 39.5 | 38.7 | 37.9 |
| 42.0 | 48.6 | 47.7 | 46.7 | 45.8 | 44.9 | 44.0 | 43.1 | 42.3 | 41.5 | 40.6 | 39.8 | 39.1 | 38.3 |
| 42.2 | 49.1 | 48.1 | 47.1 | 46.2 | 45.3 | 44.4 | 43.5 | 42.7 | 41.8 | 41.0 | 40.2 | 39.4 | 38.6 |
| 42.4 | 49.5 | 48.5 | 47.6 | 46.6 | 45.7 | 44.8 | 43.9 | 43.1 | 42.2 | 41.4 | 40.6 | 39.8 | 39.0 |
| 42.6 | 50.0 | 49.0 | 48.0 | 47.1 | 46.1 | 45.2 | 44.3 | 43.5 | 42.6 | 41.8 | 40.9 | 40.1 | 39.3 |
| 42.8 | 50.4 | 49.4 | 48.5 | 47.5 | 46.6 | 45.6 | 44.7 | 43.9 | 43.0 | 42.2 | 41.3 | 40.5 | 39.7 |
| 43.0 | 50.9 | 49.9 | 48.9 | 47.9 | 47.0 | 46.1 | 45.2 | 44.3 | 43.4 | 42.5 | 41.7 | 40.9 | 40.1 |
| 43.2 | 51.3 | 50.3 | 49.3 | 48.4 | 47.4 | 46.5 | 45.6 | 44.7 | 43.8 | 42.9 | 42.1 | 41.2 | 40.4 |
| 43.4 | 51.8 | 50.8 | 49.8 | 48.8 | 47.8 | 46.9 | 46.0 | 45.1 | 44.2 | 43.3 | 42.5 | 41.6 | 40.8 |
| 43.6 | 52.3 | 51.2 | 50.2 | 49.2 | 48.3 | 47.3 | 46.4 | 45.5 | 44.6 | 43.7 | 42.8 | 42.0 | 41.2 |
| 43.8 | 52.7 | 51.7 | 50.7 | 49.7 | 48.7 | 47.7 | 46.8 | 45.9 | 45.0 | 44.1 | 43.2 | 42.4 | 41.5 |
| 44.0 | 53.2 | 52.2 | 51.1 | 50.1 | 49.1 | 48.2 | 47.2 | 46.3 | 45.4 | 44.5 | 43.6 | 42.7 | 41.9 |

续表

| 平均回弹值 $R_m$ | 测区混凝土强度换算值 $f^c_{cu,i}$/MPa | | | | | | | | | | | | |
|---|---|---|---|---|---|---|---|---|---|---|---|---|---|
| | 平均碳化深度值 $d_m$/mm | | | | | | | | | | | | |
| | 0 | 0.5 | 1.0 | 1.5 | 2.0 | 2.5 | 3.0 | 3.5 | 4.0 | 4.5 | 5.0 | 5.5 | ≥6.0 |
| 44.2 | 53.7 | 52.6 | 51.6 | 50.6 | 49.6 | 48.6 | 47.6 | 46.7 | 45.8 | 44.9 | 44.0 | 43.1 | 42.3 |
| 44.4 | 54.1 | 53.1 | 52.0 | 51.0 | 50.0 | 49.0 | 48.0 | 47.1 | 46.2 | 45.3 | 44.4 | 43.5 | 42.6 |
| 44.6 | 54.6 | 53.5 | 52.5 | 51.5 | 50.4 | 49.4 | 48.5 | 47.5 | 46.6 | 45.7 | 44.8 | 43.9 | 43.0 |
| 44.8 | 55.1 | 54.0 | 52.9 | 51.9 | 50.9 | 49.9 | 48.9 | 47.9 | 47.0 | 46.1 | 45.1 | 44.3 | 43.4 |
| 45.0 | 55.6 | 54.5 | 53.4 | 52.4 | 51.3 | 50.3 | 49.3 | 48.3 | 47.4 | 46.5 | 45.5 | 44.6 | 43.8 |
| 45.2 | 56.1 | 55.0 | 53.9 | 52.8 | 51.8 | 50.7 | 49.7 | 48.8 | 47.8 | 46.9 | 45.9 | 45.0 | 44.1 |
| 45.4 | 56.5 | 55.4 | 54.3 | 53.3 | 52.2 | 51.2 | 50.2 | 49.2 | 48.2 | 47.3 | 46.3 | 45.4 | 44.5 |
| 45.6 | 57.0 | 55.9 | 54.8 | 53.7 | 52.7 | 51.6 | 50.6 | 49.6 | 48.6 | 47.7 | 46.7 | 45.8 | 44.9 |
| 45.8 | 57.5 | 56.4 | 55.3 | 54.2 | 53.1 | 52.1 | 51.0 | 50.0 | 49.0 | 48.1 | 47.1 | 46.2 | 45.3 |
| 46.0 | 58.0 | 56.9 | 55.7 | 54.6 | 53.6 | 52.5 | 51.5 | 50.5 | 49.5 | 48.5 | 47.5 | 46.6 | 45.7 |
| 46.2 | 58.5 | 57.3 | 56.2 | 55.1 | 54.0 | 52.9 | 51.9 | 50.9 | 49.9 | 48.9 | 47.9 | 47.0 | 46.1 |
| 46.4 | 59.0 | 57.8 | 56.7 | 55.6 | 54.5 | 53.4 | 52.3 | 51.3 | 50.3 | 49.3 | 48.3 | 47.4 | 46.4 |
| 46.6 | 59.5 | 58.3 | 57.2 | 56.0 | 54.9 | 53.8 | 52.8 | 51.7 | 50.7 | 49.7 | 48.7 | 47.8 | 46.8 |
| 46.8 | 60.0 | 58.8 | 57.6 | 56.5 | 55.4 | 54.3 | 53.2 | 52.2 | 51.1 | 50.1 | 49.1 | 48.2 | 47.2 |
| 47.0 | — | 59.3 | 58.1 | 57.0 | 55.8 | 54.7 | 53.7 | 52.6 | 51.6 | 50.5 | 49.5 | 48.6 | 47.6 |
| 47.2 | — | 59.8 | 58.6 | 57.4 | 56.3 | 55.2 | 54.1 | 53.0 | 52.0 | 51.0 | 50.0 | 49.0 | 48.0 |
| 47.4 | — | 60.0 | 59.1 | 57.9 | 56.8 | 55.6 | 54.5 | 53.5 | 52.4 | 51.4 | 50.4 | 49.4 | 48.4 |
| 47.6 | — | — | 59.6 | 58.4 | 57.2 | 56.1 | 55.0 | 53.9 | 52.8 | 51.8 | 50.8 | 49.8 | 48.8 |
| 47.8 | — | — | 60.0 | 58.9 | 57.7 | 56.6 | 55.4 | 54.4 | 53.3 | 52.2 | 51.2 | 50.2 | 49.2 |
| 48.0 | — | — | — | 59.3 | 58.2 | 57.0 | 55.9 | 54.8 | 53.7 | 52.7 | 51.6 | 50.6 | 49.6 |
| 48.2 | — | — | — | 59.8 | 58.6 | 57.5 | 56.3 | 55.2 | 54.1 | 53.1 | 52.0 | 51.0 | 50.0 |
| 48.4 | — | — | — | 60.0 | 59.1 | 57.9 | 56.8 | 55.7 | 54.6 | 53.5 | 52.5 | 51.4 | 50.4 |
| 48.6 | — | — | — | — | 59.6 | 58.4 | 57.3 | 56.1 | 55.0 | 53.9 | 52.9 | 51.8 | 50.8 |
| 48.8 | — | — | — | — | 60.0 | 58.9 | 57.7 | 56.6 | 55.5 | 54.4 | 53.3 | 52.2 | 51.2 |
| 49.0 | — | — | — | — | — | 59.3 | 58.2 | 57.0 | 55.9 | 54.8 | 53.7 | 52.7 | 51.6 |
| 49.2 | — | — | — | — | — | 59.8 | 58.6 | 57.5 | 56.3 | 55.2 | 54.1 | 53.1 | 52.0 |
| 49.4 | — | — | — | — | — | 60.0 | 59.1 | 57.9 | 56.8 | 55.7 | 54.6 | 53.5 | 52.4 |
| 49.6 | — | — | — | — | — | — | 59.6 | 58.4 | 57.2 | 56.1 | 55.0 | 53.9 | 52.9 |
| 49.8 | — | — | — | — | — | — | 60.0 | 58.8 | 57.7 | 56.6 | 55.4 | 54.3 | 53.3 |
| 50.0 | — | — | — | — | — | — | — | 59.3 | 58.1 | 57.0 | 55.9 | 54.8 | 53.7 |
| 50.2 | — | — | — | — | — | — | — | 59.8 | 58.6 | 57.4 | 56.3 | 55.2 | 54.1 |
| 50.4 | — | — | — | — | — | — | — | 60.0 | 59.0 | 57.9 | 56.7 | 55.6 | 54.5 |
| 50.6 | — | — | — | — | — | — | — | — | 59.5 | 58.3 | 57.2 | 56.0 | 54.9 |
| 50.8 | — | — | — | — | — | — | — | — | 60.0 | 58.8 | 57.6 | 56.5 | 55.4 |
| 51.0 | — | — | — | — | — | — | — | — | — | 59.2 | 58.1 | 56.9 | 55.8 |

续表

| 平均回弹值 $R_m$ | 测区混凝土强度换算值 $f_{cu,i}^c$/MPa | | | | | | | | | | | | |
|---|---|---|---|---|---|---|---|---|---|---|---|---|---|
| | 平均碳化深度值 $d_m$/mm | | | | | | | | | | | | |
| | 0 | 0.5 | 1.0 | 1.5 | 2.0 | 2.5 | 3.0 | 3.5 | 4.0 | 4.5 | 5.0 | 5.5 | ≥6.0 |
| 51.2 | — | — | — | — | — | — | — | — | — | 59.7 | 58.5 | 57.3 | 56.2 |
| 51.4 | — | — | — | — | — | — | — | — | — | 60.0 | 58.9 | 57.8 | 56.6 |
| 51.6 | — | — | — | — | — | — | — | — | — | — | 59.4 | 58.2 | 57.1 |
| 51.8 | — | — | — | — | — | — | — | — | — | — | 59.8 | 58.7 | 57.5 |
| 52.0 | — | — | — | — | — | — | — | — | — | — | 60.0 | 59.1 | 57.9 |
| 52.2 | — | — | — | — | — | — | — | — | — | — | — | 59.5 | 58.4 |
| 52.4 | — | — | — | — | — | — | — | — | — | — | — | 60.0 | 58.8 |
| 52.6 | — | — | — | — | — | — | — | — | — | — | — | — | 59.2 |
| 52.8 | — | — | — | — | — | — | — | — | — | — | — | — | 59.7 |

注　1. 表中未注明的测区混凝土强度换算值为小于10MPa或大于60MPa。

2. 表中数值是根据曲线方程 $f=-0.034488R^{1.9400}10^{(-0.0173dm)}$ 计算。

# 附录C　非水平方向检测时的回弹值修正值

| $R_{m\alpha}$ | 回弹值修正值 | | | | | | | |
|---|---|---|---|---|---|---|---|---|
| | 检测角度(向上) | | | | | 检测角度(向下) | | |
| | 90° | 60° | 45° | 30° | −30° | −45° | −60° | −90° |
| 20 | −6.0 | −5.0 | −4.0 | −3.0 | +2.5 | +3.0 | +3.5 | +4.0 |
| 21 | −5.9 | −4.9 | −4.0 | −3.0 | +2.5 | +3.0 | +3.5 | +4.0 |
| 22 | −5.8 | −4.8 | −3.9 | −2.9 | +2.4 | +2.9 | +3.4 | +3.9 |
| 23 | −5.7 | −4.7 | −3.9 | −2.9 | +2.4 | +2.9 | +3.4 | +3.9 |
| 24 | −5.6 | −4.6 | −3.8 | −2.8 | +2.3 | +2.8 | +3.3 | +3.8 |
| 25 | −5.5 | −4.5 | −3.8 | −2.8 | +2.3 | +2.8 | +3.3 | +3.8 |
| 26 | −5.4 | −4.4 | −3.7 | −2.7 | +2.2 | +2.7 | +3.2 | +3.7 |
| 27 | −5.3 | −4.3 | −3.7 | −2.7 | +2.2 | +2.7 | +3.2 | +3.7 |
| 28 | −5.2 | −4.2 | −3.6 | −2.6 | +2.1 | +2.6 | +3.1 | +3.6 |
| 29 | −5.1 | −4.1 | −3.6 | −2.6 | +2.1 | +2.6 | +3.1 | +3.6 |
| 30 | −5.0 | −4.0 | −3.5 | −2.5 | +2.0 | +2.5 | +3.0 | +3.5 |
| 31 | −4.9 | −4.0 | −3.5 | −2.5 | +2.0 | +2.5 | +3.0 | +3.5 |
| 32 | −4.8 | −3.9 | −3.4 | −2.4 | +1.9 | +2.4 | +2.9 | +3.4 |
| 33 | −4.7 | −3.9 | −3.4 | −2.4 | +1.9 | +2.4 | +2.9 | +3.4 |
| 34 | −4.6 | −3.8 | −3.3 | −2.3 | +1.8 | +2.3 | +2.8 | +3.3 |
| 35 | −4.5 | −3.8 | −3.3 | −2.3 | +1.8 | +2.3 | +2.8 | +3.3 |
| 36 | −4.4 | −3.7 | −3.2 | −2.2 | +1.7 | +2.2 | +2.7 | +3.2 |
| 37 | −4.3 | −3.7 | −3.2 | −2.2 | +1.7 | +2.2 | +2.7 | +3.2 |

续表

| $R_{m\alpha}$ | 回弹值修正值 | | | | | | | |
|---|---|---|---|---|---|---|---|---|
| | 检测角度(向上) | | | | | 检测角度(向下) | | |
| | 90° | 60° | 45° | 30° | −30° | −45° | −60° | −90° |
| 38 | −4.2 | −3.6 | −3.1 | −2.1 | +1.6 | +2.1 | +2.6 | +3.1 |
| 39 | −4.1 | −3.6 | −3.1 | −2.1 | +1.6 | +2.1 | +2.6 | +3.1 |
| 40 | −4.0 | −3.5 | −3.0 | −2.0 | +1.5 | +2.0 | +2.5 | +3.0 |
| 41 | −4.0 | −3.5 | −3.0 | −2.0 | +1.5 | +2.0 | +2.5 | +3.0 |
| 42 | −3.9 | −3.4 | −2.9 | −1.9 | +1.4 | +1.9 | +2.4 | +2.9 |
| 43 | −3.9 | −3.4 | −2.9 | −1.9 | +1.4 | +1.9 | +2.4 | +2.9 |
| 44 | −3.8 | −3.3 | −2.8 | −1.8 | +1.3 | +1.8 | +2.3 | +2.8 |
| 45 | −3.8 | −3.3 | −2.8 | −1.8 | +1.3 | +1.8 | +2.3 | +2.8 |
| 46 | −3.7 | −3.2 | −2.7 | −1.7 | +1.2 | +1.7 | +2.2 | +2.7 |
| 47 | −3.7 | −3.2 | −2.7 | −1.7 | +1.2 | +1.7 | +2.2 | +2.7 |
| 48 | −3.6 | −3.1 | −2.6 | −1.6 | +1.1 | +1.6 | +2.1 | +2.6 |
| 49 | −3.6 | −3.1 | −2.6 | −1.6 | +1.1 | +1.6 | +2.1 | +2.6 |
| 50 | 3.5 | 3.0 | 2.5 | −1.5 | +1.0 | +1.5 | +2.0 | +2.5 |

注 1. $R_{m\alpha}$小于 20 或大于 50 时，分别按 20 或 50 查表。
2. 表中未列入的相应于 $R_{m\alpha}$的修正值 $R_{m\alpha}$，可用内插法求得（精确至 0.1）。

# 附录 D 不同浇筑面的回弹值修正值

| $R_m^t$ 或 $R_m^b$ | 表面修正值 $R_a^t$ | 底面修正值 $R_a^b$ | $R_m^t$ 或 $R_m^b$ | 表面修正值 $R_a^t$ | 底面修正值 $R_a^b$ |
|---|---|---|---|---|---|
| 20 | +2.5 | −3.0 | 36 | +0.9 | −1.4 |
| 21 | +2.4 | −2.9 | 37 | +0.8 | −1.3 |
| 22 | +2.3 | −2.8 | 38 | +0.7 | −1.2 |
| 23 | +2.2 | −2.7 | 39 | +0.6 | −1.1 |
| 24 | +2.1 | −2.6 | 40 | +0.5 | −1 |
| 25 | +2.0 | −2.5 | 41 | +0.4 | −0.9 |
| 26 | +1.9 | −2.4 | 42 | +0.3 | −0.8 |
| 27 | +1.8 | −2.3 | 43 | +0.2 | −0.7 |
| 28 | +1.7 | −2.2 | 44 | +0.1 | −0.6 |
| 29 | +1.6 | −2.1 | 45 | 0 | −0.5 |
| 30 | +1.5 | −2.0 | 46 | 0 | −0.4 |
| 31 | +1.4 | −1.9 | 47 | 0 | −0.3 |
| 32 | +1.3 | −1.8 | 48 | 0 | −0.2 |
| 33 | +1.2 | −1.7 | 49 | 0 | −0.1 |
| 34 | +1.1 | −1.6 | 50 | 0 | 0 |
| 35 | +1.0 | −1.5 | | | |

注 1. $R_m^t$ 或 $R_m^b$ 小于 20 或大于 50 时，分别按 20 或 50 查表。
2. 表中有关混凝土浇筑表面的修正系数，是指一般原浆抹面的修正值。
3. 表中有关混凝土浇筑底面的修正系数，是指构件底面与侧面采用同一类模板在正常浇筑情况下的修正值。
4. 表中未列入相应于 $R_m^t$ 或 $R_m^b$ 的 $R_a^t$ 和 $R_a^b$，可用内插法求得（精确至 0.1）。

# 附录E 混凝土力学性能实验报告

组别　　　　　　　　同组试验者
日期　　　　　　　　指导教师

## 一、实验目的

## 二、实验记录与计算

### 1. 设计要求

| 混凝土设计强度/MPa | 混凝土配置强度/MPa | 坍落度/mm | 配 合 比 | 其 他 要 求 |
|---|---|---|---|---|
| | | | | |

### 2. 试拌材料状况

| | | | | |
|---|---|---|---|---|
| 水 泥 | 品 种 | | 密度/(g/cm³) | |
| | 标号 | | 出厂日期 | |
| 细骨料 | 细度模数 | | 堆积密度/(g/cm³) | |
| | 级配情况 | | 空隙率/% | |
| | 密度/(g/cm³) | | 含水率/% | |
| 粗骨料 | 最大粒径/mm | | 堆积密度/(g/cm³) | |
| | 级配情况 | | 空隙率/% | |
| | 密度/(g/cm³) | | 含水率/% | |
| 拌和水 | | | | |

### 3. 立方体抗压强度测定

实验室温度____℃；相对湿度____%；养护龄期____ d；加荷速度____；测强日期________。

| 试件编号 | 受压面尺寸/mm | | 受压面面积/mm² | 破坏荷载/N | 抗压强度测试值/MPa | 抗压强度测试平均值/MPa | 28d标准试块抗压强度/MPa |
|---|---|---|---|---|---|---|---|
| | 长 | 宽 | | | | | |
| 1 | | | | | | | |
| 2 | | | | | | | |
| 3 | | | | | | | |

### 4. 轴心抗压强度测定

实验室温度____℃；相对湿度____%；养护龄期____ d；加荷速度____；测强日期________。

| 试件编号 | 龄期/d | 试件尺寸 | | | 破坏荷载/kN | 轴心抗压强度/MPa | |
|---|---|---|---|---|---|---|---|
| | | 长/mm | 宽/mm | 面积/mm² | | 测试值 | 平均值 |
| 1 | | | | | | | |
| 2 | | | | | | | |
| 3 | | | | | | | |

### 5. 劈裂抗拉强度测定

实验室温度____℃；相对湿度____%；养护龄期____ d；加荷速度____；测强日期______。

| 试件编号 | 龄期/d | 试件尺寸/mm | 试件劈裂面积/mm² | 破坏荷载/kN | 劈裂抗拉强度/MPa | |
|---|---|---|---|---|---|---|
| | | | | | 测试值 | 平均值 |
| 1 | | | | | | |
| 2 | | | | | | |
| 3 | | | | | | |

### 6. 回弹法测强

| 构件 | | 测区混凝土抗压强度换算值/MPa | | | 构件现龄期混凝土强度推定值/MPa | 备注 |
|---|---|---|---|---|---|---|
| 名称 | 编号 | 平均值 | 标准差 | 最小值 | | |
| | | | | | | |
| | | | | | | |
| | | | | | | |
| | | | | | | |
| | | | | | | |

## 三、分析与讨论

# 第9章 混凝土耐久性能实验

## 9.1 概述

混凝土的耐久性是指其在规定的使用年限内，抵抗环境介质作用并长期保持良好的使用性能和外观完整性，从而维持混凝土结构的安全、正常使用的能力。混凝土的耐久性是一项综合的技术性质，其评价指标一般包括抗渗性、抗冻性、抗侵蚀性、混凝土的碳化（中性化）和碱骨料反应等。混凝土耐久性不良会造成严重的结构破坏和巨大的经济损失。因此，掌握混凝土耐久性各项指标的检测方法具有重要的意义。本章主要介绍普通混凝土抗渗性、抗冻性、混凝土的碳化（中性化）、抗侵蚀性和碱骨料反应等耐久性能的实验原理与实验方法。

混凝土耐久性实验应符合以下一般规定。

（1）每组试件所用的拌合物应从同一盘混凝土或同一车混凝土中取样。

（2）试件的最小横截面尺寸宜按表9.1的规定选用。

**表9.1　试件的最小横截面尺寸**

| 骨料最大公称粒径/mm | 试件的最小横截面尺寸/mm |
|---|---|
| 31.5 | 100×100或$\phi$100 |
| 40.0 | 150×150或$\phi$150 |
| 63.0 | 200×200或$\phi$200 |

（3）试件的公差：①所有试件承压面的平整度公差不得超过试件的边长或直径的0.0005；②除抗水渗透试件外，其他所有试件的相邻面间的夹角应为90°，公差不得超过0.5°；③除特别指明试件的尺寸公差以外，所有试件各边长、直径或高度的公差不得超过1mm。

（4）试件的制作和养护：①试件不应采用憎水性脱模剂；②宜同时制作与耐久性实验龄期相对应的混凝土立方体抗压强度实验用试件。

## 9.2 混凝土抗渗性能实验

混凝土的抗渗性是指混凝土抵抗水、油等液体在压力作用下渗透的性能，凡是受液体压力作用的混凝土工程，都有抗渗性的要求。本实验适用于硬化后混凝土抗渗性能的测定，据此实验结果以确定混凝土的抗渗等级。具体实验方法有渗水高度法和逐级加压法，前者适用于以测定硬化混凝土在恒定水压力下的平均渗水高度来表示的混凝土抗水渗透性能，后者适用于通过逐级施加水压力来测定以抗渗等级来表示的混凝土抗水渗透性能。两者所用主要仪器设备、试样制备及密封安装方法相同。

### 9.2.1 主要仪器设备

（1）混凝土抗渗仪。能使水压按规定的要求稳定地作用在试件上，抗渗仪施加水压力范围为0.1～2.0MPa。

（2）安装试件的加压设备可为螺旋加压或其他加压形式，其压力应能保证将试件压入试件套内。

（3）试模应采用上口内部直径为175mm、下口内部直径为185mm和高度为150mm的圆台体。

（4）密封材料宜用石蜡加松香或水泥加黄油等材料，也可采用橡胶套等其他有效密封材料。

（5）梯形板（图9.1）采用尺寸为200mm×200mm的透明材料制成，并画有10条等间距、垂直于梯形底线的直线。

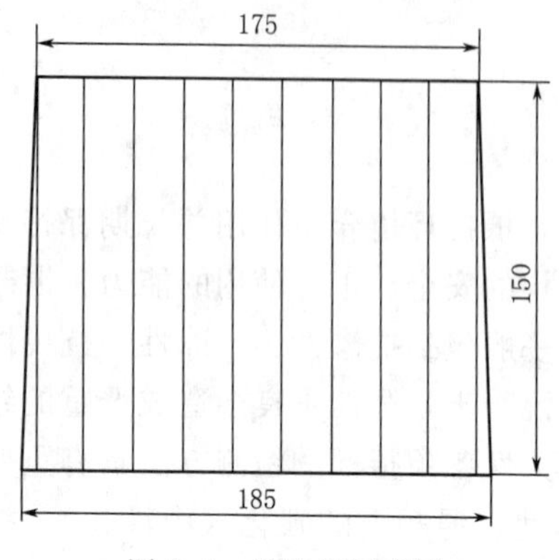

图9.1 梯形板示意图

（6）钢尺的分度值为1mm，钟表的分度值为1min。辅助设备包括螺旋加压器、烘箱、电炉、浅盘、铁锅和钢丝刷等。

### 9.2.2 试件制作与养护

实验前要特别注意试件的制作与养护环节；否则，实验结果的准确性会受到影响。抗渗性能实验采用顶面直径为175mm、底面直径为185mm、高度为150mm的圆台体试件，抗渗试件以6个为一组。试件成型后24h拆模，用钢丝刷刷去两端面水泥浆膜，然后送入标准养护室养护，试件一般养护至28d龄期进行实验，如有特殊要求可在其他龄期进行实验。在实际工程中，当连续浇筑混凝土500m$^3$以下时，应留置两组（12个）抗渗试件，每增加250～500m$^3$混凝土就要增加两组试件。

### 9.2.3 渗水高度法实验步骤

（1）应先按规定的方法进行试件的制作和养护。抗水渗透实验应以6个试件为一组。

（2）试件拆模后，应用钢丝刷刷去两端面的水泥浆膜，并立即将试件送入标准养护室进行养护。

（3）抗水渗透实验的龄期宜为28d，应在到达试验龄期的前一天，从养护室取出试件，并擦拭干净。待试件表面晾干后，应按下列方法进行试件密封，用石蜡密封时，应在试件侧面裹涂一层熔化的内加少量松香的石蜡。然后用螺旋加压器将试件压入经过烘箱或电炉预热过的试模中，使试件与试模底平齐，并应在试模变冷后解除压力。试模的预热温度，应以石蜡接触试模，即缓慢熔化但不流淌为准。用水泥加黄油密封时，其质量比应为（2.5～3）：1，用三角刀将密封材料均匀地刮涂在试件侧面，厚度为1～2mm。套上试模并将试件压入，使试件与试模底齐平。试件密封也可以采用其他更可靠的密封方式。

（4）试件准备好之后，启动抗渗仪，并开通6个试位下的阀门，使水从6个孔中渗出，水应充满试位坑，在关闭6个试位下的阀门后应将密封好的试件安装在抗渗仪上。

（5）试件安装好以后，应立即开通6个试位下的阀门，使水压在24h内恒定控制在（1.2±0.05）MPa，且加压过程不大于5min，应以达到稳定压力的时间作为实验记录起始时间（精确至1min），在稳压过程中随时观察试件端面的渗水情况，当有某个试件端面出现渗水时，应停止该试件的实验并记录时间，并以试件的高度作为该试件的渗水高度。对于试件端面未出现渗水的情况，应在试验24h后停止实验，并及时取出试件。在实验过程中，当发现水从试件周边渗出时，应重新按上述第（3）条的规定进行密封。

（6）将从抗渗仪上取出的试件放在压力机上，并在试件上、下两端面中心处沿直径方向各放一根直径为6mm的钢垫条，确保它们在同一竖直平面内。然后开动压力机，将试件沿纵断面劈裂为两半。试件劈开后，用防水笔描出水痕。

（7）将梯形板放在试件劈裂面上，并用钢尺沿水痕等间距测量10个测点的渗水高度值，读数应精确至1mm。若读数时遇到某测点被骨料阻挡，可以以靠近骨料两端的渗水高度算术平均值作为该测点的渗水高度。

### 9.2.4 渗水高度法实验结果计算及处理

（1）试件渗水高度应按式（9.1）进行计算，即

$$\overline{h}_i=\frac{1}{10}\sum_{j=1}^{10}h_j \tag{9.1}$$

式中 $\overline{h}_i$——第$i$个试件的平均渗水高度，mm，应以10个测点渗水高度的平均值作为该试件渗水高度的测定值；

$h_j$——第$i$个试件第$j$个测点处的渗水高度，mm。

（2）一组试件的平均渗水高度应按式（9.2）进行计算，即

$$\overline{h}=\frac{1}{6}\sum_{i=1}^{6}h_i \tag{9.2}$$

式中 $\overline{h}$——一组6个试件的平均渗水高度，mm，应以一组6个试件渗水高度的算术平均值作为该组试件渗水高度的测定值。

### 9.2.5 逐级加压法实验步骤与数据处理

（1）首先应按渗水高度法的规定进行试件的密封和安装。

（2）实验时，水压应从0.1MPa开始，以后每隔8h增加0.1MPa水压，并随时观察试件端面渗水情况。当6个试件中有3个试件表面出现渗水时，或加至规定压力（设计抗渗等级）在8h内6个试件中表面渗水试件少于3个时，可停止实验，

并记下此时的水压力。在实验过程中，当发现水从试件周边渗出时，应按规定重新进行密封。

混凝土的抗渗等级应以每组6个试件中有4个试件未出现渗水时的最大水压力乘以10来确定。混凝土的抗渗等级应按式（9.3）计算，即

$$P=10H-1 \tag{9.3}$$

式中　$P$——抗渗等级；

$H$——6个试件中有3个试件渗水时的水压力，MPa。

抗渗等级对应的是两个试件渗水或者是4个试件未出现渗水时的水压力值的10倍。有关抗渗等级的确定可能会有以下3种情况。

1）当某次加压后，在8h内6个试件中有2个试件出现渗水时（此时的水压力为$H$），则此组混凝土抗渗等级为

$$P=10H \tag{9.4}$$

2）当某次加压后，在8h内6个试件中有3个试件出现渗水时（此时的水压力为$H$），则此组混凝土抗渗等级为

$$P=10H-1 \tag{9.5}$$

3）当加压至规定数字或者设计指标后，在8h内6个试件中表面渗水的试件少于2个（此时的水压力为$H$），则此组混凝土抗渗等级为

$$P>10H \tag{9.6}$$

### 9.2.6　注意事项

（1）实验过程中，应及时观察、记录试件的渗水情况，注意水箱变化，及时加水。试验结束后，应及时卸模，清理余物，密封材料的残料，用抹布擦净抗渗仪的台面，关闭各阀门。

（2）试件在烘箱中预热时，控制温度为80～90℃，恒温1h。

（3）在实验过程中，如发现水从试件周边渗出，应停止实验，重新密封，然后再上机进行实验。

（4）试件在加压时，发生了停电或仪器发生故障，保管好试件，待恢复正常后继续实验。

（5）在压力机上进行劈裂试件时，应保证上下放置的钢垫条相互平行，并处于同一竖直面内，而且应放置在试件两端面的直径处，以保证劈裂面与端面垂直以及便于准确测量渗水高度。

## 9.3　混凝土动弹性模量实验

混凝土在弹性变形阶段，其应力和应变成正比例关系（即符合胡克定律），其比例系数称为弹性模量。弹性模量可视为衡量材料产生弹性变形难易程度的指标，其值越大，材料发生一定弹性变形的应力也越大，即材料刚度越大；亦即在一定应力作用下，发生弹性变形越小。材料在荷载作用下的力学响应，除了与在静力作用下的影响因素有关外，还与荷载作用时间、大小、频率及重复效应等有关，具有一定的应力依赖性。弹性模量是表征材料力学强度的一个重要参数。在动荷载作用

下，材料内部产生的应力、应变响应均为时间的函数，相应地，弹性模量在外载作用过程中也不是一成不变的，材料动态模量定义为应力幅值的比值，以表征材料在不同的外载作用下不同的响应特性。混凝土的动弹性模量指在动负荷作用下混凝土应力与应变的比值。混凝土动弹性模量是冻融试验中的一个基本指标，适用于检验混凝土在各种因素作用下内部结构的变化情况。

混凝土动弹性模量一般以共振法进行测定，其原理是使试件在一个可调频率的周期性外力作用下产生受迫振动，如果外力的频率等于试件的基频振动频率，就会产生共振，试件的振幅达到最大。这样测得试件的基频频率后再由质量及几何尺寸等因素计算得出动弹性模量值。动弹性模量试验应采用尺寸为100mm×100mm×400mm的棱柱体试件。

## 9.3.1 实验设备

（1）共振法混凝土动弹性模量测定仪（又称共振仪）的输出频率可调范围应为100～20000Hz，输出功率应能使试件产生受迫振动。

（2）试件支承体应采用厚度约为20mm的泡沫塑料垫，宜采用表观密度为15～18kg/m$^3$的聚苯板。

（3）称量设备的最大量程应为20kg，感量不应超过5g。

## 9.3.2 实验步骤

（1）首先应测定试件的质量和尺寸。试件质量应精确至0.01g，尺寸的测量应精确至1mm。

（2）测定完试件的质量和尺寸后，应将试件放置在支撑体中心位置，成型面向上，并将激振换能器的测杆轻轻地压在试件长边侧面中线的1/2处，接收换能器的测杆轻轻地压在试件长边侧面中线距端面5mm处。在测杆接触试件前，宜在测杆与试件接触面涂一薄层黄油或凡士林作为耦合介质，测杆压力的大小应以不出现噪声为准。采用的各部件连接和相对位置应符合图9.2的规定。

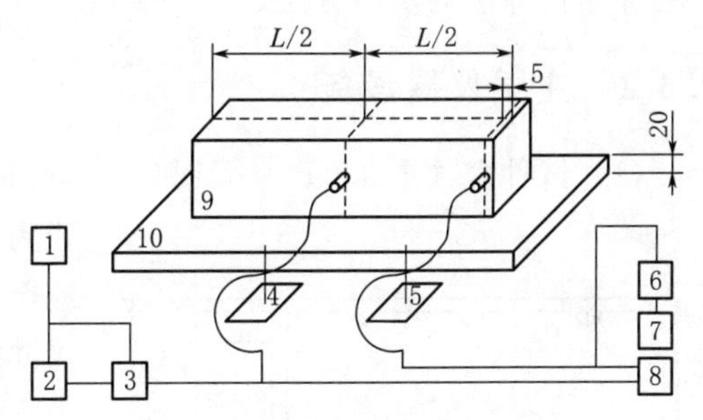


图9.2 各部件连接和相对位置示意图

1—振荡器；2—频率计；3—放大器；4—激振换能器；5—接收换能器；6—放大器；7—电表；8—示波器；9—试件；10—试件支撑体

（3）放置好测杆后，应先调整共振仪的激振功率和接收增益旋钮至适当位置，然后变换激振频率，并注意观察指示电表的指针偏转。当指针偏转为最大时，表示试件达到共振状态，应以这时所显示的共振频率作为试件的基频振动频率。每一测量应重复两次以上，当两次连续测值之差不超过两个测值的算术平均值的0.5%时，应取这两个测值的算术平均值作为该试件的基频振动频率。

（4）当用示波器作显示的仪器时，示波器的图形调成一个正圆时的频率应为共振频率。在测试过程中，当发现两个以上峰值时，应将接收换能器移至距试件端部0.224倍试件长处，当指示电表示值为零时，应将其作为真实的共振峰值。

### 9.3.3 结果计算

(1) 动弹性模量应按式 (9.7) 计算，即

$$E_d = 13.244 \times 10^{-4} \frac{WL^3 f^2}{a^4} \tag{9.7}$$

式中 $E_d$——混凝土动弹性模量，MPa；
$a$——正方形截面试件的边长，mm；
$L$——试件的长度，mm；
$W$——试件的质量，kg，精确至0.01kg；
$f$——试件横向振动时的基频振动频率，Hz。

(2) 每组应以3个试件动弹性模量的试验结果的算术平均值作为测定值，计算应精确至100MPa。

## 9.4 混凝土抗冻性能实验

混凝土的抗冻性是指混凝土在吸水饱和状态下能经受多次冻融循环不破坏，其强度也不明显降低的能力。冻融破坏是寒冷地区水电站、大坝、港口和码头等水工混凝土的主要病害之一。目前评定混凝土抗冻性的实验方法主要有快冻法、慢冻法、单面冻融法（盐冻法）。快冻法适用于测定混凝土在水冻水融条件下，以经受的快速冻融循环次数来表示的混凝土抗冻性能；慢冻法适用于测定混凝土在气冻水融条件下，以经受的冻融循环次数来表示的混凝土抗冻性能；单面冻融法（盐冻法）适用于测定混凝土试件在大气环境中且与盐接触的条件下，以能够经受的冻融循环次数或表面剥落质量或超声波相对动弹性模量来表示的混凝土抗冻性能。本节主要介绍快冻法的实验方法。

### 9.4.1 主要仪器设备

(1) 试件盒（图9.3）宜采用具有弹性的橡胶材料制作，其内表面底部应有半径为3mm橡胶凸起部分。盒内加水后水面应至少高出试件顶面5mm。试件盒横截面尺寸宜为115mm×115mm，试件盒长度宜为500mm。

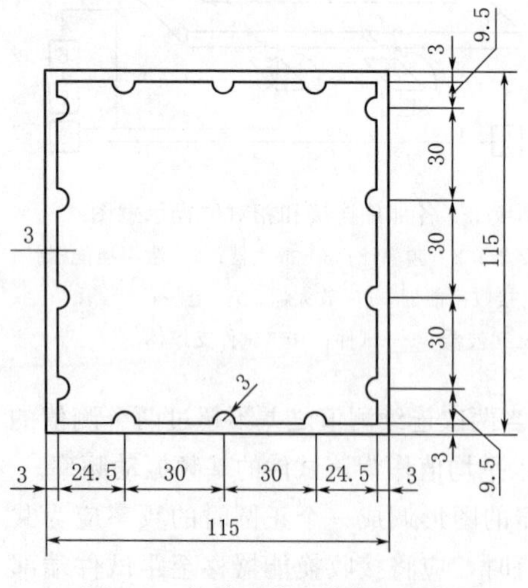

图9.3 橡胶试件盒横截面示意图

(2) 快速冻融装置应符合现行行业标准的规定。除应在测温试件中埋设温度传感器外，还应在冻融箱内防冻液中心与任何一个对角线的两端分别设有温度传感器。运转时冻融箱内防冻液各点温度的极差不得超过2℃。

(3) 称量设备的最大量程应为20kg，感量不应超过5g。

(4) 混凝土动弹性模量测定仪应符

合9.3节的规定。

(5) 温度传感器（包括热电偶、电位差计等）应在－20～20℃范围内测定试件中心温度，且测量精度在±5℃内。

### 9.4.2 试件要求

快冻法抗冻实验所采用的试件应符合以下规定。

(1) 应采用尺寸为100mm×100mm×400mm的棱柱体试件，每组试件应为3块。

(2) 成型试件时不得使用憎水性脱模剂。

(3) 除制作冻融实验的试件外，还应制作同样形状、尺寸，且中心埋有温度传感器的测温试件，测温试件应采用防冻液作为冻融介质。测温试件所用混凝土的抗冻性能应高于冻融试件，测温试件的温度传感器应埋设在试件中心，温度传感器不应采用钻孔后插入的方式埋设。

### 9.4.3 实验步骤

(1) 在标准养护室内或同条件养护的试件应在养护龄期为24d时提前将冻融实验的试件从养护地点取出，随后应将冻融试件放在(20±2)℃水中浸泡，浸泡时水面应高出试件顶面20～30mm。在水中浸泡时间应为4d，试件应在28d龄期时开始进行冻融实验。始终在水中养护的试件，当试件养护龄期达到28d时，可直接进行后续实验，对此种情况，应在实验报告中予以说明。

(2) 当试件养护龄期达到28d时应及时取出试件。用湿布擦除表面水分后应对外观尺寸进行测量，试件的外观尺寸应满足要求，并应编号、称量试件初始质量$W_{0i}$，然后应按9.3节的规定测定其横向基频的初始值$f_{0i}$。

(3) 将试件放入试件盒内，并位于试件盒中心，然后将试件盒放入冻融箱内的试件架上，并向试件盒中注入清水。在整个实验过程中，盒内水位高度应始终保持至少高出试件顶面5mm。

(4) 测温试件盒应放在冻融箱的中心位置。

(5) 冻融循环过程应符合下列规定。

1) 每次冻融循环应在2～4h内完成，且用于融化的时间不得少于整个冻融循环时间的1/4。

2) 在冷冻和融化过程中，试件中心最低和最高温度应分别控制在(－18±2)℃和(5±2)℃内。在任意时刻，试件中心温度不得高于7℃且不得低于－20℃。

3) 每块试件从3℃降至－16℃所用的时间不得少于冷冻时间的1/2，每块试件从－16℃升至3℃所用时间不得少于整个融化时间的1/2，试件内外的温差不宜超过28℃。

4) 冷冻和融化之间的转换时间不宜超过10min。

(6) 每隔25次冻融循环宜测量试件的横向基频$f_{ni}$。测量前应先将试件表面浮渣清洗干净并擦干表面水分，然后应检查其外部损伤并称量试件的质量$W_{ni}$。随后应按9.3节规定的方法测量横向基频。测完后，应迅速将试件调头重新装入试件盒内并加入清水，继续实验。试件的测量、称量及外观检查应迅速，待测试件应用湿布覆盖。

（7）当有试件停止实验被取出时，应另用其他试件填充空位。当试件在冷冻状态下因故中断时，试件应保持在冷冻状态直至恢复冻融实验为止，并应将故障原因及暂停时间在实验结果中注明。试件在非冷冻状态下发生故障的时间不宜超过两个冻融循环的时间，在整个实验过程中，超过两个冻融时间的中断故障次数不得超过两次。

（8）当冻融循环出现下列情况之一时，可停止实验。

1）达到规定的冻融循环次数。

2）试件的相对动弹性模量下降到60%。

3）试件的质量损失率达5%。

### 9.4.4 实验结果计算及处理

（1）相对动弹性模量应按式（9.8）计算，即

$$P_i=\frac{f_{ni}^2}{f_{0i}^2}\times 100\% \tag{9.8}$$

式中 $P_i$——$n$ 次冻融循环后第 $i$ 个混凝土试件的相对动弹性模量，%，精确至0.1；

$f_{ni}$——$n$ 次冻融循环后第 $i$ 个混凝土试件的横向基频，Hz；

$f_{0i}$——冻融循环实验前第 $i$ 个混凝土试件的横向基频初始值，Hz。

$$P=\frac{1}{3}\sum_{i=1}^{3}P_i \tag{9.9}$$

式中 $P$——$n$ 次冻融循环后一组混凝土试件的相对动弹性模量，%，精确至0.1。

相对动弹性模量 $P$ 应以3个试件实验结果的算术平均值作为测定值。当最大值或最小值与中间值之差超过中间值的15%时，应剔除此值，并应取其余两值的算术平均值作为测定值；当最大值和最小值与中间值之差均超过中间值的15%时，应取中间值作为测定值。

（2）单个试件的质量损失率应按式（9.10）计算，即

$$\Delta W_{ni}=\frac{W_{0i}-W_{ni}}{W_{0i}}\times 100\% \tag{9.10}$$

式中 $\Delta W_{ni}$——$n$ 次冻融循环后第 $i$ 个混凝土试件的质量损失率，%，精确至0.1；

$W_{0i}$——冻融循环实验前第 $i$ 个混凝土试件的质量，g；

$W_{ni}$——$n$ 次冻融循环后第 $i$ 个混凝土试件的质量，g。

（3）一组试件的平均质量损失率应按式（9.11）计算，即

$$\Delta W_n=\frac{\sum_{i=1}^{3}W_{ni}}{3}\times 100\% \tag{9.11}$$

式中 $\Delta W_n$——$n$ 次冻融循环后一组混凝土试件的平均质量损失率，%，精确至0.1。

(4) 每组试件的平均质量损失率应以3个试件的质量损失率实验结果的算术平均值作为测定值。当某个实验结果出现负值时，应取0，再取3个试件的平均值；当3个值中的最大值或最小值与中间值之差超过1%时，应剔除此值，并应取其余两值的算术平均值作为测定值；最大值和最小值与中间值之差均超过1%时，应取中间值作为测定值。

(5) 混凝土抗冻等级应以相对动弹性模量下降至不低于60%或质量损失率不超过5%时的最大冻融循环次数来确定，并用符号F表示。

## 9.5 混凝土碳化实验

混凝土的碳化是混凝土所受到的一种化学腐蚀。空气中的$CO_2$气体渗透到混凝土内，与其碱性物质发生化学反应后生成碳酸盐和水，使混凝土碱度降低的过程称为混凝土碳化，又称为中性化。对于素混凝土，碳化有提高混凝土耐久性的效果。但对于钢筋混凝土来说，碳化会使混凝土的碱度降低，当碳化超过混凝土的保护层时，在水与空气存在的条件下，就会使混凝土失去对钢筋的保护作用，钢筋开始生锈。混凝土的碳化实验是测定在一定浓度的$CO_2$气体介质中混凝土试件的碳化程度。

### 9.5.1 试件及处理

(1) 宜采用棱柱体混凝土试件，应以3块为一组，棱柱体的长宽比不宜小于3。

(2) 无棱柱体试件时，也可用立方体试件，其数量应相应增加。

(3) 试件宜在28d龄期进行碳化试验，掺有掺合料的混凝土可以根据其特性决定碳化前的养护龄期。碳化试验的试件宜采用标准养护，试件应在试验前2d从标准养护室取出，应在60℃下烘48h。

(4) 经烘干处理后的试件，除应留下一个或相对的两个侧面外，其余表面应采用加热的石蜡予以密封，然后应在暴露侧面上沿长度方向用铅笔以10mm间距画出平行线，作为预定碳化深度的测量点。

### 9.5.2 实验设备

(1) 碳化箱应符合现行行业标准《混凝土碳化试验箱》(JG/T 247—2009)的规定，并应采用带有密封盖的密闭容器，容器的容积至少应为预定进行试验的试件体积的两倍。碳化箱内应有架空试件的支架、$CO_2$引入口，分析取样用的气体导出口、箱内气体对流循环装置。为保持箱内恒温恒湿所需的设施以及温湿度监测装置，宜在碳化箱上设玻璃观察口，对箱内的温湿度进行读数。

(2) 气体分析仪应能分析箱内$CO_2$浓度，并精确至±1%。

(3) $CO_2$供气装置应包括气瓶、压力表和流量计。

### 9.5.3 实验步骤

(1) 首先将经过处理的试件放入碳化箱内的支架上，各试件之间的间距不应小于 50mm。

(2) 试件放入碳化箱后，将碳化箱密封。密封可采用机械办法或油封，但不得采用水封。开动箱内气体对流装置，徐徐充入 $CO_2$，并测定箱内的 $CO_2$ 浓度。逐步调节 $CO_2$ 的流量，使箱内的 $CO_2$ 浓度保持在 20%±3%内，在整个实验期间应采取去湿措施，使箱内的相对湿度控制在 70%±5%内，温度应控制在 (20±2)℃ 的范围内。

(3) 碳化实验开始后应每隔一定时间对箱内的 $CO_2$ 浓度、温度及湿度做一次测定。宜在 2d 每隔 2h 测定一次，以后每隔 4h 测定一次。实验中应根据所测得的 $CO_2$ 浓度、温度及湿度随时调节这些参数，去湿用的硅胶应经常更换，也可采用其他更有效的去湿方法。

(4) 应在碳化到 3d、7d、14d 和 28d 时，分别取出试件，破型测定碳化深度。棱柱体试件应通过在压力试验机上的劈裂法或者用干锯法从一端开始破型。每次切除的厚度应为试件宽度的 1/2，切后应用石蜡将破型后试件的切断面封好，再放入箱内继续碳化，直到下一个试验期。当采用立方体试件时，应在试件中部劈开，立方体试件只作一次检验，劈开测试碳化深度后不得再重复使用。

(5) 随后将切除所得的试件部分刷去断面上残存的粉末，然后喷上（或滴上）浓度为 1%的酚酞酒精溶液（酒精溶液含 20%的蒸馏水）。约经 30s 后，按原先标划的每 10mm 一个测量点用钢板尺测出各点碳化深度。当测点处的碳化分界线上刚好嵌有粗骨料颗粒时，可取该颗粒两侧处碳化深度的算术平均值作为该点的深度值，碳化深度测量应精确至 0.5mm。

### 9.5.4 结果计算和处理

(1) 混凝土在各试验龄期时的平均碳化深度应按式 (9.12) 计算，即

$$\overline{d}_t = \frac{1}{n}\sum_{i=1}^{n} d_i \tag{9.12}$$

式中 $\overline{d}_t$——试件碳化 $t$ (d) 后的平均碳化深度，mm，精确至 0.1；

$d_i$——各测点的碳化深度，mm；

$n$——测点总数。

(2) 每组应以在 $CO_2$ 浓度为 20%±3%、温度为 (20±2)℃、湿度为 70%±5%的条件下，3 个试件碳化 28d 的碳化深度算术平均值作为该组混凝土试件碳化测定值。

(3) 碳化结果处理时宜绘制碳化时间与碳化深度的关系曲线。

## 9.6 混凝土抗硫酸盐侵蚀实验

混凝土在硫酸盐环境中，同时耦合干湿循环条件在实际环境中经常遇到，会加速对混凝土的损伤。本节介绍的实验方法适用于测定混凝土试件在干湿循环环境中，以能够经受的最大干湿循环次数来表示的混凝土抗硫酸盐侵蚀

性能。

### 9.6.1 试件要求

(1) 采用尺寸为100mm×100mm×100mm的立方体试件，每组为3块。

(2) 混凝土的取样、试件的制作和养护应符合《普通混凝土长期性能和耐久性能试验方法标准》(GB/T 50082—2009) 的要求。

(3) 除制作抗硫酸盐侵蚀实验用试件外，还应按照同样的方法，同时制作抗压强度对比用试件。试件组数应符合表9.2的要求。

表9.2 抗硫酸盐侵蚀实验所需的试件组数

| 设计抗硫酸盐等级 | KS15 | KS30 | KS60 | KS90 | KS120 | KS150 | KS150以上 |
|---|---|---|---|---|---|---|---|
| 检查强度所需干湿循环次数 | 15 | 15及30 | 30及60 | 60及90 | 90及120 | 120及150 | 150及设计次数 |
| 鉴定28d强度所需试件组数 | 1 | 1 | 1 | 1 | 1 | 1 | 1 |
| 干湿循环试件组数 | 1 | 2 | 2 | 2 | 2 | 2 | 2 |
| 对比试件组数 | 1 | 2 | 2 | 2 | 2 | 2 | 2 |
| 总计试件组数 | 3 | 5 | 5 | 5 | 5 | 5 | 5 |

### 9.6.2 实验设备和试剂

(1) 干湿循环实验装置宜采用能使试件静止不动，浸泡、烘干及冷却等过程能自动进行的装置，设备具有数据实时显示、断电记忆及试验数据自动存储的功能。

(2) 也可采用符合下列规定的设备进行干湿循环试验。

1) 烘箱能使温度稳定在 (80±5)℃。

2) 容器至少能够装27L溶液，并带盖，且由耐盐腐蚀材料制成。

3) 试剂采用化学纯无水硫酸钠。

### 9.6.3 实验步骤

(1) 试件在养护至28d龄期的前2d，将需进行干湿循环的试件从标准养护室取出。擦干试件表面水分，然后将试件放入烘箱中，并在 (80±5)℃下烘48h，烘干结束后将试件在干燥环境中冷却到室温。对于掺入掺合料比较多的混凝土，也可采用56d龄期或者设计规定的龄期进行实验，这种情况应在实验报告中说明。

(2) 试件烘干并冷却后，立即将试件放入试件盒（架）中，相邻试件之间应保持20mm间距，试件与试件盒侧壁的间距不应小于20mm。

(3) 试件放入试件盒以后，将配制好的浓度5%的$Na_2SO_4$溶液放入试件盒，溶液应至少超过最上层试件表面20mm，然后开始浸泡。从试件开始放入溶液，到浸泡过程结束的时间应为 (15±0.5) h，注入溶液的时间不应超过30min，浸泡龄期应从将混凝土试件移入浓度为5%的$Na_2SO_4$溶液中起计时。试验过程中宜定期检查和调整溶液的pH值，可每隔15个循环测试一次溶液的pH值，始终维持溶液的 pH 值为 6～8。溶液的温度应控制在 25～30℃，也可不检测其 pH 值，但应每月更换一次试验用溶液。

（4）浸泡过程结束后，立即排液，并在 30min 内将溶液排空。溶液排空后将试件风干 30min，从溶液开始排出到试件风干的时间为 1h。

（5）风干过程结束后立即升温，将试件盒内的温度升到 80℃，开始烘干过程。升温过程应在 30min 内完成，温度升到 80℃后，将温度维持在（80±5)℃，从升温开始到开始冷却的时间为 6h。

（6）烘干过程结束后，立即对试件进行冷却，从开始冷却到将试件盒内的试件表面温度冷却到 25～30℃的时间为 2h。

（7）每个干湿循环的总时间应为（24±2）h，然后再次放入溶液，按照上述（3）～（6）的步骤进行下一个干湿循环。

（8）在达到表 7-2 规定的干湿循环次数后，应及时进行抗压强度实验。同时观察经过干湿循环后混凝土表面的破坏情况并进行外观描述。当试件有严重剥落、掉角等缺陷时，应先用高强石膏补平后再进行抗压强度实验。

（9）当干湿循环实验出现下列 3 种情况之一时，可停止实验：①抗压强度耐蚀系数达到 75%；②干湿循环次数达到 150 次；③达到设计抗硫酸盐等级相应的干湿循环次数。

（10）对比试件应继续保持原有的养护条件，直到完成干湿循环后，与进行干湿循环实验的试件同时进行抗压强度实验。

### 9.6.4　结果计算和处理

（1）混凝土抗压强度耐蚀系数应按式（9.13）进行计算，即

$$K_{\mathrm{f}}=\frac{f_{\mathrm{c}_n}}{f_{\mathrm{c}_0}}\times 100\% \tag{9.13}$$

式中　$K_{\mathrm{f}}$——抗压强度耐蚀系数，%；

$f_{\mathrm{c}_n}$——$n$ 次干湿循环后受硫酸盐腐蚀的一组混凝土试件的抗压强度测定值，MPa，精确至 0.1MPa；

$f_{\mathrm{c}_0}$——受硫酸盐腐蚀试件同龄期的标准养护的一组对比混凝土试件的抗压强度测定值，MPa，精确至 0.1MPa。

（2）$f_{\mathrm{c}_n}$ 和 $f_{\mathrm{c}_0}$ 应以 3 个试件抗压强度实验结果的算术平均值作为测定值。当最大值或最小值与中间值之差超过中间值的 15%时，应剔除此值，并取其余两值的算术平均值作为测定值；当最大值和最小值均超过中间值的 15%时，应取中间值作为测定值。

（3）抗硫酸盐等级应以混凝土抗压强度耐蚀系数下降到不低于 75%时的最大干湿循环次数来确定，并应以符号 KS 表示。

## 9.7　混凝土碱骨料反应实验

混凝土碱骨料反应（Alkali Aggregate Reaction，AAR）是指水泥中的碱性

氧化物含量较高时，会与骨料中所含的 $SiO_2$ 发生化学反应，并在骨料表面生成碱-硅酸凝胶。吸水后会产生较大的体积膨胀，导致混凝土胀裂的现象。由于该反应产生的破坏一旦发生难以阻止和修复，所以碱骨料反应又被称为“混凝土的癌症”，是影响混凝土结构耐久性的重要因素之一。

国际上已发现的碱骨料反应有 3 种类型，即碱硅酸反应（Alkali Silica Reaction，ASR）、碱碳酸盐反应（Alkali Carbonate Reaction，ACR）和碱硅酸盐反应（Alkali Silicate Reaction）。本节介绍的实验方法用于检验混凝土试件在温度38℃及潮湿条件养护下，混凝土中的碱与骨料反应所引起的膨胀是否具有潜在危害。适用于碱硅酸反应和碱碳酸盐反应。

## 9.7.1 实验仪器

（1）分别采用与公称直径为 20mm、16mm、10mm、5mm 的圆孔筛对应的方孔筛。

（2）称量设备的最大量程分别为 50kg 和 10kg，感量分别不超过 50g 和 5g，各一台。

（3）试模的内测尺寸为 75mm×75mm×275mm，试模两个端板应预留安装测头的圆孔，孔的直径与测头直径相匹配。

（4）测头（埋钉）的直径为 5～7mm，长度为 25mm，应采用不锈金属制成，测头均位于试模两端的中心部位。

（5）碱骨料反应试验箱。

（6）养护盒及试件架。养护盒应由耐腐蚀材料制成，不漏水且能密封。盒底部应装有（20±5）mm 深的水，盒内应有试件架，且能使试件垂直立在盒中。试件底部不应与水接触，一个养护盒宜同时容纳 3 个试件。

（7）测长仪的测量范围为 275～300rm，精确至±0.001mm。

## 9.7.2 一般规定

（1）原材料和设计配合比应按照下列规定准备。

1）使用硅酸盐水泥，水泥含碱量宜为 0.9%±0.1%（以 $Na_2O$ 当量计，即 $Na_2O+0.658K_2O$）。可通过外加浓度为 10%的 NaOH 溶液，使实验用水泥含碱量达到 1.25%。

2）当实验用来评价细骨料的活性采用非活性的粗骨料时，粗骨料的非活性也应通过实验确定。实验用细骨料细度模数宜为 2.7±0.2。当实验用来评价粗骨料的活性用非活性的细骨料时，细骨料的非活性也应通过实验确定。当工程用的骨料为同一品种的材料时，应用该粗、细骨料来评价活性。实验用粗骨料有 3 种级配，即 20～16mm、16～10mm 和 10～5mm，各取 1/3 等量混合。

3）每立方米混凝土水泥用量应为（420±10）kg，水灰比应为 0.42～0.45，粗骨料与细骨料的质量比应为 6∶4。实验中除可外加 NaOH 外，不得再使用其他外加剂。

（2）试件应按下列规定制作。

1）成型前24h，应将实验所用所有原材料放入加（20±5)℃的成型室。

2）混凝土搅拌宜采用机械拌和。

3）混凝土应一次装入试模，应用捣棒和抹刀捣实，然后在振动台上震动30s或直至表面泛浆为止。

4）试件成型后应带模一起送入（20±2)℃、相对湿度在95%以上的标准养护室中，应在混凝土初凝前1～2h，对试件沿模口抹平并编号。

（3）试件养护及测量应符合下列要求。

1）试件应在标准养护室中养护（24±4）h后脱模，脱模时应特别小心不要损伤测头，并应尽快测量试件的基准长度。待测试件应用湿布盖好。

2）试件的基准长度测量应在（20±2)℃的恒温室中进行，每个试件至少重复测试两次，取两次测值的算术平均值作为该试件的基准长度值。

3）测量基准长度后应将试件放入养护盒中，并盖严盒盖，然后将养护盒放入(38±2)℃的养护室或养护箱里养护。

4）试件的测量龄期应从测定基准长度后算起，测量龄期为1、2、4、8、13、18、26、39、52周，以后可每半年测一次。每次测量的前一天，将养护盒从(38±2)℃的养护室中取出，并放入（20±2)℃的恒温室中，恒温时间应为（24±4）h。试件各龄期的测量应与测量基准长度的方法相同，测量完毕后，将试件调头放入养护盒中，并盖严盒盖，然后将养护盒重新放回（38±2)℃的养护室或者养护箱中继续养护至下一测试龄期。

5）每次测量时，应观察试件有无裂缝、变形、渗出物及反应产物等，并作详细记录。必要时可在长度测试周期全部结束后，辅以岩相分析等手段，综合判断试件内部结构和可能的反应产物。

（4）当碱骨料反应实验出现以下两种情况之一时，可结束实验。

1）在52周的测试龄期内的膨胀率超过0.04%。

2）膨胀率虽小于0.04%，但实验周期已经达到52周（或者一年)。

### 9.7.3　实验结果和处理

（1）试件的膨胀率应按式（9.14）计算，即

$$\varepsilon_t=\frac{L_t-L_0}{L_0-2\Delta}\times 100\% \tag{9.14}$$

式中 $\varepsilon_t$——试件在$t$(d）龄期的膨胀率,%，精确至0.001；

$L_t$——试件在$t$(d）龄期的长度，mm；

$L_0$——试件的基准长度，mm；

$\Delta$——测头的长度，mm。

（2）每组应以3个试件测值的算术平均值作为某一龄期膨胀率的测定值。

（3）当每组平均膨胀率小于0.020%时，同一组试件中单个试件之间的膨胀率的差值（最高值与最低值之差）不应超过0.008%；当每组平均膨胀率大于0.020%时，同一组试件中单个试件的膨胀率的差值（最高值与最低值之差）不应超过平均值的40%。

# 附录 A　混凝土碱骨料反应实验报告

组别＿＿＿＿＿＿＿＿＿＿　　同组试验者＿＿＿＿＿＿＿＿＿＿

日期＿＿＿＿＿＿＿＿＿＿　　指导教师＿＿＿＿＿＿＿＿＿＿

## 一、实验目的

## 二、实验记录与计算

| 试件编号 | | 基准长度 $L_0$/mm | 7d(1周) | | 14d(2周) | | 28d(4周) | | 56d(8周) | | 91d(13周) | |
|---|---|---|---|---|---|---|---|---|---|---|---|---|
| | | | $L_7$/mm | $\varepsilon_7$/% | $L_{14}$/mm | $\varepsilon_{14}$/% | $L_{28}$/mm | $\varepsilon_{28}$ % | $L_{56}$/mm | $\varepsilon_{56}$/% | $L_{91}$/mm | $\varepsilon_{91}$/% |
| 1 | 1-1 | | | | | | | | | | | |
| | 1-2 | | | | | | | | | | | |
| | 1-3 | | | | | | | | | | | |
| 备注 | | | | | | | | | | | | |

| 试件编号 | | 基准长度 $L_0$/mm | 126d(18周) | | 183d(26周) | | 273d(39周) | | 364d(52周) | |
|---|---|---|---|---|---|---|---|---|---|---|
| | | | $L_{126}$/mm | $\varepsilon_{126}$/% | $L_{183}$/mm | $\varepsilon_{183}$/% | $L_{273}$/mm | $\varepsilon_{273}$/% | $L_{364}$/mm | $\varepsilon_{364}$/% |
| 1 | 1-1 | | | | | | | | | |
| | 1-2 | | | | | | | | | |
| | 1-3 | | | | | | | | | |
| 备注 | | | | | | | | | | |

## 三、分析与讨论

# 第10章 砌体材料实验

## 10.1 砌墙砖实验

本实验方法适用于烧结砖和非烧结砖。烧结砖指烧结普通砖、烧结多孔砖以及烧结空心砖和空心砌块（以下简称空心砖）；非烧结砖指蒸压灰砂砖、粉煤灰砖、炉渣砖和碳化砖等。包括尺寸偏差、外观质量、抗折强度、抗压强度、冻融、体积密度、石灰爆裂、泛霜、吸水率和饱和系数、孔洞及其结构、干燥收缩、碳化、放射性、传热系数等实验。本节仅介绍外观质量、尺寸偏差、抗折强度、抗压强度等4项实验。

### 10.1.1 相关标准

《砌墙砖试验方法》(GB/T2542—2012)。

《砌墙砖抗压强度试验用净浆材料》(GB/T 25183—2010)。

《砌墙砖抗压强度试样制备设备通用要求》(GB/T 25044—2010)。

《烧结普通砖》(GB 5101—2003)。

《蒸压灰砂砖》(GB 11945—1999)。

### 10.1.2 砌墙砖主规格

烧结普通砖外形为直角六面体，其公称尺寸为长240mm、宽115mm、高53mm，根据抗压强度分为MU30、MU25、MU20、MU15和MU10等5个强度等级。

蒸压灰砂砖外形为直角六面体，其公称尺寸为长240mm、宽115mm、高53mm，根据抗压强度和抗折强度分为MU25、MU20、MU15和MU10等4个强度等级。

### 10.1.3 批量及抽样

烧结普通砖出厂时每3.5万～15万块为一批，不足3.5万块按一批计。外观质量检验的样品采用随机抽样法从堆场抽取，其他检验项目的样品用随机抽样法从外观质量检验后的样品中抽取，抽样数量见表10.1。

蒸压灰砂砖：同类型的灰砂砖每10万块为一批，不足10万块也为一批。尺寸偏差和外观质量检验的样品用随机抽样法从堆场中抽取，其他检验项目的样品用随机抽样法从尺寸偏差和外观质量检验合格的样品中抽取，抽样数量见表10.1。

**表10.1　砌墙砖抽样数量**

| 序　号 | 检验项目 | 烧结普通砖 | 蒸压灰砂砖 |
|---|---|---|---|
| 1 | 外观质量检查 | 20 | 50 |
| 2 | 尺寸偏差检查 | 20 | 50 |
| 3 | 抗折强度试验 | — | 5 |
| 4 | 抗压强度试验 | 10 | 5 |

## 10.1.4　外观质量检查

外观质量检查包括缺损、裂纹、弯曲、杂质凸出高度、色差和垂直度差等方面。

**1. 主要仪器设备**

(1) 砖用卡尺。如图10.1所示，精度0.5mm。

(2) 钢直尺。精度1mm。

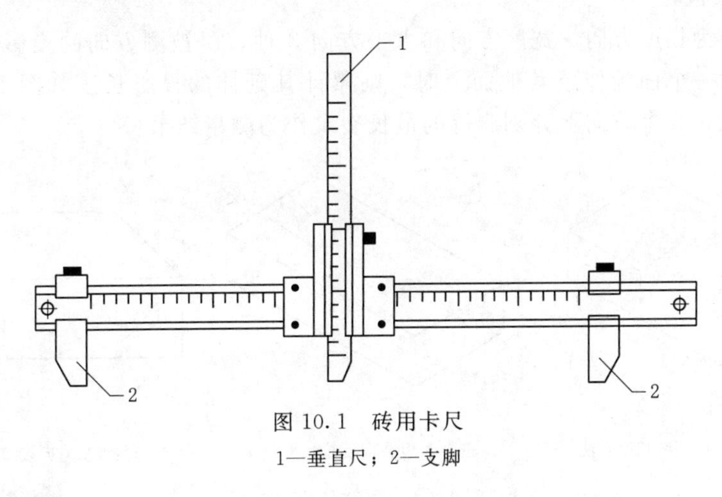


图10.1　砖用卡尺

1—垂直尺；2—支脚

**2. 缺损检验**

缺棱掉角在砖上造成的破损程度，以破损部分对长、宽、高3个棱边的投影尺寸来度量，称为破坏尺寸，如图10.2所示。

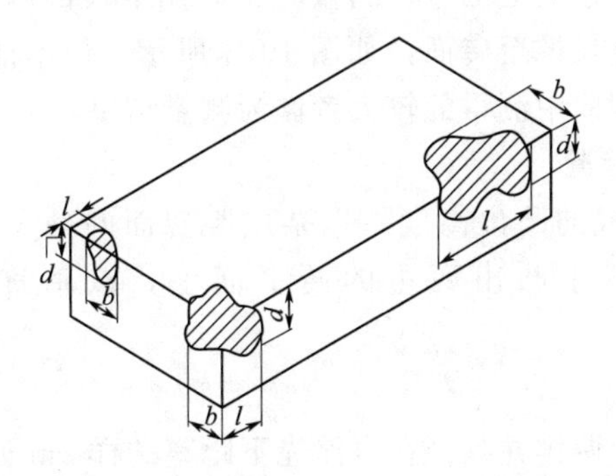


图10.2　缺棱掉角破坏尺寸量法

$l$—长度方向投影尺寸；$b$—宽度方向投影尺寸；$d$—高度方向投影尺寸

缺损造成的破坏面，是指缺损部分对条、顶面的投影面积，如图10.3所示。

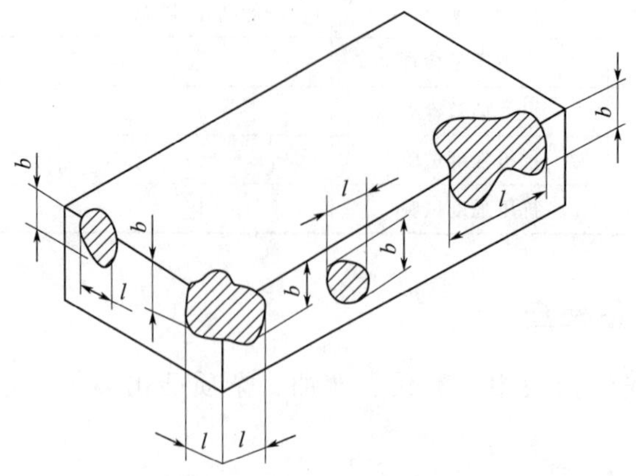


图10.3　缺损在条、顶面上造成破坏面量法

$l$—长度方向投影尺寸；$b$—宽度方向投影尺寸

**3. 裂纹检验**

裂纹分为长度方向、宽度方向和水平方向3种，以被测方向的投影长度表示。如果裂纹从一个面延伸至其他面上时，则累计其延伸的投影长度如图10.4所示。裂纹长度以在3个方向上分别测得的最长裂纹作为测量结果。

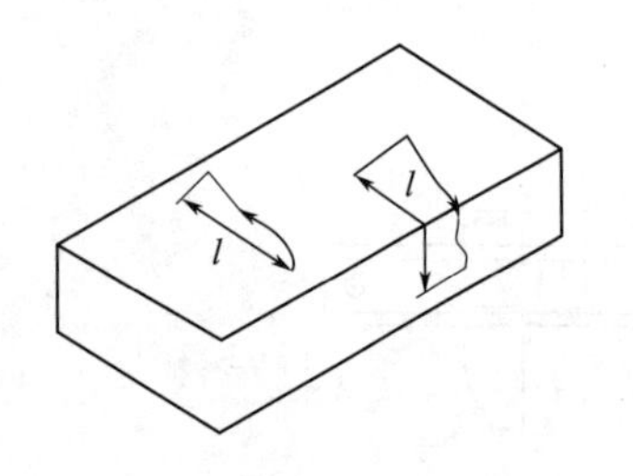


(a) 宽度方向裂纹长度量法

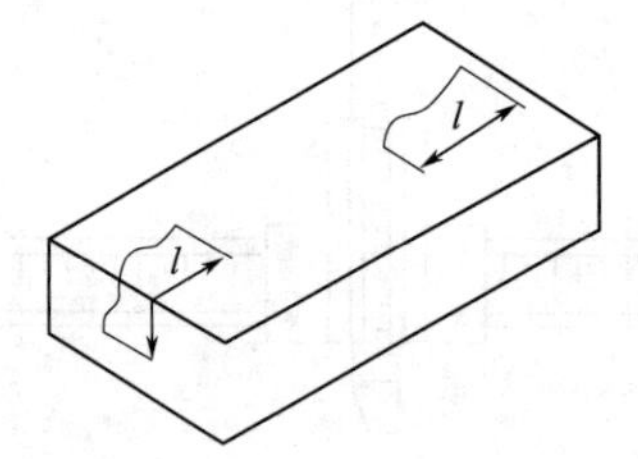


(b) 长度方向裂纹长度量法

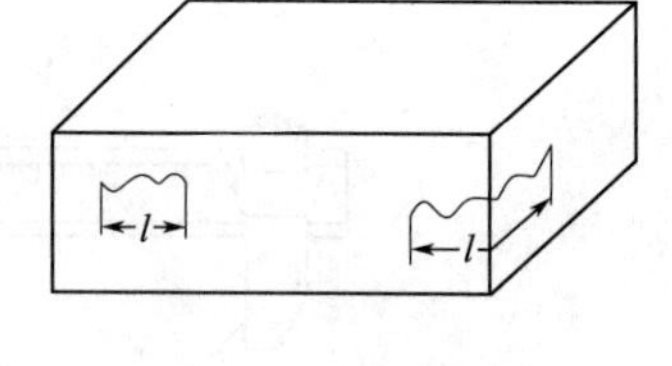


(c) 水平方向裂纹长度量法

图10.4　裂纹长度量法

**4. 弯曲检验**

弯曲分别在大面和条面上测量，测量时将砖用卡尺的两只脚沿棱边两端放置，择其弯曲最大处将垂直尺推至砖面，如图10.5所示，但不能将因杂质或碰伤造成的凹处计算在内。以弯曲中测得的较大者作为测量结果。

**5. 杂质凸出高度检验**

杂质在砖面上造成的凸出高度，以杂质距砖面的最大距离表示，测量时将砖用卡尺的两只脚置于凸出两边的砖平面上，以垂直尺测量，如图10.6所示。

**6. 色差检验**

装饰面朝上随机分两排并列，在自然光下距离砖样2m处目测。

**7. 结果计算**

外观测量以mm为单位，不足1mm者，按1mm计。

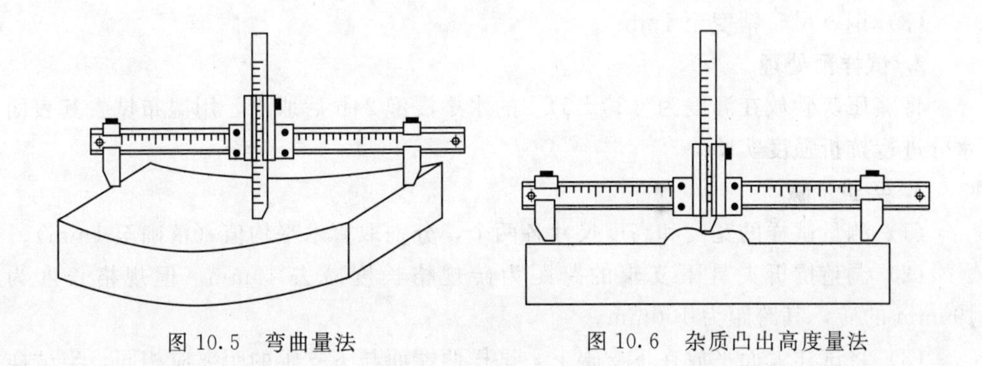

图 10.5　弯曲量法　　　　图 10.6　杂质凸出高度量法

## 10.1.5　尺寸测量

**1. 主要仪器设备**

砖用卡尺，如图 10.1 所示，精度为 0.5mm。

**2. 检验方法**

测量长度和宽度时应在砖的两个大面的中间处分别测量两个尺寸；测量高度时应在两个条面的中间处分别测量两个尺寸，如图 10.7 所示。当被测处有缺损或凸出时，可在其旁边测量，但应选择不利的一侧，精确至 0.5mm。

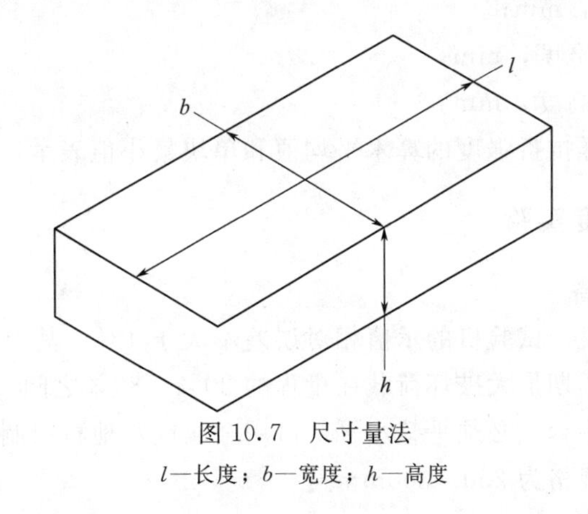


图 10.7　尺寸量法

$l$—长度；$b$—宽度；$h$—高度

**3. 结果计算**

每一方向尺寸以两个测量值的算术平均值表示（精确至 1mm）。样本平均偏差是 20 块试样同一方向 40 个测量尺寸的算术平均值减去其公称尺寸的差值，样本极差是抽检的 20 块试样中同一方向 40 个测量尺寸中最大测量值与最小测量值的差值。

## 10.1.6　抗折强度实验

**1. 主要仪器设备**

(1) 材料试验机。试验机的示值相对误差不大于±1%，其下加压板为球铰支座，预期最大破坏荷载在量程的 20%～80%之间。

(2) 抗折夹具。抗折实验的加荷形式为三点加荷，其上压辊和下支辊的曲率半径为 15mm，下支辊有一个为铰接固定。

（3）钢直尺。精度至 1mm。

**2. 试样预处理**

将蒸压灰砂放在温度为（20±5）℃的水中浸泡 24h 后取出，用湿布拭去其表面水分进行抗折强度实验。

**3. 实验步骤**

（1）测量试样的宽度和高度尺寸各两个，分别取算术平均值（精确至 1mm）。

（2）调整抗折夹具下支辊的跨距为砖规格长度减去 40mm。但规格长度为 190mm 的砖，其跨距为 160mm。

（3）将试样大面平放在下支辊上，试样两端面与下支辊的距离应相同，当试样有裂缝或凹陷时，应使有裂缝或凹陷的大面朝下，以 50～150N/s 的速度均匀加荷，直至试样断裂，记录最大破坏荷载 $F$。

**4. 结果计算**

每块试样的抗折强度按式（10.1）计算（精确至 0.01MPa），即

$$P_C=\frac{3FL}{2bh^2} \tag{10.1}$$

式中　$P_C$——抗折强度，MPa；

$F$——最大破坏荷载，N；

$L$——跨距，mm；

$b$——试件宽度，mm；

$h$——试件高度，mm。

实验结果以试样抗折强度的算术平均值和单块最小值表示，精确至 0.01MPa。

### 10.1.7　抗压强度实验

**1. 主要仪器设备**

（1）材料试验机。试验机的示值相对误差不大于 1%，其上、下加压板至少应有一个球铰支座，预期最大破坏荷载在量程的 20%～80%之间。

（2）试件制备平台。必须平整水平，可用金属或其他材料制作。

（3）水平尺：规格为 250～300mm。

（4）钢直尺。精度为 1mm。

（5）振动台、制样模具、搅拌机。应符合《砌墙砖抗压强度试样制备设备通用要求》（GB/T 25044—2010）的要求。

（6）切割设备。

（7）抗压实验用净浆材料。砌墙砖抗压强度实验用净浆材料，是以石膏（占总组分的 60%）和细骨料（占总组分的 40%）为原料，掺入外加剂（占总组分的 0.1%～0.2%），再加入适量的水（24%～26%），经符合规定的砂浆搅拌机搅拌均匀制成的，在砌墙砖抗压强度实验中用于找平受压平面的浆体材料。净浆出厂为干料，两种原料分别包装。

**2. 试样制备**

（1）一次成型制样。一次成型制样适用于采用样品中间部位切割，交错叠加灌浆制成强度实验试样的方式。一次成型制样的步骤如下。

1）将试样锯成两个半截砖，两个半截砖用于叠合部分的长度不小于100mm，如图10.8所示。如果不足100mm，则另取备用试样补足。

2）将已切割开的半截砖放入室温的净水中浸泡20～30min后取出，在铁丝网架上滴水20～30min，以断口相反方向装入制样模具中。用插板控制两个半砖间距不应大于5mm，砖大面与模具间距不应大于3mm，砖断面、顶面与模具间垫以橡胶垫或其他密封材料，模具内表面涂油或脱膜剂。制样模具及插板如图10.9所示。

3）将净浆材料按照配制要求，置于搅拌机搅拌均匀。

4）将装好试样的模具置于振动台上，加入适量搅拌均匀的净浆材料，接通振动台电源，振动时间为0.5～1min，关闭电源，停止振动，静置至净浆材料达到初凝时间（15～19min）后拆模。

（2）非成型制样。非成型制样适用于试样无需进行表面找平处理制样的方式。非成型制样的步骤如下。

1）将试样锯成两个半截砖，两个半截砖用于叠合部分的长度不得小于100mm。如果不足100mm，则另取备用试样补足。

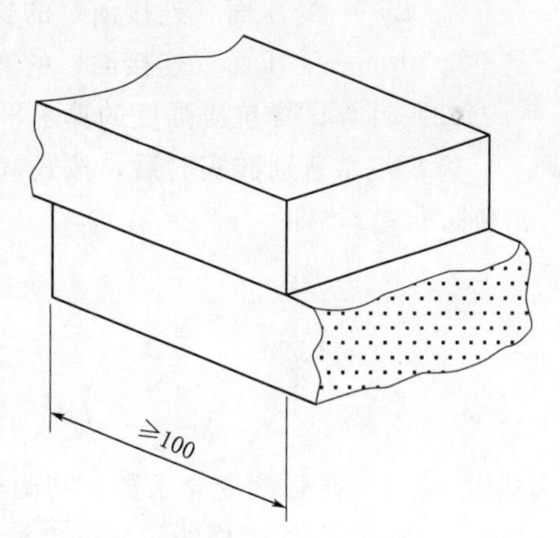


图10.8 半截砖叠合示意图（单位：mm）

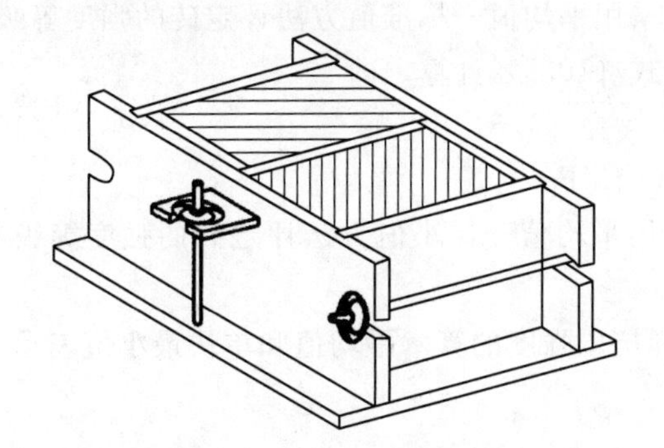

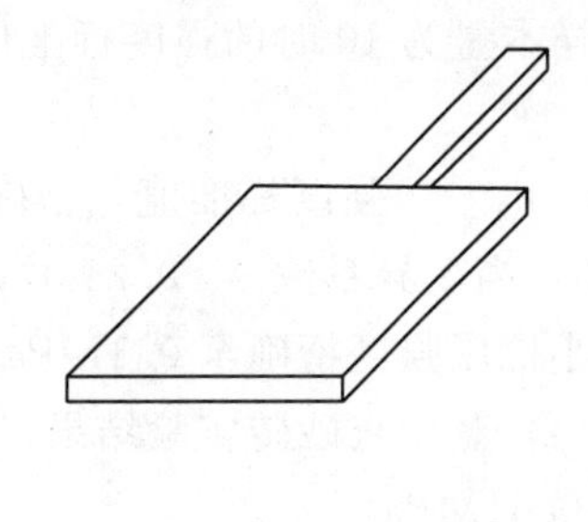

图10.9 制样模具及插板

2）两半截砖切断口相反叠放，叠合部分不得小于100mm，如图10.8所示，即为抗压强度试样。

**3. 试样养护**

一次成型制样在不低于10℃的不通风室内养护4h。

非成型制样不需养护，试样气干状态直接进行实验。

**4. 实验步骤**

（1）测量每个试件连接面或受压面的长、宽尺寸各两个，分别取其平均值（精确至1mm）。

（2）将试样平放在加压板的中央，垂直于受压面加荷，应均匀平稳，不得发生冲击或振动。加荷速度以2～6kN/s为宜，直至试样破坏为止，记录最大破坏荷载$F$。

**5. 结果计算**

(1) 单块试样的抗压强度按式 (10.2) 计算 (精确至0.01MPa)，即

$$f_F=\frac{F}{Lb} \tag{10.2}$$

式中　$f_F$——单块试样抗压强度，MPa；

$F$——最大破坏荷载，N；

$L$——受压面 (连接面) 的长度，mm；

$b$——受压面 (连接面) 的宽度，mm。

(2) 计算试样抗压强度的算术平均值 (精确至0.01MPa)。

(3) 烧结普通砖实验后，按式 (10.3) 和式 (10.4) 分别计算出强度变异系数 $\delta$ 和标准差 $s$，即

$$\delta=\frac{s}{\overline{f}} \tag{10.3}$$

$$s=\sqrt{\frac{1}{9}\sum_{i=1}^{10}(f_i-\overline{f})^2} \tag{10.4}$$

式中　$\delta$——砖强度变异系数，精确至0.01；

$s$——10块试样的抗压强度标准差，精确至0.01MPa；

$\overline{f}$——10块试样的抗压强度平均值，精确至0.01MPa；

$f_i$——单块试样抗压强度测定值，精确至0.01MPa。

1) 当变异系数 $\delta \leqslant 0.21$ 时，应采用平均值—标准值方法评定砖的强度等级。

样本量为10时的强度标准值按式 (10.5) 计算，即

$$f_k=\overline{f}-1.8s \tag{10.5}$$

式中　$f_k$——强度标准值，精确至0.1MPa。

2) 当变异系数 $\delta>0.21$ 时，采用平均值—最小值方法评定砖的强度等级，单块最小抗压强度精确至0.1MPa。

(4) 蒸压灰砂砖实验结果以试样抗压强度的算术平均值和单块最小值表示 (精确至0.01MPa)。

### 10.1.8　技术要求

**1. 烧结普通砖技术要求**

烧结普通砖技术要求包括外观质量、尺寸偏差、强度、抗风化能力、泛霜、石灰爆裂和放射性物质，其中外观质量要求见表10.2，尺寸偏差要求见表10.3，强度要求见表10.4。

**表10.2　烧结普通砖外观质量要求**　　单位：mm

| 项　目 | 优等品 | 一等品 | 合格品 |
|---|---|---|---|
| 两条面高度差，≤ | 2 | 3 | 4 |
| 弯曲，≤ | 2 | 3 | 4 |
| 杂质凸出高度，≤ | 2 | 3 | 4 |
| 缺棱掉角的3个破坏尺寸，不得同时大于 | 5 | 20 | 30 |

续表

| 项目 | | 优等品 | 一等品 | 合格品 |
|---|---|---|---|---|
| 裂纹长度，不大于 | (1)大面上宽度方向及其延伸至条面的长度 | 30 | 60 | 80 |
| | (2)大面上长度方向及其延伸至顶面的长度或条顶面上水平裂纹的长度 | 50 | 80 | 100 |
| 完整面①，≥ | | 两条面和两顶面 | 一条面和一顶面 | — |
| 颜色 | | 基本一致 | — | — |

**注** 为装饰面施加的色差，凹凸纹、拉毛、压花等不算作缺陷。

① 凡有下列缺陷之一者，不得称为完整面：

- 缺陷在条面或顶面上造成的破坏面尺寸同时大于10mm×10mm。
- 条面或顶面上裂纹宽度大于1mm，长度超过30mm。
- 压陷、黏底、焦花在条面或顶面上的凹陷或凸出超过2mm，区域尺寸同时大于10mm×10mm。

**表10.3　　烧结普通砖尺寸偏差要求**　　单位：mm

| 公称尺寸 | 优等品 | | 一等品 | | 合格品 | |
|---|---|---|---|---|---|---|
| | 样本平均偏差 | 样本极差，≤ | 样本平均偏差 | 样本极差，≤ | 样本平均偏差 | 样本极差，≤ |
| 240 | ±2.0 | 6 | ±2.5 | 7 | ±3.0 | 8 |
| 115 | ±1.5 | 5 | ±2.0 | 6 | ±2.5 | 7 |
| 53 | ±1.5 | 4 | ±1.6 | 5 | ±2.0 | 6 |

**表10.4　　烧结普通砖强度要求**　　单位：MPa

| 强度等级 | 抗压强度平均值$\overline{f}$，≥ | 变异系数$\delta \leqslant 0.2$ | 变异系数$\delta > 0.21$ |
|---|---|---|---|
| | | 强度标准值$f_k$，≥ | 单块最小抗压强度值$f_{min}$，≥ |
| MU30 | 30.0 | 22.0 | 25.0 |
| MU25 | 25.0 | 18.0 | 22.0 |
| MU20 | 20.0 | 14.0 | 16.0 |
| MU15 | 15.0 | 10.0 | 12.0 |
| MU10 | 10.0 | 6.5 | 7.5 |

## 2. 蒸压灰砂砖技术要求

蒸压灰砂砖技术要求包括外观质量、尺寸偏差、颜色、强度和抗冻性，其中外观质量和尺寸偏差要求见表10.5，强度要求见表10.6。

**表10.5　　蒸压灰砂砖外观质量和尺寸偏差要求**

| 项目 | | | 指标 | | |
|---|---|---|---|---|---|
| | | | 优等品 | 一等品 | 合格品 |
| 尺寸允许偏差/mm | 长度 | $l$ | ±2 | ±2 | ±3 |
| | 宽度 | $b$ | ±2 | | |
| | 高度 | $h$ | ±1 | | |
| 缺棱掉角 | 个数/个，≤ | | 1 | 1 | 2 |
| | 最大尺寸/mm，≤ | | 10 | 15 | 20 |
| | 最小尺寸/mm，≤ | | 5 | 10 | 10 |
| 对应高度差/mm，≤ | | | 1 | 2 | 3 |

续表

| 项目 | | 指标 | | |
|---|---|---|---|---|
| | | 优等品 | 一等品 | 合格品 |
| 裂纹 | 条数/条，≤ | 1 | 1 | 2 |
| | 大面上宽度方向及其延伸到条面的长度/mm，≤ | 20 | 50 | 70 |
| | 大面上长度方向及其延伸到顶面上的长度或条、顶面水平裂纹的长度/mm，≤ | 30 | 70 | 100 |

**表 10.6　　蒸压灰砂砖强度要求**　　单位：MPa

| 强度等级 | 抗压强度 | | 抗折强度 | |
|---|---|---|---|---|
| | 平均值，≥ | 单块值，≥ | 平均值，≥ | 单块值，≥ |
| MU25 | 25.0 | 20.0 | 5.0 | 4.0 |
| MU20 | 20.0 | 16.0 | 4.0 | 3.2 |
| MU15 | 15.0 | 12.0 | 3.3 | 2.6 |
| MU10 | 10.0 | 8.0 | 2.5 | 2.0 |

**注**　优等品的强度级别不得小于MU15。

### 10.1.9　检验项目

烧结普通砖的出厂检验项目为外观质量、尺寸偏差和抗压强度。蒸压灰砂砖出厂检验项目为外观质量、尺寸偏差、颜色（本色蒸压灰砂砖不需检测）、抗压强度和抗折强度。

烧结普通砖进场检查项目为尺寸偏差和抗压强度。蒸压灰砂砖进场检查项目为尺寸偏差、抗压强度和抗折强度。

### 10.1.10　判定规则

**1. 烧结普通砖判定规则**

（1）外观质量判定采用二次抽样方案，根据规定的质量指标，检查出其中不合格品数 $d_1$，按下列规则判定。

1）$d_1 \leqslant 7$ 时，外观质量合格。

2）$d_1 \geqslant 11$ 时，外观质量不合格。

3）$7 < d_1 < 11$ 时，需再次从该产品批中抽样50块检验，检查出不合格品数 $d_2$，按下列规则判定。

a. $(d_1 + d_2) \leqslant 18$ 时，外观质量合格。

b. $(d_1 + d_2) \geqslant 19$ 时，外观质量不合格。

若外观检验中有欠火砖、酥砖和螺旋纹砖，则判该批产品不合格。

（2）其他性能均应满足相应技术要求；否则判该产品不合格。

（3）出厂检验质量等级的判定按出厂检验项目和在时效范围内最近一次型式检验中的其他项目中最低质量等级进行判定。其中有1项不合格，则判该批产品不合格。

**2. 蒸压灰砂砖判定规则**

（1）外观质量和尺寸偏差判定采用二次抽样方案，根据规定的质量指标，检查

出其中不合格品数 $d_1$，按下列规则判定。

1）$d_1 \leqslant 5$ 时，外观质量合格。

2）$d_1 \geqslant 9$ 时，外观质量不合格。

3）$5 < d_1 < 9$ 时，需再次从该产品批中抽样 50 块检验，检查出不合格品数 $d_2$，按下列规则判定。

a. $(d_1 + d_2) \leqslant 12$ 时，外观质量合格。

b. $(d_1 + d_2) \geqslant 13$ 时，外观质量不合格。

（2）其他性能均应满足相应技术要求；否则判该产品不合格。

（3）出厂检验质量等级的判定按出厂检验项目和在时效范围内最近一次型式检验中的其他项目中最低质量等级进行判定。其中有 1 项不合格，则判该批产品不合格。

## 10.2 蒸压加气混凝土砌块实验

本实验方法适用于工业与民用建筑物的承重墙体和非承重墙体以及保温隔热使用的蒸压加气混凝土砌块。本节仅介绍干密度实验、含水率实验和抗压强度实验。

### 10.2.1 相关标准

《蒸压加气混凝土砌块标准》（GB 11968—2006）。

《蒸压加气混凝土性能试验方法》（GB/T 11969—2008）。

### 10.2.2 蒸压加气混凝土砌块主规格

蒸压加气混凝土砌块的规格尺寸见表 10.7，按强度分为 A1.0、A2.0、A2.5、A3.5、A5.0、A7.5 和 A10 共 7 个级别，按干密度分为 B03、B04、B05、B06、B07 和 B08 共 6 个级别。

表 10.7　　蒸压加气混凝土砌块的规格尺寸　　单位：mm

| 长度 $L$ | 宽度 $b$ | | | 高度 $h$ | | | |
|---|---|---|---|---|---|---|---|
| 600 | 100 | 120 | 125 | 200 | 240 | 250 | 300 |
| | 150 | 180 | 200 | | | | |
| | 240 | 250 | 300 | | | | |

### 10.2.3 批量与抽样

同品种、同规格、同等级的蒸压加气混凝土砌块，以 10000 块为一批，不足 10000块也为一批。出厂检验时，在受检验的一批产品中，随机抽取 50 块砌块，进行尺寸偏差和外观检验。从外观与尺寸偏差检验合格的砌块中，随机抽取 6 块砌块制作试件，进行干体积密度和强度级别检验，各 3 组 9 块。

### 10.2.4 外观质量及尺寸偏差检验

外观质量检验包括缺棱掉角、裂纹、平面弯曲、爆裂、粘模、损坏深度、表面油污、表面疏松和层裂等方面。

**1. 主要仪器设备**

钢直尺、钢卷尺、深度游标卡尺，最小刻度均为1mm。

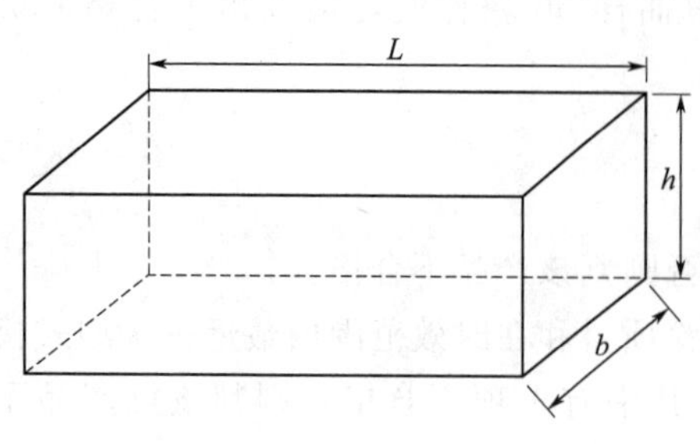


图10.10　尺寸测量示意图

**2. 尺寸测量**

长度、高度、宽度分别在两个对应面的端部测量，各量两个尺寸（图10.10），测量值大于规格尺寸的取最大值，测量值小于规格尺寸的取最小值。

**3. 缺棱掉角检验**

缺棱或掉角个数，目测。

测量砌块破坏部分对砌块的长、高、宽3个方向的投影面积尺寸，见图10.2。

**4. 裂纹检验**

裂纹条数，目测。

裂纹长度以所在面最大的投影尺寸为准，若裂纹从一面延伸至另一面，则以两个面上的投影尺寸之和为准，见图10.4。

**5. 平面弯曲检验**

测量弯曲面的最大缝隙尺寸，见图10.11。

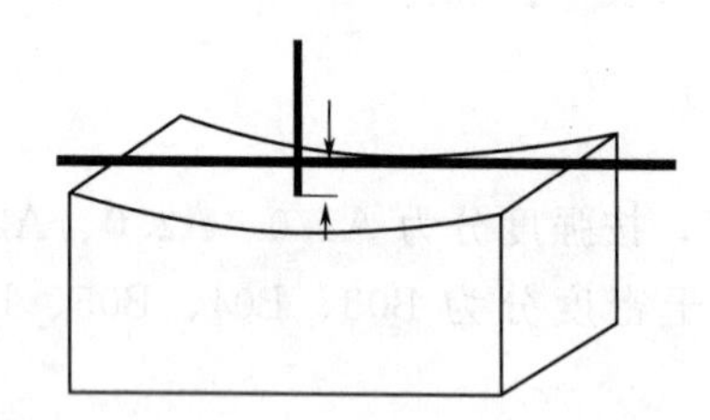

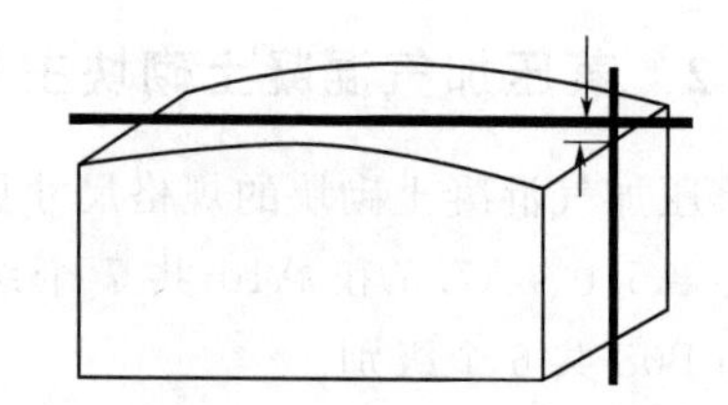

图10.11　平面弯曲测量示意图

**6. 爆裂、粘模和损坏深度检验**

将钢直尺放在砌块表面，用深度游标卡尺垂直于钢直尺，测量其最大深度。

**7. 砌块表面油污、表面疏松、层裂检验**

目测。

**8. 结果计算**

试件的尺寸偏差以实际测量的长度、宽度和高度与规定尺寸的差值表示。

## 10.2.5　试件制备与要求

试件的制备采用机锯或刀锯，锯时不得将试件弄湿。

体积密度和抗压强度的试件，沿制品膨胀方向中心部分上、中、下顺序锯取一组，“上”块上表面距离制品顶面30mm，“中”块在制品正中处，“下”块下表面离制品底面30mm。制品的高度不同，试件间隔略有不同。以高度600mm的制品为例，试件锯取部位如图 10.12 所示。

试件必须逐块加以编号，并标明锯取部位和膨胀方向。

体积密度和抗压强度的试件均必须是外形为 100mm×100mm×100mm 的正立方体，试件尺寸允许偏差为±2mm。试件表面必须平整，不得有裂缝或明显缺陷。试件承压面的不平度应为每 100mm 不超过 0.1mm，承压面与相邻面的不垂直度不应超过 1°。

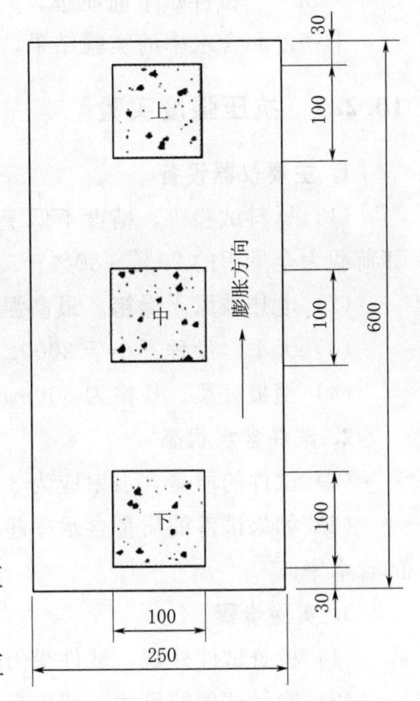

图 10.12　体积密度和抗压强度试件锯取示意图

### 10.2.6　干密度和含水率实验

**1. 主要仪器设备**

(1) 电热鼓风干燥箱。最高温度为 200℃。

(2) 天平。量程不小于 2000g，分度值为 1g。

(3) 钢板直尺。规格为 300mm，分度值为 0.5mm。

**2. 实验步骤**

(1) 取试件一组 3 块，逐块量取长、宽、高 3 个方向的轴线尺寸（精确至 1mm），计算试件的体积并称量试件质量 $m$（精确至 1g）。

(2) 将试件放入电热鼓风干燥箱内。在 (60±5)℃内保温 24h。然后在 (80±5)℃内保温 24h，再在 (105±5)℃内烘至恒量[1] ($m_0$)。

**3. 结果计算**

干密度按式 (10.6) 计算（精确至 $1\text{kg/m}^3$），即

$$\rho_0 = \frac{m_0}{V} \times 10^6 \tag{10.6}$$

式中　$\rho_0$——干密度，$\text{kg/m}^3$；

$m_0$——试件烘干后质量，g；

$V$——试件体积，$\text{mm}^3$。

含水率按式 (10.7) 计算（精确至 0.1%），即

$$\omega_s = \frac{m - m_0}{m_0} \times 100\% \tag{10.7}$$

式中　$\omega_s$——含水率，%；

$m_0$——试件烘干后质量，g；

[1] 恒量是指在烘干过程中间隔 4h，前后两次质量差不超过试件质量的 0.5%。

$m$——试件烘干前质量，g。

干密度和含水率的实验结果，按3块试件实验值的算术平均值进行评定。

### 10.2.7　抗压强度实验

**1. 主要仪器设备**

(1) 材料试验机。精度不低于±2%，其量程的选择应能使试件的预期最大破坏荷载为全量程的20%～80%。

(2) 电热鼓风干燥箱。最高温度200℃。

(3) 天平。量程不小于2000g，分度值为1g。

(4) 钢板直尺。规格为300mm，分度值为0.5mm。

**2. 试件含水状态**

(1) 试件的质量含水率应为8%～12%。

(2) 如果试件的质量含水率超过上述规定范围，则在(60±5)℃下烘至所要求的含水率。

**3. 实验步骤**

(1) 检查试件外观，试件受力面必须锉平或磨平。

(2) 测量试件的尺寸(精确至1mm)，并计算试件的受压面积($A_1$)。

(3) 将试件放在材料试验机下压板的中心位置，试件受压方向应垂直于制品的发气方向。

(4) 开动试验机，当上压板与试件接近时，调整球座，使接触均衡。

(5) 以(2.0±0.5)kN/s的速度连续而均匀地加荷，直至试件破坏，记录破坏荷载($F_1$)。

(6) 将实验后的试件全部或部分立即称质量，然后在(105±5)℃下烘至恒量，计算其含水率。

**4. 结果计算**

抗压强度按式(10.8)计算(精确至0.1MPa)，即

$$f_{cc}=\frac{F_1}{A_1} \tag{10.8}$$

式中　$f_{cc}$——试件的抗压强度，MPa；

$F_1$——破坏荷载，N；

$A_1$——试件受压面积，$mm^2$。

抗压强度实验的结果，按3块试件实验值的算术平均值进行评定。

### 10.2.8　技术要求

蒸压加气混凝土砌块技术要求包括外观质量、尺寸偏差、强度、干密度、干燥收缩值、抗冻性和热导率，其中外观质量和尺寸偏差要求见表10.8，砌块的立方体抗压强度见表10.9，砌块的干密度要求见表10.10，砌块的强度级别见表10.11。

**表 10.8　　蒸压加气混凝土砌块外观质量和尺寸偏差要求**

<table>
<tr><td colspan="3" rowspan="2">项　目</td><td colspan="2">指　标</td></tr>
<tr><td>优等品</td><td>合格品</td></tr>
<tr><td rowspan="3">尺寸允许偏差/mm</td><td>长度</td><td>l</td><td>±3</td><td>±4</td></tr>
<tr><td>宽度</td><td>b</td><td>±1</td><td>±2</td></tr>
<tr><td>高度</td><td>h</td><td>±1</td><td>±2</td></tr>
<tr><td rowspan="3">缺棱掉角</td><td colspan="2">最大尺寸/mm,≤</td><td>0</td><td>30</td></tr>
<tr><td colspan="2">最小尺寸/mm,≤</td><td>0</td><td>70</td></tr>
<tr><td colspan="2">大于以上尺寸的缺棱掉角个数/个,≤</td><td>0</td><td>2</td></tr>
<tr><td rowspan="3">裂纹长度</td><td colspan="2">贯穿一棱二面的裂纹长度不得大于裂纹所在面的裂纹方向尺寸总和的</td><td>0</td><td>1/3</td></tr>
<tr><td colspan="2">任一面上的裂纹长度不得大于裂纹方向尺寸的</td><td>0</td><td>1/2</td></tr>
<tr><td colspan="2">大于以上尺寸的裂纹条数/条,≤</td><td>0</td><td>2</td></tr>
<tr><td colspan="3">爆裂、粘模和损坏深度/mm,≤</td><td>10</td><td>30</td></tr>
<tr><td colspan="3">平面弯曲</td><td colspan="2">不允许</td></tr>
<tr><td colspan="3">表面疏松、层裂</td><td colspan="2">不允许</td></tr>
<tr><td colspan="3">表面油污</td><td colspan="2">不允许</td></tr>
</table>

**表 10.9　　砌块的立方体抗压强度要求**　　单位：MPa

| 强度级别 | 立方体抗压强度 | |
|---|---|---|
| | 平均值，≥ | 单组最小值，≥ |
| A1.0 | 1.0 | 0.8 |
| A2.0 | 2.0 | 1.6 |
| A2.5 | 2.5 | 2.0 |
| A3.5 | 3.5 | 2.8 |
| A5.0 | 5.0 | 4.0 |
| A7.5 | 7.5 | 6.0 |
| A10.0 | 10.0 | 8.0 |

**表 10.10　　砌块的干密度要求**　　单位：$kg/m^3$

| 干密度级别 | | B03 | B04 | B05 | B06 | B07 | B08 |
|---|---|---|---|---|---|---|---|
| 干密度 | 优等品(A),≤ | 300 | 400 | 500 | 600 | 700 | 800 |
| | 合格品(B),≤ | 325 | 425 | 525 | 625 | 725 | 825 |

**表 10.11　　砌块的强度级别**

| 干密度级别 | | B03 | B04 | B05 | B06 | B07 | B08 |
|---|---|---|---|---|---|---|---|
| 强度级别 | 优等品(A) | A1.0 | A2.0 | A3.5 | A5.0 | A7.5 | A10.0 |
| | 合格品(B) | | | A2.5 | A3.5 | A5.0 | A7.5 |

### 10.2.9　检验项目

蒸压加气混凝土砌块的出厂检验项目为尺寸偏差、外观质量、立方体抗压强度和干密度。

蒸压加气混凝土砌块的进场检验项目为尺寸偏差、立方体抗压强度和干密度。

### 10.2.10　判定规则

受检的 50 块砌块中，尺寸偏差和外观质量不符合表 10.8 规定的砌块数量不超过 5 块时，判定该批砌块符合相应等级；若不符合表 10.8 规定的砌块数量超过 5 块时，判该批砌块不符合相应等级。

以 3 组干密度试件的测定结果平均值判定砌块的干密度级别，符合表 10.10 规定时，则判该批砌块合格。

以 3 组抗压强度试件测定结果平均值按表 10.9 判定其强度级别。当强度和干密度级别关系符合表 10.11 的规定，同时 3 组试件中各个单组抗压强度平均值全部大于表 10.11 规定的此强度级别的最小值时，判该批砌块符合相应等级；若有 1 组或 1 组以上小于此强度级别的最小值时，判该批砌块不符合相应等级。

各项检验全部符合相应等级的技术要求规定时，判定为相应等级；否则降等或判定为不合格。

# 第11章

# 沥青实验

沥青实验包括密度与相对密度、针入度、软化点、溶解度、延度、质量损失、闪点与燃点、脆点、蜡含量、化学组分、黏度、离析、弹性恢复等项的实验。本章仅介绍针入度、软化点、延度3项实验。

## 11.1 相关标准

《公路工程沥青与沥青混合料试验规程》(JTG E20—2011)。

《道路石油沥青》(NB/SH/T 0522—2010)。

《重交通道路石油沥青》(GB/T 15180—2010)。

《公路沥青路面施工技术规范》(JTG F40—2004)。

## 11.2 试样准备方法

### 11.2.1 适用范围

本方法适用于黏稠道路石油沥青、煤沥青、聚合物改性沥青等需要加热后才能进行实验的沥青试样，按此法准备的沥青供立即在实验室进行各项实验使用。

本方法也适用于在实验室对乳化沥青试样进行各项性能测试使用。每个样品的数量根据需要决定，常规测定不宜少于600g。

### 11.2.2 主要仪器设备

(1) 烘箱。200℃，装有温度调节器。

(2) 加热炉具。电炉或其他燃气炉(丙烷石油气、天然气)。

(3) 石棉垫。不小于炉具上面积。

(4) 滤筛。筛孔孔径0.6mm。

(5) 沥青盛样器皿。金属锅或瓷坩埚。

(6) 烧杯。1000mL。

(7) 温度计。0～100℃及200℃，精度为0.1℃。

(8) 天平。量程不小于2000g，分度值不大于1g；量程不小于100g，分度值不大于0.1g。

（9）其他。玻璃棒、溶剂、棉纱等。

### 11.2.3　热沥青试样制备步骤

（1）将装有试样的盛样器带盖放入恒温烘箱中，当石油沥青试样中含有水分时，烘箱温度在80℃左右，加热至沥青全部熔化后供脱水用。当石油沥青中无水分时，烘箱温度宜为软化点温度以上90℃，通常为135℃左右。对取来的沥青试样不得直接采用电炉或装气炉明火加热。

（2）当石油沥青试样中含有水分时，将盛样器皿放在可控温的砂浴、油浴、电热套上加热脱水，不得已采用电炉、煤气炉加热脱水时必须加放石棉垫。时间不能超过30min，并用玻璃棒轻轻搅拌，防止局部过热。在沥青温度不超过100℃的条件下，仔细脱水至无泡沫为止，最后的加热温度不超过软化点以上100℃（石油沥青）或50℃（煤沥青）。

（3）将盛样器中的沥青通过0.6mm的滤筛过滤，不等冷却立即一次性灌入各项实验的模具中。当温度下降太多时，宜适当加热再灌模。根据需要可将试样分装入擦拭干净并干燥的一个或数个沥青盛样器皿中，数量应满足一批实验项目所需的沥青样品并有富余。

（4）在沥青灌模过程中，如温度下降可放入烘箱中适当加热，试样冷却后反复加热的次数不得超过两次，以防沥青老化影响实验结果。注意：在沥青灌模时不得反复搅动沥青，以避免混进气泡。

（5）灌模剩余的沥青应立即清洗干净，不得重复使用。

## 11.3　针入度实验

### 11.3.1　适用范围

本方法适用于测定道路石油沥青、聚合物改性沥青针入度以及液体石油沥青蒸馏或乳化沥青蒸发后残留物的针入度。其标准实验条件为温度25℃，荷重100g，贯入时间为5s，以0.1mm计。

针入度指数PI用于描述沥青的温度敏感性，宜在15℃、25℃、30℃等3个温度或3个以上温度条件下测定针入度后按规定的方法计算得到，若30℃时的针入度值过大，可采用5℃代替。当量软化点$T_{800}$是相当于沥青针入度为800时的温度，用于评价沥青的高温稳定性。当量脆点$T_{1.2}$是相当于沥青针入度为1.2时的温度，用于评价沥青的低温抗裂性能。

### 11.3.2　主要仪器设备

（1）针入度仪。凡能保证针和针连杆在无明显摩擦下垂直运动，并能指示针贯入深度准确至0.1mm的仪器均可使用。针和针连杆组合件总质量为（50±0.05）g，另附（50±0.05）g砝码1只，试验时总质量为（100±0.05）g。当采用其他实验条件时，应在试验结果中注明。仪器设有放置平底玻璃保温皿的平台，并有调节水平的装置，针连杆应与平台相垂直。仪器设有针连杆制动按钮，使针连杆可自由下落。针连管易于装拆，以便检查其质量。仪器还设有可自由转动与调节距离的悬臂，其端部有一面小镜或聚光灯泡，借以观察针尖与试样表面接触情况。当为自动针入度仪时，要求基本相同，但应经常校验计时装置。

(2) 标准针。由硬化回火的不锈钢制成，洛氏硬度为 HRC54～60，表面粗糙度 $R_a$ 为 0.2～0.3μm，针及针连杆总质量为（2.5±0.05）g，每个针柄上有单独的标志号码。设有固定用装置盒，以免碰撞针尖，每根针必须附有计量部门的检验单，并定期进行检验，其尺寸及形状如图 11.1 所示。

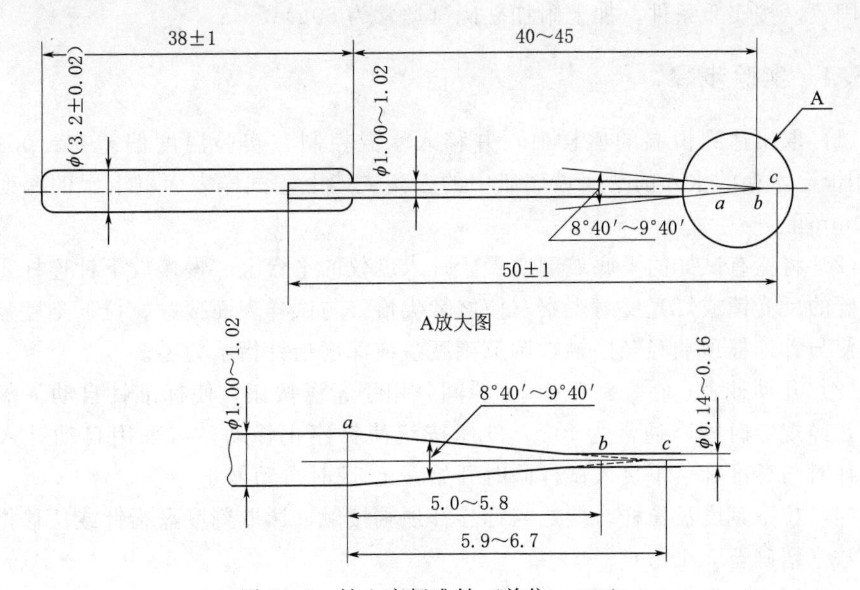


图 11.1　针入度标准针（单位：mm）

(3) 盛样皿。金属制，圆柱形平底。小盛样皿的内径为 55mm，深为 35mm（适用于针入度小于 200 的试样）；大盛样皿的内径为 70mm，深为 45mm（适用于针入度为 200～350 的试样）；对针入度大于 350 的试样需使用特殊盛样皿，其深度不小于 60mm，试样的体积不小于 125mL。

(4) 恒温水槽。容积不小于 10L，控温的准确度为 0.1℃。水槽中应设有一带孔的搁架，位于水面下不得少于 100mm，距水槽底不得少于 50mm 处。

(5) 平底玻璃皿。容积不小于 1L，深度不小于 80mm。内设不锈钢三角支架，能使盛样皿稳定。

(6) 温度计。0～50℃，精度为 0.1℃。

(7) 秒表。精度为 0.1s。

(8) 其他。盛样皿盖（平板玻璃）、三氯乙烯、电炉或砂浴、石棉网、金属锅或瓷把坩埚等。

## 11.3.3　实验准备工作

(1) 按 11.2 节的方法准备试样。

(2) 按实验要求将恒温水槽调节到要求的实验温度（通常为 25℃）并保持稳定。

（3）将试样注入盛样皿中，试样高度应超过预计针入度 10mm，并盖上盛样皿盖，以防落入灰尘。盛有试样的盛样皿在 15～30℃室温下冷却不少于 1.5h（小盛样皿）、2h（大盛样皿）、3h（特殊盛样皿）后移入保持规定实验温度偏差在±0.1℃内的恒温水槽中养生不少于 1.5h（小盛样皿）、2h（大盛样皿）、2.5h（特殊盛样皿）。

（4）调整针入度仪使之水平。检查针连杆和导轨，以确认无水和其他外来物，无明显摩擦。用三氯乙烯或其他溶剂清洗标准针并拭干。将标准针插入针连杆，用螺钉固紧。按实验条件，加上附加砝码（通常为 50g）。

### 11.3.4　实验步骤

（1）取出达到恒温的盛样皿，并移入水温控制在实验温度偏差在±0.1℃内（可用恒温水槽的水）的平底玻璃皿中的三角支架上，试样表面以上水的深度不小于 10mm。

（2）将盛有试样的平底玻璃皿置于针入度仪的平台上。慢慢放下针连杆，用适当位置的反光镜或灯光反射观察，使之针尖恰好与试样表面接触。拉下刻度盘的拉杆，使与针连杆顶端轻轻接触，调节刻度盘或深度指针指示为零。

（3）开动秒表，在指针正指 5s 瞬间，用手紧压按钮，使标准针自动下落贯入试样，经规定时间（通常为 5s），停压按钮使针停止移动。当采用自动针入度仪时，计时与标准针落下贯入试样同时开始，至 5s 时自动停止。

（4）拉下刻度盘拉杆，使之与针连杆顶端接触，读取刻度盘指针或位移指示器的读数（精确至 0.1mm）。

（5）同一试样平行试验至少 3 次，各测试点之间及与盛样皿边缘的距离不应小于 10mm。每次试验后应将盛有盛样皿的平底玻璃皿放入恒温水槽，使平底玻璃皿中水温保持实验温度。每次试验应换一根干净标准针或将标准针取下用蘸有三氯乙烯溶剂的棉花或布揩净，再用干棉花或布擦干。

（6）测定针入度大于 200 的沥青试样，至少用 3 支标准针，每次实验后将针留在试样中，直至 3 次平行实验完成后，才能将标准针取出。

（7）测定针入度指数 PI 时，按同样方法在 15℃、25℃、30℃（或 5℃）3 个或 3 个以上（必要时增加 10℃、20℃等）温度条件下分别测定沥青的针入度，但用于仲裁实验的温度条件应为 5 个。

### 11.3.5　结果计算

（1）对不同温度条件下测试的针入度取对数，令 $y=\lg P$，$x=T$，按式（11.1）的针入度对数与温度的直线关系，进行二元一次方程 $y=a+bx$ 的直线回归，求取针入度温度指数 $A_{\lg Pen}$。回归时必须进行相关性检验，直线回归相关系数 $R$ 不得小于 0.997；否则实验无效。

$$\lg P=K+A_{\lg Pen}T \tag{11.1}$$

式中　$T$——不同实验温度，相应温度下的沥青针入度为 $P$；

$K$——回归方程的常数项 $a$；

$A_{\lg Pen}$——回归方程的常数项 $b$。

（2）按式（11.2）确定沥青的针入度指数 PI，并记为 $PI_{lgPen}$。

$$PI_{lgPen}=\frac{20-500A_{lgPen}}{1+50A_{lgPen}} \tag{11.2}$$

（3）按式（11.3）确定沥青的当量化软化点 $T_{800}$，即

$$T_{800}=\frac{\lg 800-K}{A_{lgPen}}=\frac{2.9031-K}{A_{lgPen}} \tag{11.3}$$

（4）按式（11.4）确定沥青的当量化脆点 $T_{1.2}$，即

$$T_{1.2}=\frac{\lg 1.2-K}{A_{lgPen}}=\frac{0.0792-K}{A_{lgPen}} \tag{11.4}$$

（5）按式（11.5）确定沥青的塑性温度范围 $\Delta T$，即

$$\Delta T=T_{800}-T_{1.2}=\frac{2.8239}{A_{lgPen}} \tag{11.5}$$

### 11.3.6 报告

（1）应报告标准温度（25℃）时的针入度 $T_{25}$ 以及其他实验温度 $T$ 所对应的针入度 $P$，及由此求取针入度指数 PI、当量软化点 $T_{800}$、当量脆点 $T_{1.2}$ 的方法和结果，同时报告式（11.1）回归的直线相关系数 $R$。

（2）同一试样 3 次平行试验结果的最大值和最小值之差在表 11.1 所列允许差值要求范围内，计算 3 次试验结果的平均值，取整数作为针入度实验结果，以 0.1mm 为单位。当实验值不符合此要求时，应重新试验。

表 11.1 针入度实验允许差值要求

| 针入度值/0.1mm | 0～49 | 50～149 | 150～249 | 250～500 |
|---|---|---|---|---|
| 允许差值/0.1mm | 2 | 4 | 12 | 20 |

（3）当实验结果小于 50（0.1mm）时，重复性试验的允许差为 2（0.1mm），再现性试验的允许差为 4（0.1mm）；当实验结果大于 50（0.1mm）时，重复性试验的允许差为平均值的 4%，再现性试验的允许差为平均值的 8%。

## 11.4 软化点实验（环球法）

### 11.4.1 适用范围

本方法适用于测定道路石油沥青、聚合物改性沥青的软化点，也适用于测定液体石油沥青、煤沥青蒸馏残余物或乳化沥青破乳蒸发后残留物的软化点。

### 11.4.2 主要仪器设备

（1）软化点仪。软化点仪由钢球、试样环、钢球定位环、金属支架和烧杯组成，如图 11.2 所示。钢球直径为 9.53mm，质量为（3.5±0.05）g，表面光滑。试样环由黄铜或不锈钢等制成，形状与尺寸如图 11.3 所示。钢球定位环由黄铜或不锈钢制成，能使钢球定位于试样中央。试验金属支架由两个主杆和 3 层平行的金属板组成：上层为一圆盘，直径略大于烧杯直径，中间有一圆孔，用于插放温度

计。中层板上有两个圆孔，以供放置试样环，与下底板之间的距离为 25.4mm。在连接立杆上距中层板顶面（51±0.2）mm 处，刻有一条液面指示线。

烧杯是由耐热玻璃制成的无嘴高型烧杯，容积为 800～1000mL，直径不小于 86mm，高度不小于 120mm，其上口与上盖板相配合。

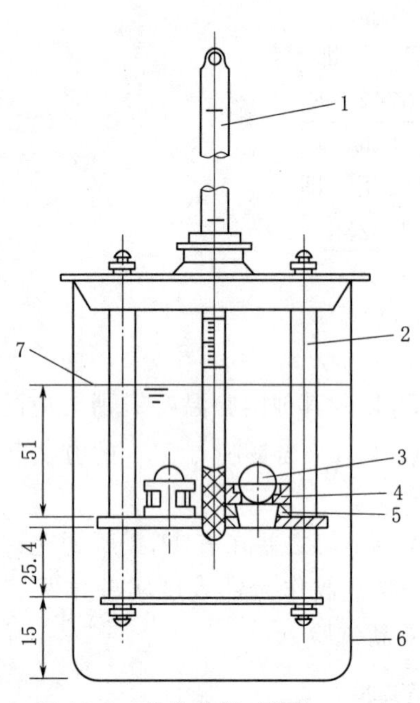


图 11.2　软化点仪（单位：mm）

1—温度计；2—立杆；3—钢球；4—钢球定位器；5—金属环；6—烧杯；7—水面

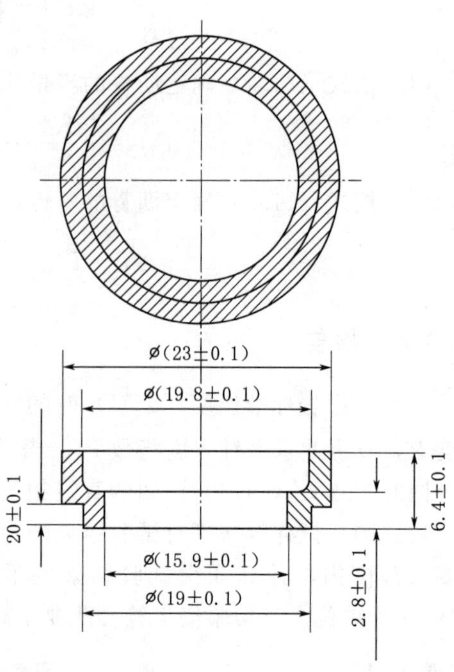


图 11.3　软化点试样环（单位：mm）

（2）加热炉具。装有温度调节器的电炉或其他加热炉具，采用带有振荡搅拌器的加热电炉，振荡搅拌器置于烧杯底部。

（3）环夹。由薄钢条制成，用以夹持金属环，以便刮平表面。

（4）试模底板。金属板（表面粗糙度应达 $Ra0.8\mu m$）或玻璃板。

（5）其他。温度计（量程 0～100℃，分度值为 0.5℃）、蒸馏水或纯净水、恒温水槽（控温的准确度为±0.5℃）、平直刮刀、甘油滑石粉隔离剂（甘油与滑石粉的比例为质量比 2∶1）等。

### 11.4.3　实验准备工作

（1）将试样环置于涂有甘油滑石粉隔离剂的试样底板上。按 11.2 节规定的方法将准备好的沥青试样徐徐注入试样环内至略高出环面。如估计试样软化点高于 120℃，则试样环和试样底板（不用玻璃板）均应预热至 80～100℃。

（2）试样在室温冷却 30min 后，用环夹夹着试样环，并用热刮刀刮除环面上的试样，务必使之与环面齐平。

### 11.4.4　实验步骤

（1）试样软化点在 80℃以下时实验步骤如下。

1）将装有试样的试样环连同试样底板置于（5±0.5)℃水的恒温水槽中至少15min；同时将金属支架、钢球、钢球定位环等也置于相同水槽中。

2）烧杯内注入新煮沸并冷却至5℃的蒸馏水或纯净水，水面略低于立杆上的深度标记。

3）从恒温水槽中取出盛有试样的试样环放置在支架中层板的圆孔中，套上定位环；然后将整个环架放入烧杯中，调整水面至深度标记，并保持水温为（5±0.5)℃。环架上任何部分不得附有气泡。将0～100℃的温度计由上层板中心孔垂直插入，使端部测温头底部与试样环下面齐平。

4）将盛有水和环架的烧杯移至放有石棉网的加热炉具上，然后将钢球放在定位环中间的试样中央，立即开动振荡搅拌器，使水微微振荡，并开始加热，使杯中水温在3min内调节至维持每分钟上升（5±0.5)℃。在加热过程中，应记录每分钟上升的温度值，如温度上升速度超出此范围时，则应重做试验。

5）试样受热软化逐渐下坠，至与下层板表面接触时，立即读取温度，精确至0.5℃。

（2）试样软化点在80℃以上时，实验步骤如下。

1）将装有试样的试样环连同试样底板置于（32±1)℃甘油的恒温槽中至少15min；同时将金属支架、钢球、钢球定位环等也置于甘油中。

2）烧杯内注入预先加热至32℃的甘油，其液面略低于立杆上的深度标记。

3）从恒温槽中取出盛有试样的试样环，按前述方法进行测定（精确至1℃)。

### 11.4.5 结果计算

（1）同一试样平行试验两次，当两次测定值的差值符合重复性试验允许误差要求时，取其平均值作为软化点实验结果（精确至0.5℃)。

（2）当软化点小于80℃时，重复性试验、再现性试验的允许差分别为1℃、4℃；当软化点大于80℃时，重复性试验、再现性试验的允许差分别为2℃、8℃。

## 11.5 延度实验

### 11.5.1 适用范围

本方法适用于测定道路石油沥青、聚合物改性沥青、液体石油沥青蒸馏残留物和乳化沥青蒸发后残留物的延度。沥青延度试验温度与拉伸速率可根据要求采用，通常采用的实验温度为25℃、15℃、10℃或5℃，拉伸速度为（5±0.25）cm/min。当低温采用（1±0.5）cm/min拉伸速度时，应在报告中注明。

### 11.5.2 主要仪器设备

（1）延度仪。将试件浸入水中，能保持规定的实验温度及按照规定的拉伸速度拉伸试件，且实验时无明显振动的延度仪均可使用，其形状与组成如图11.4

所示。

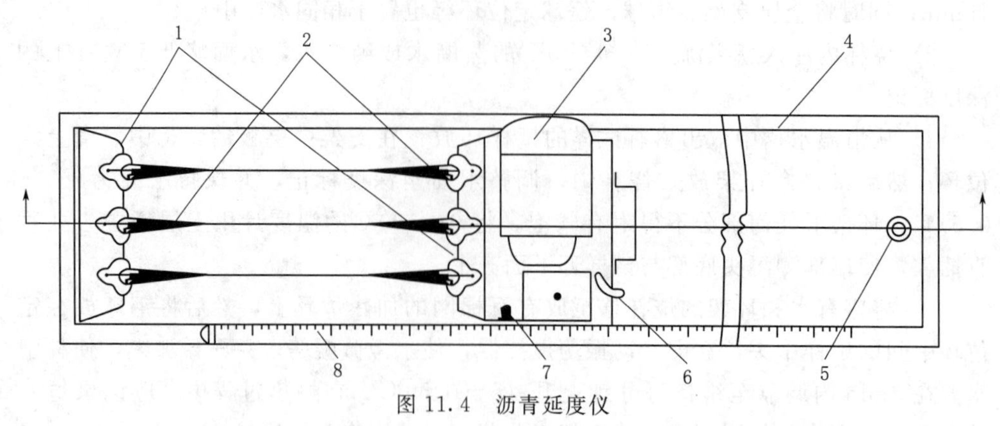


图 11.4 沥青延度仪

1—试模；2—试样；3—电机；4—水槽；5—泄水孔；6—开关柄；7—指针；8—标尺

(2) 制模仪具。制模仪具包括延度试模和试模底板。延度试模由黄铜制成，由两个端模和两个侧模组成，其形状尺寸如图 11.5 所示。试模底板为玻璃板或磨光的铜板或不锈钢板（表面粗糙度 $Ra$ 为 0.2$\mu$m）。

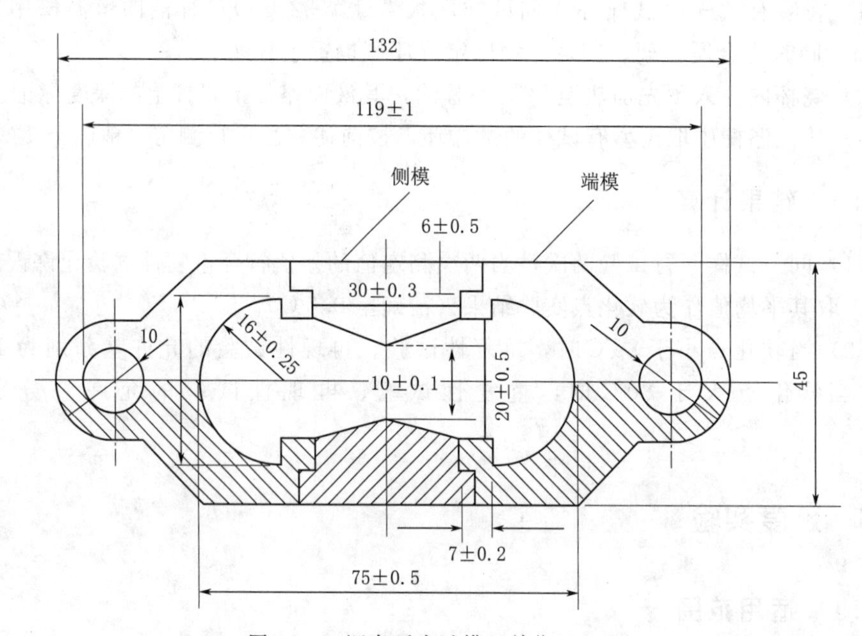


图 11.5 沥青延度试模（单位：mm）

(3) 恒温水槽。容积不小于 10L，精度为 0.1℃。水槽中应设有一带孔的搁架，搁架距水槽底不得少于 50mm。试件浸入水中深度不小于 100mm。

(4) 其他。刻度 0～50℃，分度值为 0.1℃的温度计；砂浴或其他加热工具；甘油滑石粉隔离剂（甘油与滑石粉比例为 2∶1）；平刮刀；石棉网；酒精；食盐等。

## 11.5.3 实验准备工作

(1) 将隔离剂拌和均匀，涂于清洁干燥的试模底板和两个侧模的内侧表面，并将试模在试模底板上装妥。

(2) 按11.2节准备试样，然后将试样自试模的一端至另一端往返数次缓缓注入模中，最后略高出试模，灌模时应注意勿使气泡混入。

(3) 试件在室温中冷却不小于1.5h，然后用热刮刀刮除高出试模的沥青，使沥青面与试模齐平。沥青的刮法应自试模的中间刮向两端，且表面应刮得平滑。将试模连同底板再浸入规定实验温度的水槽中保温1.5h。

(4) 检查延度仪拉伸速度是否符合规定要求，然后移动滑板使其指针正对标尺的零点。将延度仪注水，并保温达实验温度±0.1℃。

### 11.5.4　实验步骤

(1) 将保温后的试件连同底板移入延度仪的水槽中，然后将盛有试样的试模自玻璃板或不锈钢板上取下，将试模两端的孔分别套在滑板及槽端固定板的金属柱上，并取下侧模。水面距试件表面应不小于25mm。

(2) 开动延度仪，并观察试样的延伸情况。此时应注意，在实验过程中，水温应始终保持在实验温度规定范围内，且仪器不得有振动，水面不得有晃动。当水槽采用循环水时，应暂时中断循环，停止水流。在实验中，如发现沥青细丝浮于水面或沉入槽底时，则在水中加入酒精或食盐，调整水的密度至与试样相近后，再重新做实验

(3) 试件拉断时，读取指针所指标尺上的读数（单位为cm），在正常情况下，试件延伸时应呈锥尖状，拉断时实际断面接近于零。如不能得到这种结果，应在报告中注明。

### 11.5.5　结果计算

(1) 同一试样每次平行试验不少于3个，如3个测定结果均大于100cm，则将实验结果记为“＞100cm”，若有特殊需要也可分别记录实测值。如3个测定结果中有1个以上的测定值小于100cm时，若最大值或最小值与平均值之差满足重复性试验精密度要求，则取3个测定结果平均值的整数作为延度实验结果，若平均值大于100cm，记为“＜100cm”；若最大值或最小值与平均值之差不符合重复性试验精密度要求，则实验重新进行。学生试验时应记录实测值。

(2) 当实验结果小于100cm时，重复性试验的允许差为平均值的20%；再现性试验的允许差为平均值的30%。

## 11.6　技术要求

### 11.6.1　《道路石油沥青》(NB/SH/T 0522—2010) 技术要求

《道路石油沥青》（NB/SH/T 0522—2010）中对沥青质量的要求见表11.2。

表 11.2　　　　　道路石油沥青技术要求（NB/SH/T 0522—2010）

| 项　目 | 质量指标 | | | | |
|---|---|---|---|---|---|
| | 200号 | 180号 | 140号 | 100号 | 60号 |
| 针入度(25℃,100g,5s)1/10mm | 200～300 | 150～200 | 110～150 | 80～110 | 50～80 |
| 延度[①](25℃)/cm,≥ | 20 | 100 | 100 | 90 | 70 |
| 软化点[②]/℃ | 30～48 | 35～48 | 38～51 | 42～55 | 45～58 |

① 如25℃延度达不到，15℃延度达到，也认为是合格的。

② 做软化点实验时，中层板与下底板之间的距离为25mm。

## 11.6.2　《公路沥青路面施工技术规范》(JTG F40—2004）技术要求

《公路沥青路面施工技术规范》（JTG F40—2004）中对沥青质量的要求见表11.3。

表 11.3　　　　　公路沥青路面施工（JTG F40—2004）

| 指　标 | 单位 | 等级 | 沥青标号 | | | | | | | | | | | | | | | | | |
|---|---|---|---|---|---|---|---|---|---|---|---|---|---|---|---|---|---|---|---|---|
| | | | 160号 | 130号 | 110号 | | | 90号 | | | | | 70号 | | | | | 50号 | 30号 |
| 针入度(25℃,100g,5s) | 0.1 mm | | 140～200 | 120～140 | 100～200 | | | 80～100 | | | | | 60～80 | | | | | 40～60 | 20～40 |
| 适用的气候分区 | | | 注[①] | 注[①] | 2-1 | 2-2 | 2-3 | 1-1 | 1-2 | 1-3 | 2-2 | 2-3 | 1-3 | 1-4 | 2-2 | 2-3 | 2-4 | 1-4 | 注[①] |
| 针入度指数PI | | A | −1.5～+1.0 | | | | | | | | | | | | | | | | |
| | | B | −1.8～+1.0 | | | | | | | | | | | | | | | | |
| 软化点(环球法),≥ | | | 38 | 40 | 43 | | | 45 | | 44 | | | 46 | | 45 | | | 49 | 55 |
| | | | 36 | 39 | 42 | | | 43 | | 42 | | | 44 | | 43 | | | 46 | 53 |
| | | | 35 | 37 | 41 | | | 42 | | | | | 43 | | | | | 45 | 50 |
| 10℃延度,≥ | m | A | 50 | 50 | 50 | | | 45 | 30 | 20 | 30 | 20 | 20 | 15 | 25 | 20 | 15 | 15 | 10 |
| | | B | 30 | 30 | 30 | | | 30 | 20 | 15 | 20 | 15 | 15 | 10 | 20 | 15 | 10 | 10 | 8 |
| 15℃延度,≥ | | A、B | 100 | | | | | | | | | | | | | | | 80 | 50 |
| | m | | 80 | 80 | 60 | | | 50 | | | | | 40 | | | | | 30 | 20 |

① 30号沥青仅适用于沥青稳定基层。130号和160号沥青除寒冷地区可直接在中低级公路上直接应用外，通常用作乳化沥青、稀释沥青、改性沥青的基质沥青。

## 11.6.3　《重交通道路石油沥青》(GB/T 15180—2010）技术要求

《重交通道路石油沥青》（GB/T 15180—2010）中对沥青质量的要求见表11.4。

表 11.4　　　　　重交通道路石油沥青技术要求

| 项　目 | 质量指标 | | | | | |
|---|---|---|---|---|---|---|
| | AH−130 | AH−110 | AH−90 | AH−70 | AH−50 | AH−30 |
| 针入度(25℃,100g,5s),1/10mm | 120～140 | 100～120 | 80～100 | 60～80 | 40～60 | 20～40 |
| 延度(15℃)/cm,≥ | 100 | 100 | 100 | 100 | 100 | 实测值 |
| 软化点/℃ | 38～51 | 40～53 | 42～55 | 44～57 | 45～58 | 50～65 |

**注**　做软化点实验时，中层板与下底板之间的距离为25mm。

# 第12章 沥青混合料实验

沥青混合料实验包括试件制作以及密度测定、马歇尔稳定度、压缩、弯曲、间接抗拉强度、车辙、沥青含量与矿料级配检验、弯曲蠕变、析漏、飞散、渗水等实验。本章主要介绍与沥青混合料配合比设计密切相关的试件制作、密度测定、马歇尔稳定度实验、车辙实验等4项实验。

## 12.1 相关标准

《公路工程沥青与沥青混合料试验规程》（JTG E20—2011）。

《公路沥青路面设计规范》（JTG D50—2006）。

《公路沥青路面施工技术规范》（JTG F40—2004）。

## 12.2 试件制作方法

### 12.2.1 击实法

**1. 适用范围**

本方法适用于标准击实法或大型击实法制作沥青混合料试件，以供实验室进行沥青混合料物理力学性质实验使用。

标准击实法适用于马歇尔实验、间接抗拉实验等所使用的$\phi$101.6mm×63.5mm圆柱体试件的成型。大型击实法适用于$\phi$152.4mm×95.3mm的大型圆柱体试件的成型。

当骨料公称最大粒径不大于26.5mm时，采用标准击实法，一组试件的数量不少于4个。当骨料公称最大粒径大于26.5mm时，宜采用大型击实法，一组试件的数量不少于6个。

**2. 主要仪器设备**

（1）自动击实仪。击实仪应具有自动计数、控制仪表、按钮设置、复位及暂停等功能。按其用途分为以下两种。

1）标准击实仪。由击实锤、直径（498.5±0.5）mm的平圆形压实头及带手柄的导向棒组成。用机械将压实锤举起，从（457.2±1.5）mm高度沿导向棒自由落下连续击实，标准击实锤质量为（4536±9）g。

2）大型击实仪。由击实锤、直径（149.4±0.1）mm 的平圆形压实头及带手柄的导向棒组成。用机械将压实锤举起，从（457.2±1.5）mm 高度沿导向棒自由落下连续击实，大型击实锤质量为（10210±10）g。

（2）实验室用沥青混合料拌和机。能保证拌和温度并充分拌和均匀，可控制拌和时间，容量不小于 10L，如图 12.1 所示。搅拌叶自转速度为 70～80r/min，公转速度为 40～50r/min。

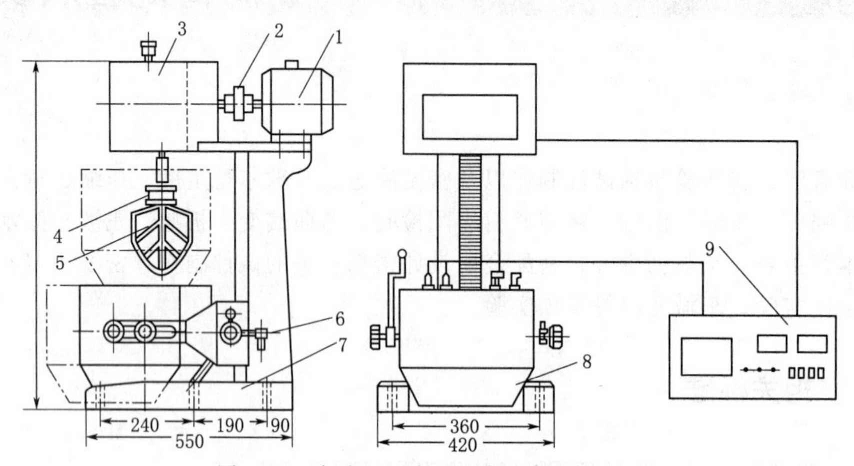


图 12.1　实验室用小型沥青混合料拌和机

1—电机；2—联轴器；3—变速箱；4—弹簧；5—拌和叶片；
6—升降手柄；7—底座；8—加热拌和锅；9—温度时间控制仪

（3）脱模器。电动或手动，可无破损地推出圆柱体试件，备有标准圆柱体试件及大型圆柱体试件的推出环。

（4）试模。由高碳钢或工具钢制成。标准击实仪试模每组包括内径（101.6±0.2）mm，高 87mm 的圆柱形金属筒、底座（直径约 120.6mm）和套筒（内径 104.8mm，高 70mm）各 1 个。

大型击实仪试模内径为（152.4±0.2）mm，总高 115mm；底座板厚 12.7mm，直径为 172mm；套筒外径为 165.1mm，内径为（155.6±0.3）mm，总高 83mm。

（5）可控温大中型烘箱各 1 台。

（6）电子天平。用于称沥青的，感量不大于 0.1g；用于称矿料的，感量不大于 0.5g。

（7）布洛克菲尔德旋转黏度计。

（8）插刀或大旋具。

（9）温度计。分度为 1℃。宜采用有金属插杆的插入式数显温度计，金属插杆的长度不小于 150mm，量程为 0～300℃。

（10）其他。电炉或煤气炉、沥青熔化锅、拌和铲、标准套筛、滤纸（或普通纸）、胶布、卡尺、秒表、粉笔、棉纱等。

**3. 试验准备工作**

（1）确定制作沥青混合料试件的拌和温度与压实温度。

1）按规程测定沥青的黏度，绘制黏温曲线，按表 12.1 确定适宜于沥青混合料拌和及压实的等黏温度。

**表 12.1　　适宜于沥青混合料拌和及压实的沥青等黏温度**

| 沥青结合料种类 | 黏度测定方法 | 适宜于拌和的沥青黏度 | 适宜于压实的沥青黏度 |
|---|---|---|---|
| 石油沥青 | 表观黏度 | (0.17±0.02)Pa·s | (0.28±0.03)Pa·s |

2）当缺乏沥青黏度测定条件时，试件的拌和与压实温度可参考表 12.2 选用，并根据沥青品种和标号做适当调整。针入度小、稠度大的沥青取高值，针入度大、稠度小的沥青取低值，一般取中值。对改性沥青，应根据改性剂的品种和用量，适当提高沥青混合料的拌和及压实温度；对大部分聚合物改性沥青，通常在普通沥青的基础上提高 15～20℃，掺加纤维时，还须再提高 10℃左右。

**表 12.2　　沥青混合料拌和与压实温度参考表　　单位：℃**

| 沥青结合料种类 | 拌和温度 | 压实温度 |
|---|---|---|
| 石油沥青 | 140～160 | 120～150 |
| 改性沥青 | 160～175 | 140～170 |

3）常温沥青混合料的拌和及压实在常温下进行。

(2) 在拌和厂或施工现场采集的沥青混合料制作试样时，试样置于烘箱中加热或保温，在混合料中插入温度计测量温度，待混合料温度符合要求后成型。需要拌和时可倒入已加热的小型沥青混合料拌和机中适当拌和，时间不超过 1min。但不得在电炉或明火上加热炒拌。

(3) 在实验室人工配制沥青混合料时，试件的制作按下列步骤进行。

1）将各种规格的矿料置于 (105±5)℃的烘箱中烘干至恒重（一般不少于 4～6h）。根据需要，粗骨料可先用水冲洗干净后烘干。也可将粗骨料过筛后用水冲洗再烘干备用。

2）将烘干分级的粗细骨料，按每个试件设计级配要求称其质量，在一金属盘中混合均匀，矿粉单独放入小盘里；并置于烘箱中预加热至沥青拌和温度以上约 15℃（采用石油沥青时通常为 163℃；采用改性沥青时通常需 180℃）备用。通常按一组试件（每组 4～6 个）一起备料，但进行配合比设计时宜对每个试件分别备料。常温混合料的矿料不需加热。

3）将脱水过筛的沥青试样，用烘箱加热至规定的沥青混合料拌和温度备用，但不得超过 175℃。当不得已采用燃气炉或电炉直接进行加热脱水时，必须使用石棉垫隔开。

**4. 拌制沥青混合料**

(1) 黏稠沥青或煤沥青混合料。

1）用沾有少许黄油的棉纱擦净试模、套筒及击实座等，并将其置于 100℃左右烘箱中加热 1h 后备用。常温沥青混合料用试模不需加热。

2）将沥青混合料拌和机预加热至拌和温度以上 10℃左右备用。

3）将每个试件已经预热的粗、细骨料置于拌和机中，用小铲子适当混合，然后再加入所需数量的已加热至拌和温度的沥青（如果已将称量好的沥青放在一专用容器内时，应在倒掉沥青后用一部分准备加入的热矿粉将沾在容器壁上的沥青擦拭后一起倒入拌和锅中），开动拌和机边搅拌边将拌和叶片插入混合料中拌和 1～

1.5min，然后暂停拌和，加入单独加热的矿粉，继续拌和至均匀为止，并使沥青混合料保持在要求的拌和温度范围内。标准的总拌和时间为 3min。

（2）液体石油沥青混合料。将每组（或每个）试件的矿料置于已加热至 55～100℃的沥青混合料拌和机中，注入要求数量的液体沥青，并将混合料边加热边拌和，使液体沥青中的溶剂挥发至 50%以下。拌和时间应由事先试拌确定。

（3）乳化沥青混合料。将每个试件的粗、细骨料置于沥青混合料拌和机（不加热，也可用人工炒拌）中，注入计算的用水量（阴离子乳化沥青不加水）后，拌和均匀并使矿料表面完全湿润，再注入设计的沥青乳液用量，在 1min 内使混合料拌匀，然后加入矿粉后迅速拌和，至混合料拌成褐色为止。

**5. 击实成型方法**

（1）将拌好的沥青混合料用小铲适当拌和均匀，称取一个试件所需的用量（标准马歇尔试件约 1 200g，大型马歇尔试件约 4 050g）。当已知沥青混合料的密度时，可根据试件的标准尺寸计算并乘以 1.03，得到所要求的混合料数量。当一次拌和多个试件时，宜将其倒入经预热的金属盘中，用小铲适当拌和均匀，分成几份分别取用。在试件制作过程中，为防止混合料温度下降，应将盛料盘放入烘箱中保温。

（2）从烘箱中取出预热的试模及套筒，用沾有少许黄油的棉纱擦拭套筒、底座及击实锤底面，将试模装在底座上，垫一张吸油性小的圆形纸，用小铲将混合料铲入试模中，用插刀或大旋具沿周边插捣 15 次，中间 10 次。插捣后将沥青混合料表面整平。对大型击实法试件，混合料应分两次加入，每次插捣次数同上。

（3）插入温度计，至混合料中心附近，检查混合料温度。

（4）待混合料温度符合要求的压实温度后，将试模连同底座一起放在击实台上固定，在装好的混合料上面垫一张吸油性小的圆纸，再将装有击实锤及导向棒的压实头放入试模中，然后开启电机将击实锤从 457mm 的高度自由落下击实规定的次数（75 次或 50 次）。对于大型试件，击实次数为 75 次（相应于标准击实 50 次的情况）或 112 次（相应于标准击实 75 次的情况）。

（5）试件击实一面后，取下套筒，将试模掉头，装上套筒，然后以同样的方法和次数击实另一面。乳化沥青混合料试件在两面击实后，将一组试件在室温下横向放置 24h；另一组试件置温度为（105±5）℃的烘箱中养生 24h。将养生试件取出后再立即两面锤击各 25 次。

（6）试件击实结束后，立即用镊子取掉上下面的纸，用卡尺量取试件离试模上口的高度，并由此计算试件高度。如高度不符合要求，则试件作废，并按式（12.1）调整混合料质量，以保证高度符合（63.5±1.3）mm（标准试件）或（95.3±2.5）mm（大型试件）的要求。

$$m=\frac{hm_0}{h_0} \tag{12.1}$$

式中　$m$——调整后混合料的质量，g；

$h$——要求的试件高度，mm；

$m_0$——原用混合料的质量，g；

$h_0$——所得试件的高度，mm。

（7）卸去套筒和底座，将装有试件的试模横向放置冷却至室温后（不少于

12h)，置脱模机上脱出试件。

(8) 将试件仔细置于干燥洁净的平面上，供实验用。

## 12.2.2 轮碾法

**1. 适用范围**

本方法规定了在实验室用轮碾法制作沥青混合料试件的方法，以供进行沥青混合料物理力学性质实验时使用。

轮碾法适用于长 300mm×宽 300mm×厚 50～100mm 板块状试件的成型，由此板块状试件用切割机切制成棱柱体试件，或在实验室用芯样钻机钻取试样，成型试件的密度应符合马歇尔标准击实试样密度（100±1)%的要求。

沥青混合料试件制作时的厚度可根据骨料粒径大小及工程需要进行选择。对于骨料公称最大粒径不大于 19mm 的沥青混合料，宜采用长 300mm×宽 300mm×厚 50mm 的板块试模成型；对于骨料公称最大粒径不小于 26.5mm 的沥青混合料，宜采用长 300mm×宽 300mm×厚 80～100mm 的板块试模成型。

**2. 主要仪器设备**

(1) 实验室用沥青混合料拌和机。能保证拌和温度并充分拌和均匀，可控制拌和时间，宜采用容量大于 30L 的大型沥青混合料拌和机。

(2) 轮碾成型机。具有与钢筒式压路机相似的圆弧形碾压轮，轮宽 300mm，压实线荷载为 300N/cm，碾压行程等于试件长度，经碾压后的板块状试件可达到马歇尔标准击实试样密度的（100±1)%。

(3) 试模。由高碳钢或工具钢制成，试模尺寸应保证成型后符合试件尺寸的规定。内部平面尺寸为 300mm×300mm，厚 50～100mm。

(4) 切割机。实验室用金刚石锯片钻石机（单锯片或双锯片）或现场用路面切割机，有淋水冷却装置，其切割厚度不小于试件厚度。

(5) 钻孔取芯机。用电力或汽油机、柴油机驱动，有淋水冷却装置。金刚石钻头的直径根据试件的直径选择（通常为 100mm，根据需要也可为 150mm)。钻孔深度不小于试件厚度，钻头转速不小于 1000r/min。

(6) 可控温大中型烘箱各 1 台。

(7) 电子天平。称量 5kg 以上的，感量不大于 1g。称量 5kg 以下时，用于称沥青的，感量不大于 0.1g；用于称矿料的，感量不大于 0.5g。

(8) 沥青运动黏度测定设备。布洛克菲尔德旋转黏度计、真空减压毛细管。

(9) 小型击实锤。钢制，端部断面为 80mm×80mm，厚 10mm，带手柄，总质量为 0.5kg 左右。

(10) 温度计。精度 1℃。宜采用有金属插杆的插入式数显温度计，金属插杆的长度不小于 150mm，量程为 0～300℃。

(11) 其他。电炉或煤气炉、沥青熔化锅、拌和铲、标准套筛、滤纸、胶布、卡尺、秒表、粉笔、棉纱等。

**3. 实验准备工作**

(1) 按 12.2.1 小节中 3 的方法确定制作沥青混合料试件的拌和及压实温度。常温沥青混合料的拌和及压实在常温下进行。

(2) 在实验室人工配制沥青混合料时，按12.2.1小节中3的方法准备矿料及沥青，加热备用，常温沥青混合料用矿粉不加热。

(3) 将金属试模及小型击实锤等置于100℃左右烘箱中加热1h备用。常温沥青混合料用试模不加热。

(4) 按12.2.1小节中4的方法拌制沥青混合料，混合料及各种材料用量由一块试件的体积按马歇尔标准击实密度乘以1.03的系数求算。当采用大容量沥青混合料拌和机时宜全量一次拌和，当采用小型混合料拌和机时，可分两次拌和。常温沥青混合料的矿料不加热。

**4. 轮碟成型方法**

(1) 将预热的试模从烘箱中取出，装上试模框架，在试模中铺一张裁好的普通纸（可用报纸），使底面及侧面均被纸隔离，将拌和好的全部沥青混合料用小铲稍加拌和后均匀地沿试模由边至中按顺序转圈装入试模，中部要略高于四周。

(2) 取下试模框架，用预热的小型击实锤由边至中转圈夯实一遍，整平成凸圆弧形。

(3) 插入温度计，待混合料稍冷却至规定的压实温度（为使冷却均匀，试模底下可用垫木支起）时，在表面铺一张裁好的普通纸。

(4) 当用轮碾机碾压时，宜先将碾压轮预热至100℃左右。然后将盛有沥青混合料的试模置于轮碾机的平台上，轻轻放下碾压轮，调整总荷载为9kN。

(5) 启动轮碾机，先在一个方向碾压两个往返（4次），卸荷，再抬起碾压轮，将试件调转方向，再加相同荷载碾压至马歇尔标准密度的100%±1%为止。试件正式压实前，应经试压决定碾压次数。对普通沥青混合料，一般为12个往返（24次）左右可达到要求（试件厚为50mm）。如试件厚度为100mm时，宜按先轻后重的原则分两层碾压。

(6) 压实成型后，揭去表面的纸，用粉笔在试件表面标明碾压方向。

(7) 盛有压实试件的试模，置室温下冷却，至少12h后方可脱模。

**5. 用切割机切割棱柱体试件**

(1) 按实验要求的试件尺寸，在轮碾成型的板块状试件表面规划切割试件的数目，但边缘20mm部分不得使用。

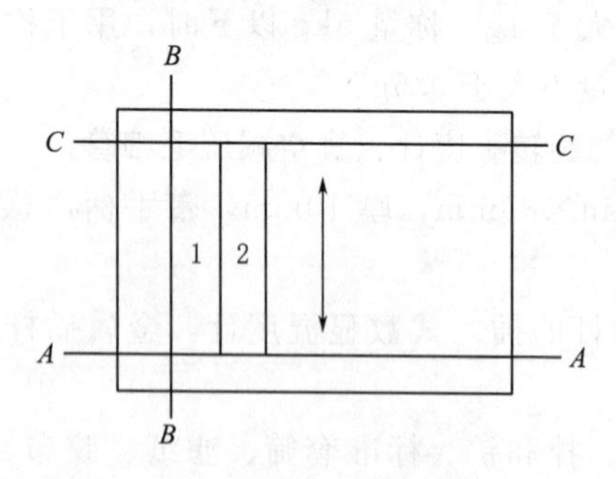


图12.2 棱柱体试件切割顺序

(2) 切割顺序如图12.2所示。首先在与轮碾法成型垂直的方向，沿 $A—A$ 切割第1刀作为基准面，再在垂直的 $B—B$ 方向切割第2刀，精确量取试件长度后切割 $C—C$，使 $A—A$ 及 $C—C$ 切下的部分大致相等。使用金刚石锯片切割时，一定要开放冷却水。

(3) 仔细量取试件切割位置，按图顺碾压方向（$B-B$）切割试件，使试件宽度符合要求。锯下的试件应按顺序放在平玻璃板上排列整齐，然后再切割试件的底面及表面。将切好的试件立即编号，供弯曲试验用的试件应用胶布贴上标记，保持轮碾机成型时的上、下位置，直至弯曲试验时上下方向始终保持不变。

(4) 将完全切割好的试件放在玻璃板上，试件之间留有10mm以上的间隙，试件下垫一层滤纸，并经常挪动位置，使其完全风干。如急需使用，可用电风扇或冷风机吹干，每隔1～2h，挪动试件一次，使试件加速风干，风干时间不宜少于24h。在风干过程中，试件的上下方向及排序不能搞错。

**6. 用钻芯法钻取圆柱体试件**

(1) 将轮碾成型机成型的板块状试件脱模，成型的试件厚度应不小于圆柱体试件的厚度。

(2) 在试件上方作出取样位置标记，板块状试件边缘部分的20mm内不得使用。根据需要，可选用直径为100mm或150mm的金刚石钻头。

(3) 将板块状试件置于钻机平台上固定，钻头对准取样位置。

(4) 开放冷却水，开动钻机，均匀地钻透试件。为保护钻头，在试件下可垫木板等。

(5) 提起钻机，取出试件。按上述方法将试件吹干备用。

(6) 根据需要，可再用切割机切去钻芯试件的一端或两端，达到要求的高度，但必须保证端面与试件轴线垂直且保持上下平行。

## 12.3 密度测定（表干法）

### 12.3.1 适用范围

本方法适用于测定吸水率不大于2%的各种沥青混合料试件。包括密级配沥青混凝土、沥青玛蹄脂碎石混合料（SMA）和沥青稳定碎石等沥青混合料试件的毛体积相对密度和毛体积密度。标准温度为（25±0.5)℃。

### 12.3.2 主要仪器设备

(1) 浸水天平或电子秤。当最大称量在3kg以下时，感量不大于0.1g；当最大称量在3kg以上时，感量不大于0.5g；应有测量水中重量的挂钩。

(2) 网篮。

(3) 溢流水箱。如图12.3所示，使用洁净水，有水位溢流装置，保持试件和网篮浸入水中的水位一定。能调整水温至（25±0.5)℃。

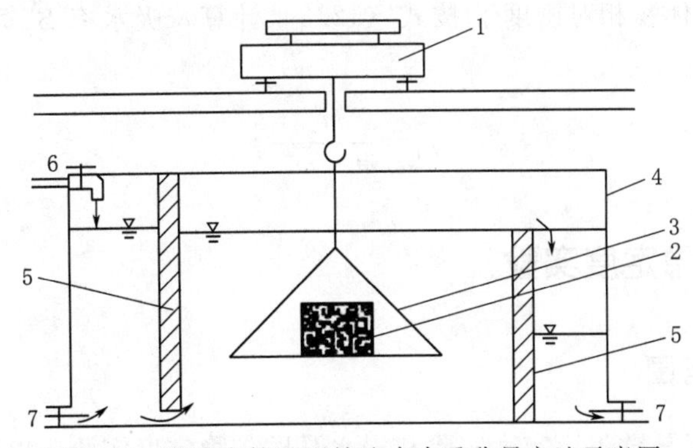


图12.3 溢流水箱及下挂法水中重称量方法示意图

1—浸水天平；2—试件；3—网篮；4—溢流水箱；5—水位搁板；6—注入口；7—放水阀门

（4）试件悬吊装置。天平下方悬吊网篮及试件的装置，吊线采用不吸水的细尼龙线绳，并有足够长度。对轮碾成型的板块状试件可用铁丝悬挂。

（5）秒表、毛巾、电风扇或烘箱。

### 12.3.3　实验步骤

（1）选择适宜的浸水天平或电子秤，最大称量应不小于试件质量的 1.25 倍。

（2）除去试件表面的浮粒，称取干燥试件的空中质量（$m_a$），根据选择天平的感量读数（精确至 0.1g、0.5g）。

（3）将溢流水箱水温保持在（25±0.5）℃，挂上网篮，浸入溢流水箱中，调节水位，将天平调平或复零，把试件置于网篮中（注意不要晃动水）浸入水中 3～5min，称取水中质量（$m_w$）。若天平读数持续变化，不能很快达到稳定，说明试件吸水较严重，不能用此法测定，应改用蜡封法测定。

（4）从水中取出试件，用洁净柔软的拧干湿毛巾轻轻擦去试件的表面水（不得吸走空隙内的水），称取试件的表干质量（$m_f$）。从试件拿出水面到擦拭结束不宜超过 5s，称量过程中流出的水不得再擦拭。

（5）对从路上钻取的非干燥试件可先称取水中质量（$m_w$），然后用电风扇将试件吹干至恒重［一般不少于 12h，当不需进行其他试验时，也可用（60±5）℃烘箱烘干至恒重］，再称取空中质量（$m_g$）。

### 12.3.4　结果计算

（1）计算试件的吸水率（取 1 位小数）。试件的吸水率即试件吸水体积占沥青混合料毛体积的百分率，按式（12.2）计算，即

$$S_a=\frac{m_f-m_a}{m_f-m_w}\times 100\% \tag{12.2}$$

式中　$S_a$——试件的吸水率，%；

$m_a$——要求干燥试件的空中质量，g；

$m_w$——试件的水中质量，g；

$m_f$——试件的表干质量，g。

（2）计算试件的毛体积相对密度（取 3 位小数）。当试件的吸水率符合 $S_a<2\%$ 时，试件的毛体积相对密度 $\gamma_f$ 按式（12.3）计算，吸水率 $S_a>2\%$ 时，应改用蜡封法测定。

$$\gamma_f=\frac{m_a}{m-m_w} \tag{12.3}$$

## 12.4　马歇尔稳定度实验

### 12.4.1　适用范围

本方法适用于马歇尔稳定度实验和浸水马歇尔稳定度实验，以进行沥青混合料的配合比设计或沥青路面施工质量检验。浸水马歇尔稳定度实验供检验沥青混合料

受水损害时抵抗剥落的能力时使用，通过测试其水稳定性检验配合比设计的可行性。

### 12.4.2 主要仪器设备

(1) 沥青混合料马歇尔试验仪。符合国家标准《沥青混合料马歇尔试验仪》(GB/T 11823—1989) 技术要求的产品，对用于高速公路和一级公路的沥青混合料宜采用自动马歇尔试验仪，用计算机或 $X-Y$ 记录仪记录荷载-位移曲线，并具有自动测定荷载与试件垂直变形的传感器、位移计，能自动显示或打印试验结果。当骨料公称最大粒径不大于 26.5mm 时，宜采用直径 101.6mm×63.5mm 的标准马歇尔试件，试验仪最大荷载不小于 25kN，读数准确度为 100N，加载速率应保持 (50±5) mm/min。钢球直径 (16±0.05) mm，上、下压头曲率半径为 (50.8±0.08) mm。当骨料公称最大粒径大于 26.5mm 时，宜采用 $\phi$152.4mm×95.3mm 大型马歇尔试件，试验仪最大荷载不得小于 50kN，读数准确度为 100N。上、下压头曲率内径为 (152.4±0.2) mm，上下压头间距为 (19.05±0.1) mm。

(2) 恒温水槽。控制温度准确度为 1℃，深度不小于 150mm。

(3) 真空饱水容器。包括真空泵和真空干燥器。

(4) 其他。天平、分度值为 1℃的温度计、卡尺、棉纱、黄油等。

### 12.4.3 标准马歇尔实验方法

(1) 按标准击实法 (12.2.1 小节) 成型马歇尔试件，标准马歇尔试件尺寸应符合直径为 (101.6±0.2) mm、高为 (63.5±1.3) mm 的要求。对大型马歇尔试件，尺寸应符合直径为 (152.4±0.2) mm、高为 (95.3±2.5) mm 的要求。一组试件的数量最少不得少于 4 个，并符合 12.2.1 小节的要求。

(2) 测试试件的直径及高度。用卡尺测量试件中部的直径，用马歇尔试件高度测定器或用卡尺在十字对称的 4 个方向量测离试件边缘 10mm 处的高度 (精确至 0.1mm)，并以其平均值作为试件的高度。如试件高度不符合 (63.5±1.3) mm 或 (95.3±2.5) mm 的要求或两侧高度差大于 2mm 时，此试件作废。

(3) 按规程规定的方法测定试件的密度，并计算空隙率、沥青体积百分率、沥青饱和度、矿料间隙率等物理指标。

(4) 将恒温水槽调节至要求的试验温度，对黏稠石油沥青或烘箱养生过的乳化沥青混合料为 (60±1)℃，对煤沥青混合料为(33.8±1)℃，对空气养生的乳化沥青混合料或液体沥青混合料为 (25±1)℃。

(5) 将试件置于已经达到规定温度的恒温水槽中恒温 30～40min (标准马歇尔试件)、45～60min (大型马歇尔试件)。试件之间应有间隔，底下应垫起，离容器底部不小于 5cm。

(6) 将马歇尔试验仪的上、下压头放入水槽或烘箱中达到同样温度。将上、下压头从水槽或烘箱中取出擦拭干净内面。为使上、下压头滑动自如，可在下压头的导棒上涂少量黄油。再将试件取出放置于下压头上，盖上上压头，然后装在加载设备上。

(7) 在上压头的球座上放妥钢球，并对准荷载测定装置的压头。

(8) 当采用自动马歇尔试验仪时，将自动马歇尔试验仪的压力传感器、位移传感器与计算机或 $X-Y$ 记录仪正确连接，调整好适宜的放大比例。压力和位移传感器调零。

(9) 当采用压力环和流值计时，将流值计安装在导棒上，使导向套管轻轻地压住上压头，同时将流值计读数调零。调整压力环中百分表并对零。

(10) 启动加载设备，使试件承受荷载、加载速度为 (50±5) mm/min。计算机或 $X-Y$ 记录仪自动记录传感器压力和试件变形曲线，并将数据自动存入计算机。

(11) 当试验荷载达到最大值的瞬间，取下流值计，同时读取压力环中百分表读数及流值计的流值读数。

(12) 从恒温水槽中取出试件至测出最大荷载值的时间，不得超过 30s。

### 12.4.4　浸水马歇尔实验方法

浸水马歇尔实验方法与标准马歇尔实验方法的不同之处在于，试件在已达到规定温度的恒温水槽中恒温 48h，其余均与标准马歇尔实验方法相同。

### 12.4.5　真空饱水马歇尔实验方法

试件先放入真空干燥箱中，关闭进水胶管，开动真空泵，使干燥管的真空度达到 97.3kPa (730mmHg) 以上，维持 15min，然后打开进水胶管，靠负压进入冷水流，使试件全部浸入水中，浸水 15min 后恢复常压，取出试件再放入已达规定温度的恒温水槽中恒温 48h，其余均与标准马歇尔实验方法相同。

### 12.4.6　结果计算

(1) 当采用自动马歇尔试验仪计算试件的稳定度及流值时，将计算机采集的数据绘制成压力和试件变形曲线，或由 $X-Y$ 记录仪自动记录的荷载-变形曲线，按图 12.4 所示的方法在切线方向延长曲线与横坐标相交于 $O_1$，将 $O_1$ 作为修正原点，从 $O_1$ 起量取相应于荷载最大值时的变形作为流值 (FL)，以 mm 计 (精确至 0.1mm)。最大荷载即为稳定度 (MS)，以 kN 计 (精确至 0.01kN)。

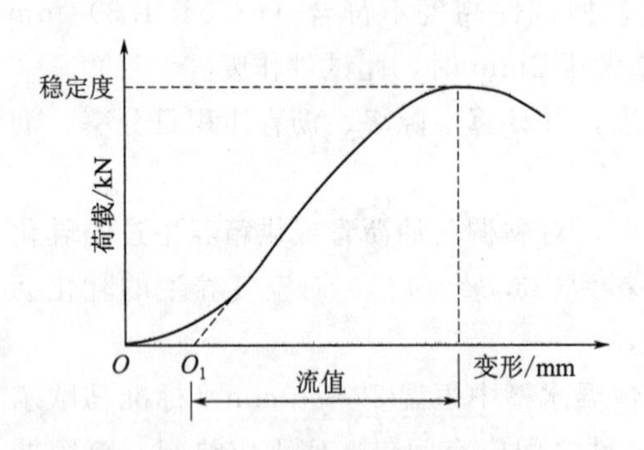

图 12.4　马歇尔试验结果的修正方法

(2) 采用压力环和流值计测定试件的稳定度及流值时，根据压力环标定曲线，将压力环中百分表读数换算为荷载值，或者由荷载测定装置读取的最大值即为试样的稳定度 (MS)，以 kN 计 (精确至 0.01kN)。由流值计及位移传感器测定装置读取的试件垂直变形，即为试件的流值 (FL)，以 mm 计 (精确至 0.1mm)。

(3) 试件的马歇尔模数按式 (12.4) 计算，即

$$T=\frac{MS}{FL} \tag{12.4}$$

式中 $T$——试件的马歇尔模数，kN/mm；

MS——试件的稳定度，kN；

FL——试件的流值，mm。

(4) 试件的浸水残留稳定度按式（12.5）计算，即

$$MS_0=\frac{MS_1}{MS}\times 100\% \tag{12.5}$$

式中 $MS_0$——试件的浸水残留稳定度，%；

$MS_1$——试件浸水 48h 后的稳定度，kN。

(5) 试件的真空饱水残留稳定度按式（12.6）计算，即

$$MS_0'=\frac{MS_2}{MS}\times 100\% \tag{12.6}$$

式中 $MS_0'$——试件的真空饱水残留稳定度，%；

$MS_2$——试件真空饱水后浸水 48h 后的稳定度，kN。

### 12.4.7 报告

(1) 当一组测定值中某个测定值与平均值之差大于标准差的 $k$ 倍时，该测定值舍弃，并以其余测定值的平均值作为实验结果。当试件数目 $n$ 为 3、4、5、6 个时，$k$ 值分别为 1.15、1.45、1.57、1.82。

(2) 采用自动马歇尔实验时，实验结果应附上荷载-变形曲线原件或自动打印结果，并报告马歇尔稳定度、流值、马歇尔模数以及试件尺寸、试件的密度、空隙率、沥青用量、沥青体积百分率、沥青饱和度、矿料间隙率等各项物理指标。

## 12.5 车辙实验

### 12.5.1 适用范围

本方法适用于测定沥青混合料的高温抗车辙能力，供沥青混合料配合比设计的高温稳定性检验使用。

车辙实验的实验温度与轮压可根据有关规定和需要选用，非经注明，实验温度为 60℃，轮压为 0.7MPa。根据需要，如在寒冷地区也可采用 45℃，在高温条件下采用 70℃等，对于重载交通的轮压可增加至 1.4MPa，但应在报告中注明。计算动稳定度的时间原则上为试验机开启后 45～60min。

本方法适用于用轮碾成型机碾压成型的长 300mm、宽 300mm、厚 50～100mm 的板块状试件，也适用于现场切割板块状试件。根据需要，也可采用其他尺寸的试件。

### 12.5.2 主要仪器设备

(1) 车辙试验机主要由以下几部分组成。

1）试验台。可牢固地安装两种宽度（300mm 及 150mm）规定尺寸试件的试模。

2）试验轮。橡胶制的实心轮胎，外径 200mm，轮宽 50mm，橡胶层厚 15mm。橡胶硬度（国际标准硬度）20℃时为 84±4，60℃时为 78±2。试验轮行走距离为（230±10）mm，往返碾压速度为（42±1）次/min（21次往返/min）。采用曲柄连杆驱动加载轮往返运行方式。应注意检验轮胎橡胶硬度，不符合要求时应及时更换。

3）加载装置。使试验轮与试件的接触压强在60℃时为（0.7±0.05）MPa，施加的总荷重在780N左右，根据需要可以调整。

4）试模。由钢板制成，由底板及侧板组成，试模内侧尺寸长为300mm、宽为300mm、厚为50～100mm，也可根据需要对厚度进行调整。

5）变形测量装置。自动检测车辙变形并记录曲线的装置，通常用位移传感器 LVDT 或非接触位移计。位移测量范围为0～300mm，精度为±0.01mm。

6）温度检测装置。自动检测并记录试件表面及恒温室内温度的温度传感器、温度计，精度为0.5℃，温度应能自动连续记录。

（2）恒温室。车辙试验机必须整机安放在恒温室内，装有加热器、气流循环装置及自动温度控制设备，同时恒温室还应有至少能保温3块试件并进行试验的条件。能保持恒温室温度（60±1)℃［试件内部温度为（60±0.5)℃］，根据需要也可为其他需要的温度。

（3）台秤。称量15kg，感量不大于5g。

## 12.5.3　实验准备工作

（1）试验轮接地压强测定。测定在60℃条件下进行。在试验台上放置一块50mm厚的钢板，其上铺一张毫米方格纸，纸上再铺一张新的复写纸，加以规定的700N荷载，试验轮静压复写纸即可在方格纸上印出轮压面积，按此求取接地压强值。若压强不等于（0.7±0.05）MPa时，应适当调整荷载。

（2）用轮碾成型法制作车辙试验试件。在实验室或工地制备成型的车辙试件，其标准尺寸为300mm×300mm×50～100mm（厚度根据需要确定）。也可从路面切割得到需要尺寸的试件。

（3）如需要，将试件脱模，按规定的方法测定密度及空隙率等各项物理指标。

（4）试件成型后，连同试模一起在常温条件下放置的时间不得少于12h。对聚合物改性沥青，需充分固化后方可进行车辙实验，放置时间以48h为宜，但室温放置时间不得长于7d。

## 12.5.4　实验步骤

（1）将试件连同试模一起，置于已达到实验温度（60±1)℃的恒温室中，保温不少于5h，也不得多于12h。在试件的试验轮不行走的部位上，粘贴一个热电偶温度计（也可在试件制作时预先将热电偶导线埋入试件一角），控制试件温度稳定在(60±0.5)℃。

（2）将试件连同试模移至车辙试验机的试验台上，试验轮在试件的中央部位，其行走方向须与试件碾压或行车方向一致。开动车辙变形自动记录仪，然后启动试验机，使试验轮往返行走，时间约 1h，或最大变形达到 25mm 时为止。试验时，记录仪自动记录变形曲线（图 12.5）及试件温度。

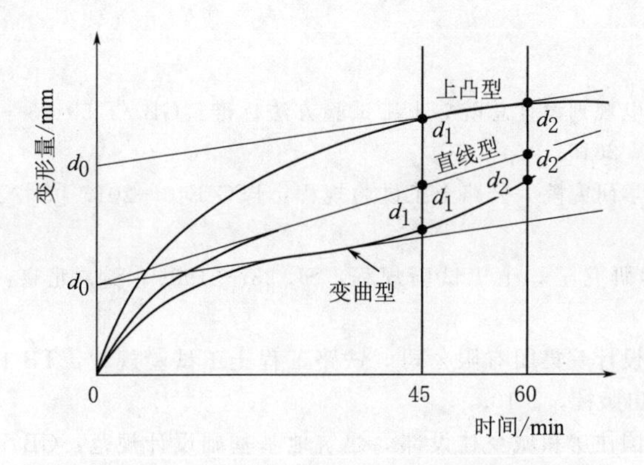


图 12.5 混合料车辙变形随时间的变形曲线

### 12.5.5 结果计算

（1）从图 11.6 上读取 45min（$t_1$）及 60min（$t_2$）时的车辙变形 $d_1$ 及 $d_2$（精确至 0.01mm）。

当变形过大，在未到 60min 变形已达 25mm 时，则以达到 25mm（$d_2$）时的时间为 $t_2$；将其前 15min 设为 $t_1$，此时的变形量为 $d_1$。

（2）沥青混合料试件的动稳定度按式（12.7）计算，即

$$DS=\frac{(t_2-t_1)N}{d_2-d_1}C_1C_2 \tag{12.7}$$

式中 DS——沥青混合料的动稳定度，次/mm；

$d_1$，$d_2$——对应于时间 $t_1$、$t_2$时的轮辙变形量，mm；

$C_1$——试验机类型系数，曲柄连杆驱动加载轮往返运行方式为 1.0；

$C_2$——试件系数，实验室制备的宽 300mm 的试件为 1.0；

$N$——试验轮往返碾压速度，通常为 42 次/min。

（3）同一沥青混合料或同一路段的路面，至少平行试验 3 个试件，当 3 个试件动稳定度变异系数不大于 20%时，取其平均值作为实验结果。变异系数大于 20%时应分析原因，并追加试验。如计算动稳定度值大于 6000 次/mm,记作>6000 次/mm。

（4）报告应注明实验温度、试验轮接地压强测定试件密度、空隙率及试件制作方法等。

（5）重复性试验动稳定变异系数不大于 0.2。

# 参 考 文 献

[1] 水利部水利水电规划设计总院．土工试验方法标准：GB /T 50123—2019 [S]. 北京：中国计划出版社，2019.

[2] 交通部公路科学研究院．公路土工试验规程：JTG E40—2017 [S]. 北京：人民交通出版社，2017.

[3] 南京水利科学研究院．土工试验规程：SL 237—1999 [S]. 北京：中国水利水电出版社，1999.

[4] 中铁第一勘察设计院集团有限公司．铁路工程土工试验规程：TB 10102—2010 [S]. 北京：中国铁道出版社，2010.

[5] 中华人民共和国住房和城乡建设部．建筑地基基础设计规范：GB 50007—2011 [S]. 北京：中国建筑工业出版社，2011.

[6] 李广信，张丙印，于玉贞，等．土力学 [M]. 2 版．北京：清华大学出版社，2013.

[7] 谢定义，陈存礼，胡再强．试验土工学 [M]. 北京：高等教育出版社，2011.

[8] 阮波，张向京．土力学实验 [M]. 长沙：中南大学出版社，2009.

[9] 沈扬，张文慧．岩土工程测试技术 [M]. 新 1 版．北京：冶金工业出版社，2013.

[10] 南京水利科学研究院土工研究所．土工试验技术手册 [M]. 北京：人民交通出版社，2003.

[11] 侯龙清，黎剑华．土力学试验 [M]. 北京：中国水利水电出版社，2012.

[12] 王述红．土力学试验 [M]. 沈阳：东北大学出版社，2010.

[13] 刘振京．土力学与地基基础 [M]. 中国水利水电出版社，2007.

[14] 王奎华．岩土工程勘察 [M]. 北京：中国建筑工业出版社，2005.

[15] 谢定义．中国土动力学的发展现状与存在的问题 [J]. 地震工程学报，2007，29 (1)：94 - 95.

[16] 谢定义．应用土动力学 [M]. 北京：高等教育出版社，2013.

[17] 中华人民共和国建设部．岩土工程勘察规范：GB 50021—2001 [S]. 北京：中国建筑工业出版社，2001.

[18] 杨怀玉，孙树礼，任春山．铁路岩土工程检测技术 [M]. 北京：中国铁道出版社，2011.

[19] 唐树名，罗斌，刘涌江．岩土锚固安全性无损检测技术 [J]. 公路交通技术，2005 (5)：29 - 32.

[20] 罗志德，杜逢彬，侯亚彬，等．建设工程地基基础岩土试验检测的技术途径 [J]. 地下空间与工程学报，2010，06 (z2)：1736 - 1740.